Jet- Die Geschichte des Strahlantriebs

Wolfgang Brix

Jet – Die Geschichte des Strahlantriebs

Die Erfinder
Die Flugzeuge
Die Firmen

Bibliografische Information der Deutschen Nationalbibliothek: Die Deutsche Nationalbibliothek verzeichnet diese Publikation in der Deutschen Nationalbibliografie; detaillierte bibliografische Daten sind im Internet über dnb.dnb.de abrufbar.

Herstellung und Verlag: BoD – Books on Demand, Norderstedt
ISBN 9783756224685

Inhaltsverzeichnis

1 Einleitung

Dieses Buch erzählt von der Entwicklung des Strahlantriebs, vom ersten Flug eines Turbostrahltriebwerks am 27.August 1939 bis in die heutige Zeit, von der Heinkel He 178 mit dem Heinkel He S 3 B bis zur A380 mit dem Trent 900.

Ich habe diesen Weg über Jahrzehnte hin verfolgt. Nach dem Studium der Luft- und Raumfahrt mit dem Spezialfach Flugtriebwerke an der TU Berlin habe ich im August 1969 bei der Bremer Firma VFW in der Triebwerksabteilung angefangen und dann 36 Jahre lang Triebwerke begutachtet und nachgerechnet. Als ich 2005 in den Ruhestand ging, hieß meine Firma Airbus Deutschland und ich hatte an allen Projekten und Programmen mal mehr oder mal weniger mitgemacht.

Mein Archiv an Berichten, Informationen und Fotos hatte einen respektablen Umfang angenommen und bei Betrachtung all dieser Unterlagen kam mir die Idee, darüber ein Buch zu schreiben.

Das war dann aber doch mühsamer und langwieriger als ich anfangs angenommen hatte. Als erstes Kapitel hatte ich mir die Erfinder vorgenommen, denn ich hatte mal das Glück gehabt, an dem Symposium „50 Jahre Turbostrahlflug" in München am 27.8.1989 als Zuschauer teilzunehmen. Bei dieser Gelegenheit bekam ich unter vielen Berühmtheiten auch die deutschen Erfinder Hans von Ohain und Anselm Franz zu sehen. Der englische Erfinder Frank Whittle hatte leider abgesagt. Als ich dann 2007 mit dem näheren Studium der Erfinder begann, waren die drei erwähnten Herren schon lange nicht mehr unter uns und ich musste mich mit meinen Fragen, die sich ganz zwangsläufig ergaben, anderweitig orientieren. Eine große Hilfe war mir da Dr.Volker Koos aus Rostock, der schon einige Bücher über Ernst Heinkel, seine Flugzeuge und seine Triebwerke geschrieben hatte. Über ihn bekam ich dann Kontakt zur Familie des Hans von Ohain, zu seinem Schwiegersohn und zu seinem besten Freund. Und dann war es ein Glücksfall, dass 2008 Ian Whittle, der Sohn des Frank Whittle, in Hamburg einen Vortrag über seinen Vater und über Hans von Ohain hielt. Der Austausch mit all den erwähnten Personen ergab dann eine ganz umfangreiche Sammlung von Unterlagen über die Geschichte der Erfinder und ihrer Erfindungen.

Der Inhalt des Buches basiert also prinzipiell auf diesen Quellen:

- auf dem Fachwissen, das ich mir in den 36 Jahren angeeignet habe
- auf den Erfahrungen von befragten Zeitzeugen und Experten
- auf dem Studium von Publikationen, Büchern und dem Internet

Es muss an dieser Stelle erwähnt werden: das Buch ist nicht komplett. Wer jemals im „Jane's Aero-Engines" oder in der „World Encyclopedia of Aero Engines" geblättert hat, wird wissen, dass die Anzahl der gebauten Turbostrahltriebwerke nur dem Namen nach schon in die Hunderte geht und sich dann mit der Anzahl der Varianten noch mal mit 3 oder gar mit 10 multipliziert. So kann denn die von mir behandelte Menge nur eine Auswahl darstellen. So habe ich auch die russischen Triebwerke völlig weggelassen, zum einen, weil sie in der Arbeit der Firma nicht vorkamen, und zum zweiten, weil es wenig verlässliche Unterlagen gibt.

Über jedes erwähnte Triebwerk habe ich eine Art Steckbrief verfasst mit den wichtigsten Informationen und einem Foto. Bei den Schubangaben bin ich zweigleisig gefahren: da die allermeisten Triebwerke aus dem englischsprachigen Raum stammen, gibt es den Schub in pound (lb) und ich habe als zweite Dimension kiloNewton (kN) gewählt mit der Umrechnungsformel

FN (lb) * 4,4483/1000 ergibt FN (kN)

Die Dimensionen Kilopond (kp) und Tonne (to) waren vor langen Zeiten vor allem in Deutschland gebräuchlich, sind in der Fachwelt aber längst verschwunden. In der Geschichte der deutschen Triebwerke vor 1945 gab es nur das (kp) und da habe ich eine Ausnahme gemacht und habe sogar, damit der Vergleich stimmt, die englischen (lb) in (kp) umgerechnet.

Bei allen Zahlenwerten bitte ich um Nachsicht. Wer zehn Quellen durchforstet, findet zuweilen 5 oder mehr verschiedene Angaben zu einem Datum oder Schub oder irgendeinem anderen Wert. Da muss man vergleichen und werten, welche Zahl am vertrauenswürdigsten ist. Auch im Internet und bei Wikipedia sind nicht alle Zahlen konsistent. Zumal bei technischen Entwicklungen der Zeitfaktor eine Rolle spielt. Das Abfluggewicht eines Flugzeuges ändert sich in der Projektphase von Halbjahr zu Halbjahr und ist auch später im Liniendienst noch von diversen Faktoren abhängig.

Die Übermacht der englischen Sprache in der Luft- und Raumfahrt ist Fakt und ich habe manchen Begriff auch übersetzt, aber eben nicht immer und vertraue darauf, dass der interessierte Leser der englischen Sprache mächtig ist. So habe ich auch bei verwendeten Grafiken aus dem englischen Raum nicht jedes kleine Wort übersetzt.

Bei allen Flugzeugen und Triebwerken, die bis in die Gegenwart gebaut werden, habe ich versucht, den Status Ende 2022 anzugeben. Das war dann nicht mehr Teil meiner Arbeit in der Firma, die wie erwähnt, 2005 endete, und ich musste die fehlenden Informationen im Internet finden. Und die Zahlen und Informationen ändern sich fortlaufend weiter.

Großartige Formeln habe ich vermieden. Dafür habe ich Plots gebastelt, weil ein Bild, eine Grafik doch mehr sagt als viele Worte.

Ich wünsche dem geneigten Leser ein kurzweiliges Vergnügen beim Lesen. Mein Ziel wäre erreicht, wenn der Leser zuweilen denkt: Wo hat er das nur her, oder: das habe ich noch nicht gewußt, oder: das hat er gut erklärt. Nach meinem Vortrag über Hans von Ohain am 27.8.2009 in Rostock kam eine Dame auf mich zu und sagte: Jetzt habe ich verstanden, wie ein Triebwerk funktioniert. Da war ich ein bißchen glücklich und ein bißchen stolz.

Über dieses Buch bin ich es auch.

Wolfgang Brix

Juni 2022

2 Die Erfinder

2.1 Das Strahltriebwerk

Das einfachste Strahltriebwerk ist der Luftballon, allen Kindern wohlbekannt. Wenn man ihn aufbläst und dann loslässt, fliegt er davon, getrieben von einer (sicherlich kleinen) Kraft, die dadurch entsteht, dass die Luft mit einer gewissen Geschwindigkeit den Ballon durch die Düse (das Loch, durch das man den Ballon aufbläst) verlässt. Dabei berechnet sich der Schub:

Bruttoschub = Durchsatz x Düsengeschwindigkeit
Nettoschub = Bruttoschub - Eintrittsimpuls

Im speziellen Fall dieses Ballon gibt es (wie beim Raketentriebwerk) keinen Eintrittsdurchsatz, so dass sich ergibt:

Nettoschub = Bruttoschub oder: Schubkraft = Durchsatz x Ausströmgeschwindigkeit

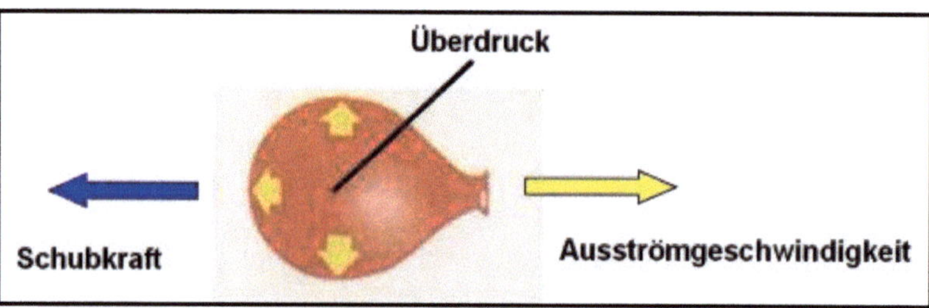

Schnell ist ersichtlich, dass dieses Strahltriebwerk nicht lange funktioniert, der Ballon landet nach wenigen Sekunden in der Zimmerecke. Der Grund ist auch schnell erkennbar: die Luftmenge im Ballon nimmt stetig ab, der Überdruck nimmt stetig ab und wenn der Ballon leer ist, geht der Schub gegen Null.

An dieser Stelle teilen sich die Strahltriebwerke in zwei Hauptgruppen: in die Raketentriebwerke, die wie der Ballon das Medium der Schuberzeugung im Inneren mit sich führen und dieses Medium verbrauchen, bis es alle ist. Bei den Raketen nennt sich das Brennschluss. Die zweite Gruppe holt sich Nachschub aus der Luft, in der das Fluggerät fliegt: die gleiche Luftmenge, die in der Düse den Schub erzeugt, wird im Einlauf des Triebwerks wieder zugeführt.

Bei hohen Fluggeschwindigkeiten, so ab Schallgeschwindigkeit, also Mach=1, hat die eintretende Luft durch den Aufstau einen ausreichend hohen Druck, um das Triebwerk am Laufen, also am Schuberzeugen zu halten. Diese sogenannten Staustrahltriebwerke benötigen keinen weiteren mechanischen Verdichter, der Aufstau hat diese Aufgabe bereits übernommen.

Bei kleinen Fluggeschwindigkeiten liefert der Aufstau zu wenig Druck, beim Start ist der Aufstau gleich Null. Will man da nun ein Strahltriebwerk länger funktionieren lassen, muss man die Luftmenge im Ballon, also im Triebwerk, mit der gleichen Geschwindigkeit und mit dem geforderten Überdruck nachfüllen. Zur Erzielung dieses Nachfüllvorgangs benötigt man also eine Maschine, die eine definierte Luftmenge mit einem definierten Druck erzeugt, also einen Verdichter oder ein Gebläse. Und diese benötigen einen Antrieb, die Energie zur Erzeugung von Druckluft muss schließlich irgendwo herkommen.

Damit ist die Aufgabenstellung klar umrissen: Für ein Strahltriebwerk für Start und Unterschallgeschwindigkeiten benötigt man einen Verdichter, einen Antrieb für den Verdichter und eine Düse, in der die verdichtete Luft auf Düsengeschwindigkeit beschleunigt wird, damit aus Durchsatz und Düsengeschwindigkeit ein Schub entsteht.

2.2 Die erste Gasturbine von Aegidius Elling

Für den Antrieb des Verdichters wird also eine Maschine gesucht, die mechanische Leistung erzeugt und diese über eine Welle dem Verdichter zuführt. Zwei solche Maschinen stehen zur Verfügung: einmal der Kolbenmotor und zum zweiten die Turbine. Im letzteren Fall kann diese Turbine mit allen möglichen Medien betrieben werden, mit Wasser, mit Dampf oder mit Luft. Wenn der Verdichter aber Luft fördert, kann man annehmen, dass die Turbine auch mit Luft betrieben wird, dann ist es eine Gasturbine.

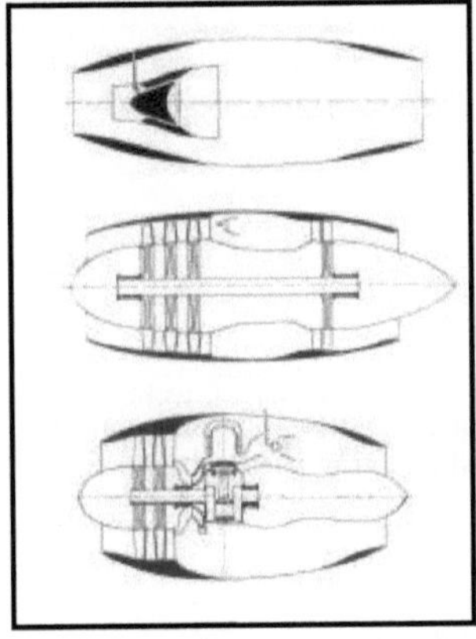

Die verschiedenen Strahltriebwerkstypen

Das Staustrahltriebwerk für Geschwindigkeiten ab Mach=1

Das Turbostrahltriebwerk mit einer Turbine als Antrieb für den Verdichter

Das Motorstrahltriebwerk mit einem Kolbenmotor als Antrieb für den Verdichter

(Die schmatischen Darstellungen oben stammen von Helmut Schelp, einem Mitarbeiter des RLM, des Reichsluftfahrtministeriums 1940)

Von den möglichen Antrieben sind um 1900 nur bekannt:

- Der Kolbenmotor
- Die Dampfturbine

Die Gasturbine ist zu dieser Zeit noch nicht erfunden. Aber es dauert nicht lange, da wird sie nicht nur erfunden, sondern auch gebaut.

1903 liefert ein Norweger den ersten Beitrag auf dem Weg zum Turbostrahltriebwerk, er liefert das Wort „Turbo", nämlich die Gasturbine. Sein Name ist Aegidius Elling, er wird 1861 in Oslo geboren und arbeitet nach dem Studium am Christina Technicum 1881 hauptsächlich auf dem Gebiet der Schiffsdampfturbinen in Schweden und in Norwegen. Schon 1884 lässt er ein erstes Gasturbinenpatent registrieren, es ist allerdings nicht funktionsfähig, wie er selber auch zugibt. Die nächsten 19 Jahre von Elling liegen im Dunklen, dann aber kommt ein großer Tag: am 27.Juni 1903 schreibt Jens William Aegidius Elling in sein Tagebuch:

„Ich habe jetzt die erste Gasturbine der Welt geschaffen, die positive Energie geleistet hat."

Aegidius Elling (1861-1949)

Auf diesem Foto sieht man die Versuchsanordnung von Ellings Gasturbine von 1903, so wie man sie heute noch im Norwegischen Technischen Museum in Oslo besichtigen kann. Auf dem Foto in der Mitte die Zentripetalturbine, links und rechts sechs Radialverdichter.

Diese Arbeiten des Aegidius Elling sind außerhalb von Norwegen seinerzeit nicht bekannt geworden. Erst in den 60er Jahren schreibt Prof.Dag Johnson einen Artikel (in norwegisch) über Elling und schickt ihn an Frank Whittle in England. Als dann die englische Version vorliegt, schreibt Whittle:

„... ich habe den Bericht über Aegidius Ellings Arbeit mit großem Interesse gelesen und bin sehr beeindruckt von dem Ausmaß, mit dem er spätere Ereignisse vorausgeahnt hat. Mein Eindruck ist, wären das Material und die aerodynamischen Kenntnisse, die später mir zur Verfügung standen, Elling bekannt gewesen, hätten wir die Gasturbine 20-30 Jahre früher gehabt. Unglücklicherweise hatte er das Pech, viele Jahre seiner Zeit voraus gewesen zu sein, wie es so oft mit großen Erfindungen passiert.
Whittle"

Das erste Turbostrahltriebwerk läuft erst Anfang 1937, 34 Jahre nach Ellings erfolgreichem Gasturbinenlauf.

2.3 Die ersten Triebwerksideen

Die allerersten Ideen, ein Strahltriebwerk zu entwerfen, liegen sicherlich im Dunkel der Geschichte. Kurz vor 1910 tauchen dann die ersten Vorschläge in Form von Artikeln in Fachzeitschriften und in Form von Patentanmeldungen auf. Mehrere Franzosen machen den Anfang.

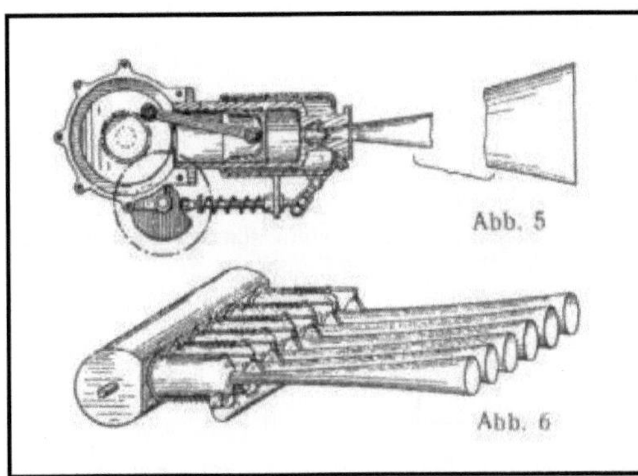

1908 meldet René Lorin ein Patent an, das einen Kolbenmotor zeigt, dessen Abgase in langen Einzeldüsen den Druck in Geschwindigkeit umwandeln und somit Schub erzeugen. Wenn das Ansaugen der Luft mittels des nockengesteuerten Ventils ebenfalls durch die lange Düse erfolgt, dann findet in jeder Düse eine hin- und hergehende Strömung statt, was die Frage aufwirft, ob dabei überhaupt ein Schub entsteht.

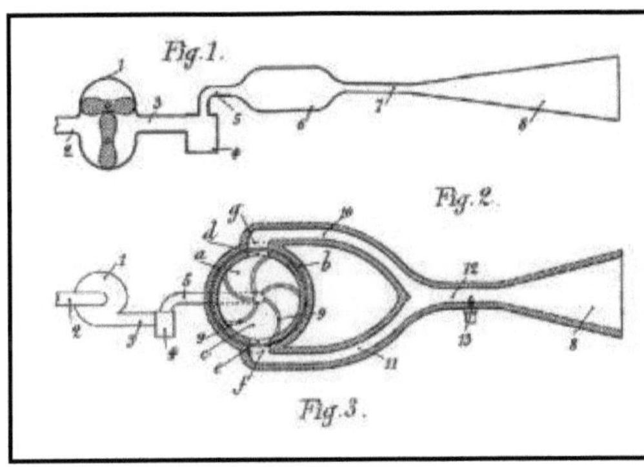

1909 meldet M.Georges Marconnet ein Patent an, das mehrere Lösungen zeigt. Die Fig.1 zeigt ein Triebwerk mit Einlauf 2, Verdichter 1 und Brenner 4, die erhitzte Druckluft wird über eine Zwischenkammer 6 in die Düse 8 geleitet, wo sie Schub erzeugt. Die Fig. 2 zeigt eine ähnliche Anordnung, wobei hier die erhitzte Druckluft noch mittels eines Flügelrades 9 in intermittierende Ströme zerhackt wird, bevor diese dann über 10 und 11 in die Düse 8 gelangen. Wie allerdings Verdichter und Flügelrad angetrieben werden, ist den Skizzen nicht zu entnehmen.

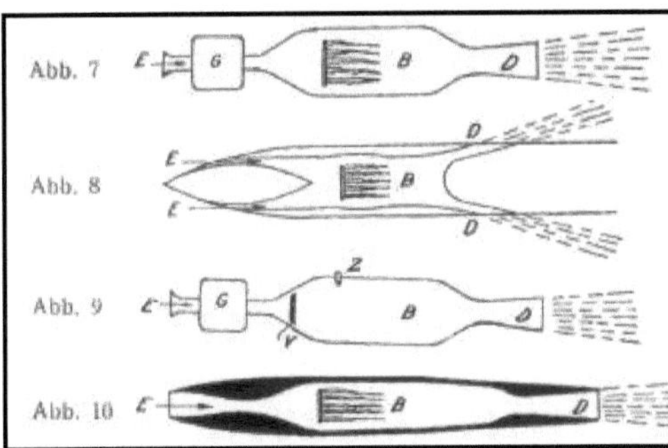

1913 arbeitet der oben schon erwähnte René Lorin weiter an der Idee eines Strahltriebwerks und meldet neue Ideen zum Patent an. Die Abb.8 und 10 sind reine Staustrahltriebwerke mit unterschiedlichen Düsen, während Abb. 7 und 9 mit dem Gebläse G die Kompression der Luft durchführen, wobei auch hier noch nicht gezeigt wird, wie diese Gebläse angetrieben werden. Diese Vorschläge sind wiedermal unvollständig und höchst skizzenhaft.

2.4 Der erste Strahlflug von Henri Coanda

1910 taucht ein Name auf, der heute noch der Luftfahrtwelt geläufig, damals aber völlig unbekannt ist. Auch das Land aus dem er kommt, hat bis dato mit Luftfahrt nichts am Hut. Der Mann heißt Henri Coanda und kommt aus Rumänien. Auf der Luftfahrtausstellung von 1910 in Paris stellt er ein fertiges Flugzeug aus, das die Fachwelt verblüfft, weil es keinen Propeller besitzt.

Coandas Flugapparat ist ein Doppeldecker mit extrem schlankem Rumpf und einem Motor <u>ohne</u> Propeller.

Das Plakat der Ausstellung betont dieses Novum: **Seuls Aeroplanes sans Hélices** heißt : **einzige Flugzeuge ohne Propeller**. Ein Foto aus den Tagen der Ausstellung zeigt (unten rechts) das Flugzeug im Hintergrund und neben den Personen auf einem Podest einen Teil des Motors. Schemenhaft kann man lesen: Turbine Propulsive 50 hp.

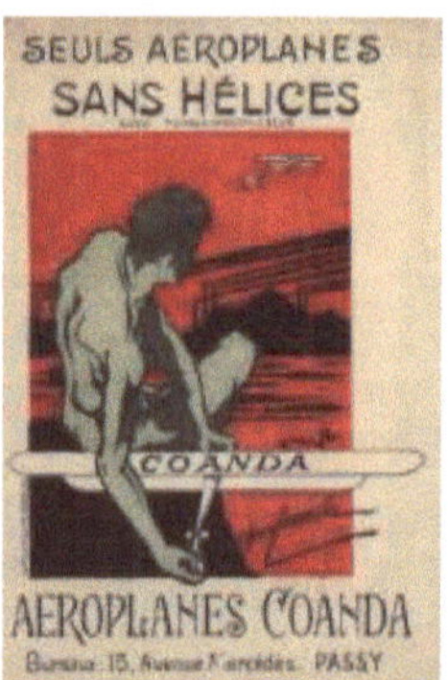

Das Plakat

Der Motor

Im Mai 1911 erhält Coanda in der Schweiz ein Patent über einen Antrieb (Propulseur) ohne Propeller. Es darf vermutet werden, dass es sich um den Motor seines Flugapparates vom Vorjahr handelt. Es ist ein Radialverdichter, der die komprimierte Luft, die er vorne ansaugt (hier also von oben), über eine ringförmige Düse nach hinten (hier also nach unten) ausstößt.

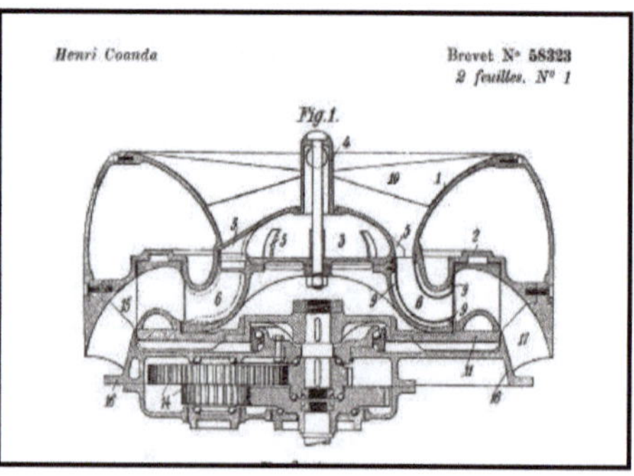

Henri Coanda

(1886-1972)

Es folgt der Originalbericht von Henri Coanda über einen Flug mit diesem Flugzeug :

„Es war am 10. Dezember 1910. Ich hatte nicht die Absicht, an diesem Tag zu fliegen. Ich plante, den Betrieb des Düsenmotors nahe am Boden zu überprüfen, aber die Hitze des Düsenstrahls, der zu mir zurückkam war größer, als ich erwartet hatte und ich befürchtete, das Flugzeug in Brand zu setzen. Deshalb konzentrierte ich mich darauf, die Düse richtig einzustellen und bemerkte überhaupt nicht, dass das Flugzeug schnell an Geschwindigkeit gewann. Dann schaute ich auf und sah die Mauern von Paris schnell näher kommen. Es blieb keine Zeit mehr, zu stoppen oder umzukehren und ich entschloss mich, es auszuprobieren und stattdessen zu fliegen. Unglücklicherweise hatte ich keine Erfahrung im Fliegen und wusste nicht genau, wie man die Schalthebel im Flugzeug bediente. Die Maschine machte einen kurzen Steilflug und landete dann mit einem heftigen Ruck. Erst schlug der linke Flügel auf dem Boden auf und dann zerschellte die Maschine auf dem Boden. Ich war nicht angeschnallt und wurde deshalb glücklicherweise aus der brennenden Maschine geschleudert."

Es ist der erste <u>Strahlflug</u> der Luftfahrtgeschichte !
Aber noch kein <u>Turbo</u>strahlflug, der kommt am 27.8.1939

2.5 Das Patent des Maxime Guillaume

Es wird oft zitiert, allerdings nur von versierten Historikern: das Patent No 534.801 des Franzosen Maxime Guillaume, angemeldet am 3.Mai 1921, erteilt am 13.Januar 1922 und veröffentlicht am 3.April 1922. Es trägt den Titel „Propulseur par réaction sur l'air" (Antrieb durch Reaktion auf Luft), wobei sicherlich mit Reaktion die Kraft gemeint ist, die nach dem alten Prinzip Actio=Reactio entsteht, im deutschen wird dabei vom Impulssatz gesprochen.

Maxime Guillaume wird 1888 in der Region Le Berry in Frankreich geboren. Er studiert allgemeine Ingenieurwissenschaften an der Nationalen Schule von „Arts et Métiers" (Kunst und Handwerk) in Paris. Gleich nach dem Studium schreibt er sein berühmtes Patent und widmet sich dann der Landwirtschaft und geht nach Marokko und wird Direktor und Inspektor der Plantagen und Bodenwiederherstellung des Gebiets von Safi. 1970 erscheint sein Buch "Der Boden macht das Klima" (LE SOL FAIT LE CLIMAT). Er wird zweimal als Ritter geehrt, sein Sterbedatum ist unbekannt.

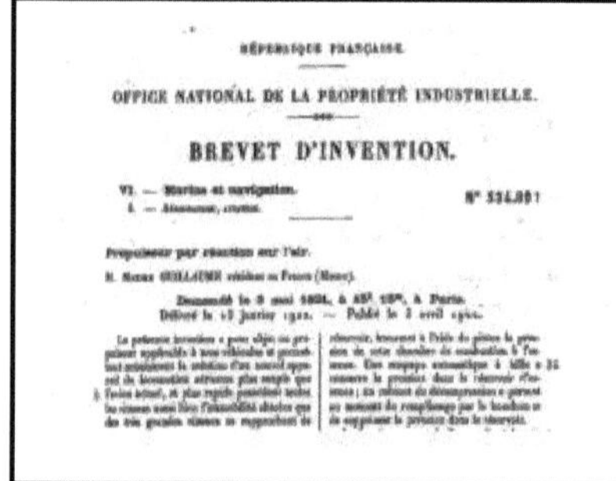

Der Titel der Patentschrift

Das einzige bekannte Foto von Maxime Guillaume

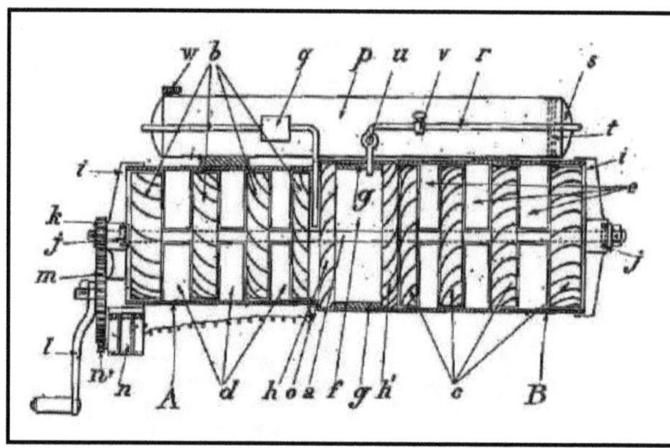

Die Abbildung aus der Patentschrift zeigt eindeutig eine Gasturbine, bestehend aus einem Verdichter, einer Brennkammer und einer Turbine. Die Einzelteile werden zum Teil detailliert beschrieben :

1) Verdichter und Turbine sitzen auf einer gemeinsamen Welle
2) Die Stufen in Verdichter und Turbine bestehen jeweils aus Laufschaufeln und Leitschaufeln
3) In der Brennkammer wird durch Verbrennung von Benzin Energie zugeführt
4) Die Verbrennungsanlage besteht aus einem druckbeaufschlagtem Benzintank, einem Benzinhahn, einem Regler, Füllstutzen, Leitungen und einem Ventil
5) Es gibt eine elektrische Anlage mit Magnetzünder und Zündkerze

6) Es gibt einen Starter: eine Handkurbel, die über ein Zahnradgetriebe die Welle dreht (es gibt einen Freilauf, die Kurbel dreht bei höheren Drehzahlen nicht mit)
7) Die Welle ist an den Enden in Kugellagern in einem Lagergehäuse gelagert

Zur vollständigen Beschreibung einer funktionsfähigen Gasturbine fehlen allerdings :

1) Eine Beschreibung der Führung des Gasstromes vor dem Verdichter (gemeinhin Einlauf genannt)
2) Eine Beschreibung der Führung des Gasstromes hinter der Turbine (gemeinhin Düse genannt)

Maxime Guillaume macht sich die Beschreibung des Schubes seiner Erfindung sehr einfach, er konstatiert einfach, dass er mit seiner Gasturbine eine Kraft, einen Vortrieb erzeugt. Er erwähnt nicht, dass diese Kraft natürlich in Richtung der Fluggeschwindigkeit gerichtet sein muss (denn wenn er Pech hat, ergibt sein Kreisprozess, dass die Energie hinter der Turbine so schwach ist, dass die Düsengeschwindigkeit unter der Fluggeschwindigkeit liegt und das Aggregat einen Widerstand , einen negativen Schub erzeugt).

> pertes de toutes natures et obtenir la force de propulsion désirée par réaction sur l'air qui est constituée par la somme des forces dues à l'aspiration d'air à l'avant du compresseur et à la projection d'air à l'arrière de la turbine.

Guillaumes Beschreibung der Kraft seiner Erfindung. Guillaume müsste die Begriffe Kreisprozess, Einlauf, Eintrittsimpuls, Düse, Austrittsimpuls und Nettoschub erwähnen, aber er kennt sie nicht.

...Verluste aller Naturen **und erhalten die Kraft des gewünschten Vortriebs durch Reaktion auf die Luft, welche gebildet wird durch die Summe der Kräfte herrührend vom Ansaugen der Luft vor dem Kompressor und dem Ausstoß der Luft hinter der Turbine.**

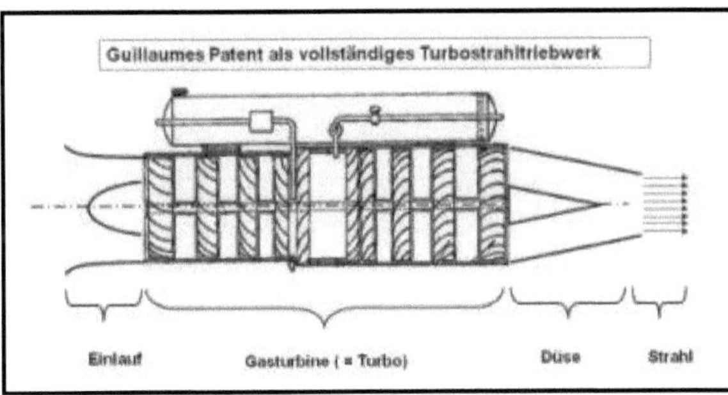

Fazit : Dieses Patent des Maxime Guillaume ist noch kein vollständiges Turbostrahl - triebwerk ! Erst mit einem Einlauf und einer Düse würde es ein funktionsfähiges Turbostrahl - triebwerk darstellen.

Die Handkurbel von Guillaumes Triebwerk lässt erahnen, dass der Erfinder noch keine rechte Vorstellung von einem Turbostrahltriebwerk hat. Die Leistung eines Menschen würde ein solches Triebwerk niemals auf höhere Drehzahlen bringen. Die gleiche Anzahl von Verdichterstufen und Turbinenstufen ist aus heutiger Sicht auch wirklichkeitsfern, gebaute Triebwerke können mit einer Turbinenstufe 5-10 Verdichterstufen antreiben (Ausnahme sind die Fans mit höherem Bypassverhältnis).

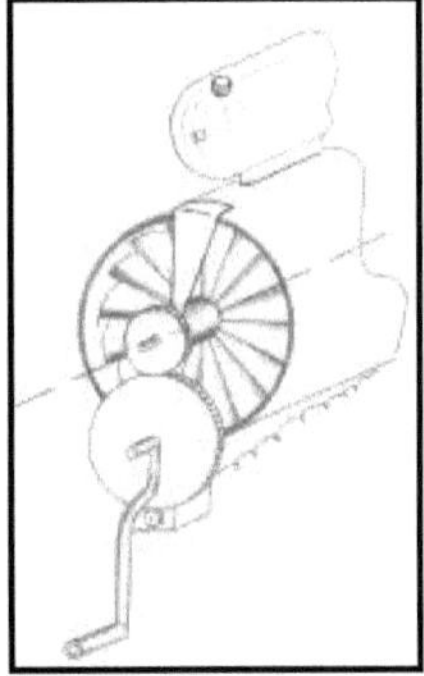

2.6 Der Stern Report

Im Jahr 1919 wird vom neugegründeten Luftfahrtministerium (Air Ministry) in England ein Report in Auftrag gegeben an den Direktor des South Kensington Laboratory Dr.W.J.Stern. Er soll die Möglichkeiten eines hypothetischen Triebwerks mit einer Gasturbine von 1000 hp (etwa 1000 PS) abschätzen. Der Bericht erscheint im September 1920 und trägt den Titel : **ARC Engine Subcommittee Report No 54 „The Internal Combustion Turbine", Price 2 Shillings.**

Stern basiert alle seine Berechnungen und Annahmen auf dem Stand der Technik von 1920. So nimmt er als höchste Gastemperatur 500 °C an, für den Turbinenrotor nimmt er Bronze als Material und in der Brennkammer verwendet er Gusseisen. Bei der Annahme von Komponentenwirkungsgraden nimmt er an :.....*ein Verdichtungswirkungsgrad von 60-65 % kann nur bei niedrigen Geschwindigkeiten erreicht werden, was zu massigen Rotoren führt. Ein Wirkungsgrad von 70% kann nur in Großanlagen realisiert werden mit wohl ausgelegten Zwischenkühlern zwischen den Stufen."*

Als Resultat seiner Arbeit schreibt Stern : *„In einem Entwurf für Flugzeuge würde das Gewicht einer 1000 hp Anlage mit ungefähr 10 lb/hp herauskommen, mit einem Kraftstoffverbrauch von 1,5 lb pro hp und Stunde."*

Das heißt: die 1000 hp Gasturbine würde 10.000 lb (4536 kg) wiegen und pro Stunde 1500 lb (680 kg) Kraftstoff verbrauchen. Dieses Resultat ist eine gute Nachricht für die Hersteller aller konventionellen Kolbenmotoren für Flugzeuge. Die **Internal Combustion Turbine** ist als Konkurrenz so schlecht, dass man sie nicht weiter oder näher zu betrachten braucht.

Die Kolbenmotoren der Zeit liegen im Gewicht unter 1.7 kg/hp und im Verbrauch unter 200 g/hp/hr. Das ergibt für einen 1000 hp Motor ein Gewicht von 1700 kg und einen Verbrauch von 200 kg/hr. Die Werte der späteren Flugtriebwerke Heinkel He S 3 B und Whittle W1 zeigen dann, dass Stern mit dem Gewicht um eine Größenordnung zu hoch liegt, beim Kraftstoffverbrauch aber fast richtig.

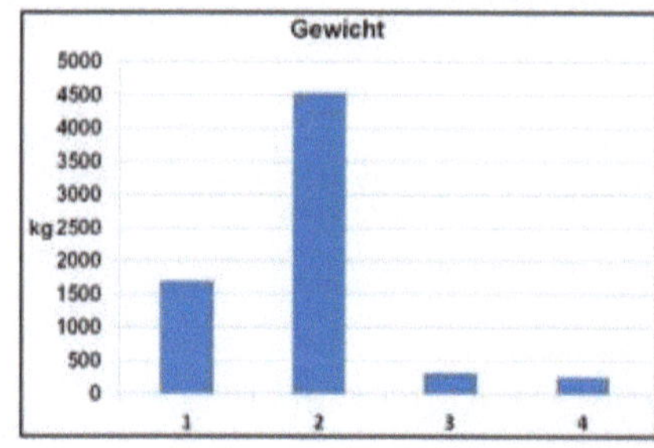

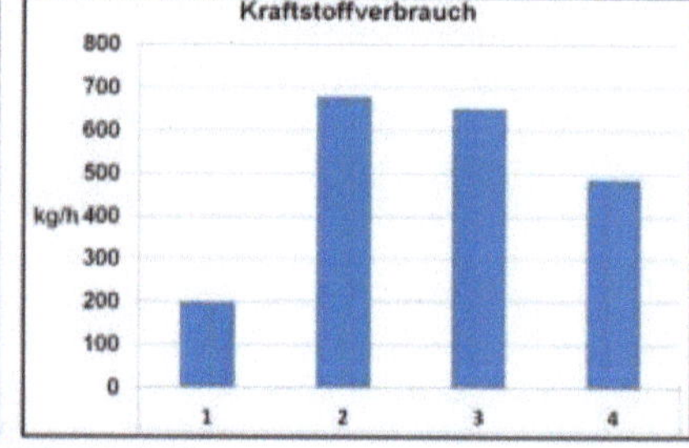

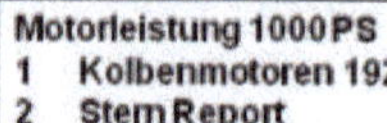

Der Stern Report im Vergleich

Dieser Stern Report wird im Air Ministry wohl verwahrt, aber nie fortgeführt, also nie auf neuesten Stand gebracht. Stern hat ja auch keinerlei Aussagen gemacht über die Zukunft der Materialien und Wirkungsgrade. Als der Stern Report 1929 aus dem Archiv geholt wird, um die Arbeit eines Frank Whittle zu beurteilen, ist er um 9 Jahre veraltet.

2.7 Das Buch des Aurel Stodola

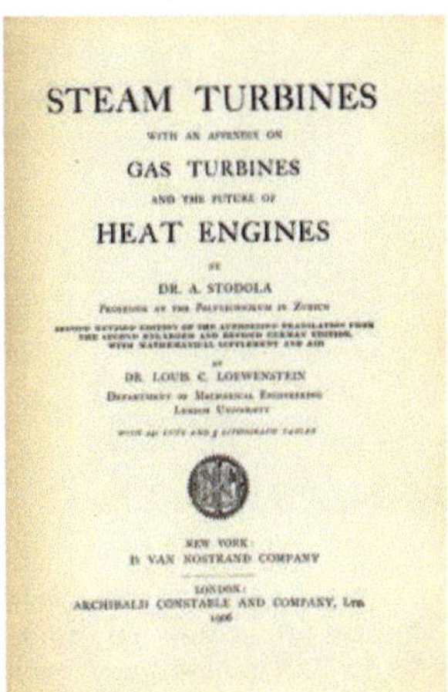

Der Titel eines der ersten Bücher von Stodola aus dem Jahr 1906. Von 1905 bis 1927 erscheinen 6 Auflagen in 5 Sprachen, das Werk mit über 1000 Seiten wird zur Bibel aller Dampf- und Gasturbineningenieure

Prof. Aurel Boreslav Stodola (1859 - 1942)

__Sir Frank Whittle__ kennt das Stodola Buch. Sein Sohn Ian Whittle schreibt :
„My father certainly had Stodolas relevant books. After he died, amongst much else, I gave his copy of the 1927 Stodola book to the IMechE in London. He (my father) studied the fundamentals of steam turbine technology as a school boy (probably when he was 15 years old" (Das war dann 1922). Die Nernst Turbine taucht sogar in Whittles Buch "Gas Turbine Aero Thermodynamics" auf (unten die linke Skizze).

__Dr. Hans von Ohain__ kennt das Stodola Buch, denn dort findet er die Nernst Turbine, die zum Ausgangspunkt seiner Erfindungen wird (unten die rechte Skizze).

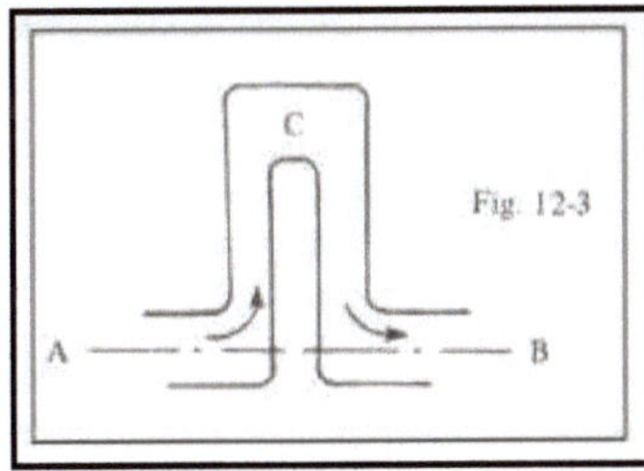

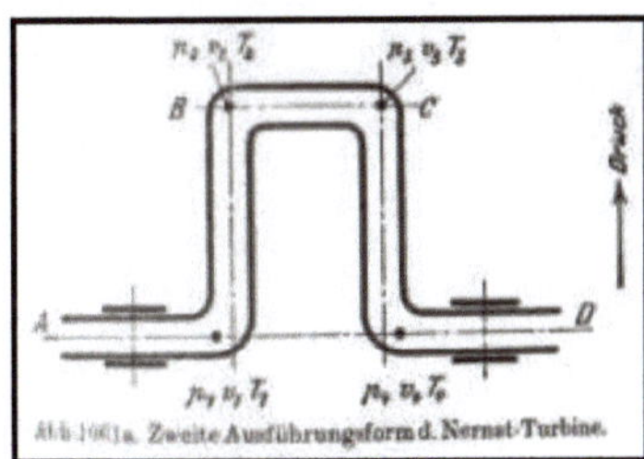

Die Nernst Turbine, links im Whittle Buch, rechts im Stodola Buch

__Sir Stanley Hooker__, der spätere Chef von Rolls-Royce und Bristol Engines, beginnt seine Karriere mit der Lektüre von Stodolas Buch, denn er hat am Anfang keine Ahnung von Superchargern und Radialverdichtern. Er schreibt :
" I had never even seen a supercharger, and had no idea how it managed to compress air by centrifugal action. I rushed to the library and borrowed two books, The internal Combustion Engine, by D.R.Pye and Stodola's great work on Steam Turbines."

Diese unglaublich einfache Idee des Walther Nernst (Nobelpreisträger 1920 für den 3.Hauptsatz der Thermodynamik) wird zum Ausgangspunkt der Erfindungen von Hans von Ohain und Frank Whittle und der Karriere des Stanley Hooker !

2.8 Alan Arnold Griffith

Dr. Alan Arnold Griffith
(1893-1963)

Alan Arnold Griffith gehört in den innersten Kreis der Strahltriebwerkspioniere, ein vollständiges Triebwerk hat er aber erst nach 1939 bei Roll-Royce gebaut. Seine großer Verdienst liegt in der Entwicklung von Verdichtern und Turbinen, er ist der erste, der die Gasturbine mit Propeller als Flugzeugantrieb vorschlägt. Die Chance seines Lebens ist ein Treffen mit Frank Whittle 1929, der seine Erfindung vorträgt und von Griffith abgelehnt wird. Whittle muss danach bis 1936 warten, bis er mit seiner Idee weiterkommt, Griffith macht sogar eine Pause bis 1938.

Nach dem Studium des Maschinenbaus und der Promotion an der Universität von Liverpool beginnt Griffith 1916 seine Laufbahn am Royal Aircraft Establishment (kurz RAE, eine Forschungseinrichtung des Verteidigungsministeriums) und arbeitet fast 10 Jahre auf dem Gebiet der Metallurgie, der Materialermüdung und der Rissfortschreitung. Dann wechselt er komplett das Thema und schreibt im Juli 1926 ein Papier mit dem Titel "An Aerodynamic Theory of Turbine Design". Er zeigt auf, dass die schlechten Wirkungsgrade bisheriger axialer Verdichter und Turbinen (ca 60%) darauf zurückzuführen sind, dass diese im abgerissenen Zustand operieren. Er schlägt vor, die Schaufeln wie kleine Tragflügel auszubilden und (nach Messungen im Windkanal) als solche rechnerisch zu behandeln. Er prophezeit Wirkungsgrade bis 90% und schlussfolgert, dass mit solchen effizienten Verdichtern und Turbinen der Bau von Gasturbinen möglich sei, die ein Flugzeug mittels Propeller antreiben könnten.

Vor Griffith ist das Thema "Gasturbine für Flugzeuge" nur einmal abgehandelt worden: im Stern Report von 1920, oben bereits erwähnt. Sterns Papier wird noch 10 bis 15 Jahre später wie ein Katechismus hochgehalten, wenn dieses Thema von irgendwelchen Erfindern erwähnt wird.

Im Oktober 1926 präsentiert Griffith seine Idee einer Flugzeug-Gasturbine einem Komitee, das vom Air Ministry und dem Aeronautical Research Committee (mit Vertretern aus der Industrie und aus Universitäten) besteht. Am Ende des Tages wird vorgeschlagen, zuerst einmal Tests mit Komponenten durchzuführen. Ein stationäres Schaufelgitter und ein Modell einer Verdichter+Turbinenstufe von 10 cm Durchmesser werden bis 1929 erprobt und erzielen einen Spitzenwirkungsgrad von 91 %.

Sein erstes Ziel hat Griffith erreicht, dann aber bleibt er stecken. Bei seinen Rechnungen und Überlegungen über Axialverdichter meint er festzustellen, dass bei Betrieb außerhalb des Auslegungspunktes der Wirkungsgrad so schnell abfällt, dass eine Anwendung eines derartigen Axial-Verdichters unpraktisch und ineffizient sei. Griffith findet dann aber eine Lösung, das "Contraflow" - Triebwerk. Bei diesem besitzt jede Verdichterstufe ihre eigene Welle und Turbinenstufe. Am Ende des Verdichters wird die Strömung in der Brennkammer um 180° umgelenkt und strömt dann entgegen der Richtung des inneren Verdichter (daher die Bezeichnung <u>contra</u>flow) durch die Turbinenstufen, die außen auf den Verdichterstufen sitzen. Das vermeintliche Problem der Wirkungsgrade in der Teillast hat Griffith damit gelöst, aber um den Preis einer Komplexität, die diese Bauart später scheitern lässt.

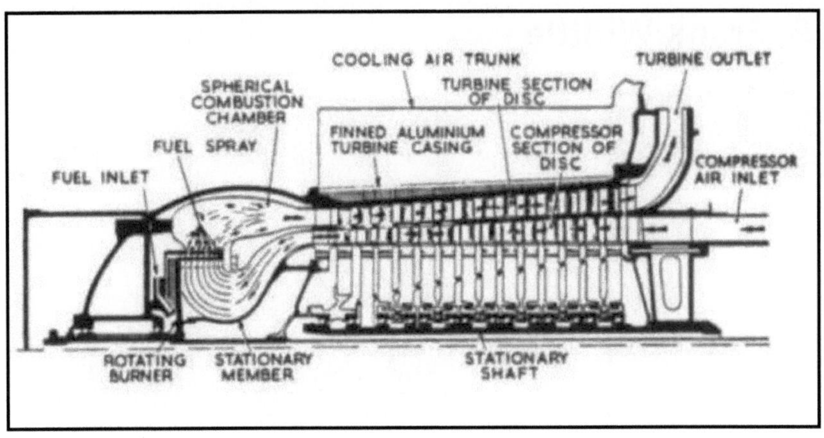

Das Contraflow-Triebwerk , die Welle für den Propeller fehlt

1929 schreibt Griffith einen zweiten Report betitelt "The present position of the internal combustion turbine as a powerplant for aircraft". Er stellt das Contraflow-Triebwerk vor (als Gasturbine mit Propeller) und vertritt die Meinung, dass es dem Kolbentriebwerk in wesentlichen Punkten überlegen sei. Nach 9 Jahren sei der Stern-Report damit als überholt anzusehen.

Ende 1929 kommt es zum historischen Treffen zwischen Whittle und Griffith. Das Urteil von Griffith lautet totale Ablehnung. Griffith findet einen größeren Fehler in den Berechnungen von Whittle und ist generell gegen das Prinzip des reinen Strahls. Dabei kann aber angenommen werden, dass Griffith die Berechnung der Schubkraft eines Düsenstrahls beherrscht hat, auch bei seiner eigenen Idee, aber er sieht zum Beispiel Probleme, wenn der Strahl auf den Rasen der Startbahn trifft. Zum Teil wiederholt Griffith die Argumente des Stern-Reports, obwohl sie sich auch gegen sein Propellertriebwerk richten. Warum er letzlich so entschieden Whittles Idee ablehnt, bleibt bis heute ein Rätsel. Whittle vermutet später eine Mischung aus Inkompetenz, professionellem Neid und intellektueller Unehrlichkeit.

Anfang 1930 tagt das Aeronautical Research Committee erneut und begutachtet die durchgeführten Versuche und den neuen Report von Griffith. Das abschließende Urteil ist bestenfalls lauwarm zu nennen: die Überlegenheit über das Kolbentriebwerk wird nicht gesehen und es wird dem Air Ministry nicht empfohlen, für die Entwicklung dieses Triebwerks größere Geldsummen auszugeben. Als Trostpflästerchen wird empfohlen, eine Testversion eines Contraflow-Verdichters zu testen und ebenfalls Versuche zum Thema Verbrennung durchzuführen.

Griffith ist von diesem Urteil derart entmutigt, dass er für 6 Jahre alle Arbeiten auf dem Sektor Gasturbine für Flugzeuge einstellt. Der vorgeschlagene Contraflow-Verdichter wird erst 1938 von der RAE entworfen, von Armstrong Siddeley gebaut und 1940 vom RAE mit wenig Erfolg getestet. Die Beschaufelung ist nicht gut und die Leckagen zwischen den einzelnen Stufen sind höher als erwartet.

Im Juni 1939 geht Griffith zu Rolls-Royce und kann dort aus dem Vollen schöpfen, hier sind mehr Expertise, mehr Geld und mehr Vorwärtsdrang vorhanden. In den nächsten Jahren wirkt Griffith bei der Entwicklung der Triebwerke Avon, Conway, RB-108 und bei den Programmen Ziviler Senkrechtstart und Überschall mit. 1960 geht er in den Ruhestand und stirbt nur 3 Jahre später.

2.9 Frank Whittle

Sir Frank
Whittle
(1907-1996)

Frank Whittle ist der englische Erfinder des Turbostrahltriebwerks, ihm gebührt der Ruhm, das erste Patent eines Turbostrahltriebwerks angemeldet zu haben, das die Vortriebskraft mit dem Strahl und nicht mit einem Propeller erzielt (Anmeldetag: 16.1.1930). Der Pilot und RAF Offizier Frank Whittle ist 1930 seiner Zeit um mindestens 5 Jahre voraus, keiner versteht ihn, keiner kann die erforderlichen Materialien zur Verfügung stellen, keiner gibt ihm Geld. Er muss lange warten und lange kämpfen. Sein Patent verfällt Ende 1933, sein erstes Triebwerk läuft erst am 12.4.1937, fast zeitgleich mit dem ersten Triebwerk des deutschen Erfinders Hans von Ohain. Das Rennen um den ersten Flug eines Turbostrahlflugzeuges gewinnen die Deutschen, am 27.8.1939 fliegt die Heinkel He 178. Die englische Gloster/Whittle E.28/39 hebt erst anderthalb Jahre später am 15.5.1941 ab.

Frank Whittle beginnt seine berufliche Laufbahn 1926 am RAF College in Cranwell. Er ist 19 und will Pilot werden. Nach 3 Jahren darf er fliegen, er ist ein guter Pilot, aber auch undiszipliniert. 1928 muss er sich auch schriftlich beweisen, seine erste Arbeit beschäftigt sich mit "Chemistry in the Service of the RAF". Seine 2. Arbeit lautet: "Future Developments in Aircraft Design" und beschäftigt sich mit dem Hochgeschwindigkeitsflug in großen Höhen. Er geht weit über den Stand der Technik hinaus: die Jäger der RAF fliegen 150 mph (241 km/h) schnell und erreichen Höhen von 20000 feet (6096 m), Whittle denkt an 500 mph (805 km/h) in viel größeren Höhen. Wie viele andere, die in den nächsten Jahren über schnellere Flugzeuge nachdenken, kommt er zu dem Schluss, dass der Kolbenmotor mit Propeller diesen Anforderungen nicht mehr genügt. Als alternative Antriebe kommen Raketenantrieb und die Gasturbine in Frage, die letztere allerdings nur in Verbindung mit einem klassischen Propeller. Die Gasturbine ist zu dieser Zeit aber nur als hochgewichtige stationäre Maschine bekannt, eine Anwendung für Flugzeuge wurde von Stern 1920 und von Griffith 1926 zwar schon zweimal angedacht, konnte aber das Gewichtsproblem auch nicht ansatzweise lösen.

Ende 1929 wird Whittle in die Central Flying School in Wittering versetzt. Er wird zum Fluglehrer ausgebildet und findet nebenbei Zeit, über den Antrieb seines schnellen Höhenflugzeuges weiter nachzudenken. Und geht in Gedanken den Weg, den auch andere finden : er beginnt mit dem bekannten Kolbenmotor, der bekanntermaßen in der Höhe deutlich an Leistung verliert, er addiert einen Höhenlader, also einen Vorverdichter, der vom Motor angetrieben wird, und er installiert beide Aggregate in einer Gondel, die wie heutige Triebwerksgondeln einen Einlauf und eine Düse besitzt. Seine Rechnungen zeigen, dass die Vortriebskraft des Strahls in der Düse durch die Wärmeentwicklung des Kolbenmotors nicht ausreicht, durch zusätzliche Verbrennung von Kraftstoff vor dem Austritt aus der Düse aber gesteigert werden kann. Das Resultat ist ein schweres Gerät mit exzessivem Kraftstoffverbrauch. Auch der Italiener Campini wird 10 Jahre später zu diesem Ergebnis kommen, geht den Weg aber zu Ende und baut und fliegt diesen Antrieb in einem speziellen Flugzeug.

Frank Whittle ist mit den Früchten seiner Überlegungen noch nicht so recht zufrieden. Und dann fällt der Penny, wie er später einmal erwähnt, er ersetzt den Kolbenmotor durch eine Turbine, die wiederum den Verdichter treibt und ordnet die Kraftstoffverbrennung <u>vor</u> dieser Turbine an. Seine Nachrechnungen zeigen ihm, dass dieser Antrieb mit Strahl allen anderen Konzepten weit überlegen ist. Einen Propeller braucht sein Strahltriebwerk nicht mehr.

Der Geniestreich ist getan, die Erfindung ist fertig.

Das alles entscheidende Detail dieser Erfindung ist die Erzeugung der Vortriebskraft, des Schubes, mittels des Düsenstrahles, ganz korrekt: durch die Differenz von Austrittsimpuls und Eintrittsimpuls, ohne Zuhilfenahme eines Propellers. Nur diese Anordnung verdient den Namen Strahltriebwerk (jet engine). Whittle hat diesen Endpunkt einer ganzen Gedankenkaskade gefunden, und von Ohain und Wagner haben ihn auch gefunden, nur Griffith klebt am Propeller. Unbegreifbar, dass er seine Propellerturbine rechnen kann und diesen letzten Schritt nicht findet. Oder nicht gehen will oder Gründe dagegen findet. Wir werden es nie erfahren.

Frank Whittle hat nur Wochen (oder vielleicht nur einen Nachmittag ?) gebraucht, um seine Erfindung zu machen. Und dann beginnt für ihn die alte Erfahrung, dass eine Erfindung zu 1% aus Inspiration und zu 99% aus Transpiration besteht. Er offenbart seine große Idee zuerst Kameraden, einer davon ist Patentexperte, dann einem Vorgesetzten, dann dem örtlichen Kommandanten. Alle sind tief beeindruckt und helfen ihm sofort weiter. Der Kommandant schickt Whittle ins Air Ministry und dort wird er weitergereicht zu Dr.A.A.Griffith, der als Experte gilt und der auch schon eine Erfindung im Kopf hat. Ende 1929 sitzen sich Whittle und Griffith gegenüber.

Beide wollen die Gasturbine zum Flugzeugantrieb benutzen. Whittle hat die Idee des reinen Strahltriebwerks, die Vortriebskraft entsteht einzig und allein durch den Strahl in der Düse. Griffiths Idee hingegen beinhaltet noch den Propeller. Das Urteil von Griffith ist strikte Ablehnung. Griffith findet einen größeren Fehler in den Berechnungen von Whittle (und Whittle findet Tage später einen zweiten Fehler, der den ersten praktisch neutralisiert) und ist generell gegen das Prinzip des reinen Strahls. So sieht er zum Beispiel Probleme, wenn der Strahl beim Start auf den Rasen der Startbahn trifft. Griffith sieht nicht, dass ein Propeller in größeren Höhen und vor allem bei größeren Geschwindigkeiten schnell Leistung verliert, der Strahl aber nicht. Griffith sieht den erhöhten Kraftstoffverbrauch beim Strahltriebwerk, übersieht aber das geringere Gewicht, die große Einfachheit in der Bauweise und das niedrige Vibrationsniveau, immer im Vergleich mit dem Kolbenmotor. Griffith sieht auch nicht, dass die Zukunft bessere Wirkungsgrade und bessere Materialien bringen wird.

Die Frage, was passiert wäre, hätte Griffith ein posives Urteil abgegeben, ist zwar hypothetisch, wurde aber mal so beantwortet: die Einfachheit des Whittle Triebwerks hätte deutlich weniger Gelder gebraucht, um einen Prototyp zu bauen, da hätte das Air Ministry schon helfen können. Und Griffiths Propellertriebwerk hätte auch besser ausgesehen und vielleicht schnellere Förderung erhalten. Andererseits gibt Whittle sehr viel später zu, dass sein Triebwerk 1930 einfach um etliche Jahre zu früh dran war.

Kurze Zeit nach seinem Treffen mit Griffith im Luftfahrtministerium erhält Frank Whittle, wohl Anfang 1930 einen Brief des Ministeriums mit folgendem Inhalt: *„Seine Erfindung sei eine Gasturbine, und eine erfolgreiche Entwicklung einer solchen sei unpraktisch, da es an Materialien fehle, die der Kombination aus Belastung und Temperatur widerstehen könnten, die notwendig wären, um einen akzeptablen Wirkungsgrad zu erzielen".* Mit anderen Worten: die Experten im Amt glauben nicht, dass diese Erfindung funktionieren wird. Dahinter steht der Stern Report von 1920 mit den Annahmen über Materialien und Wirkungsgrade von 1920.

Frank Whittle hat vor seiner Erfindung keine Literaturrecherche gemacht, er hat nie eine erwähnt. Auch den Stern Report hat er nicht gekannt. Enttäuscht kehrt er zu seinen Kameraden zurück und weiß nicht weiter. Sein Fluglehrer Pat Johnson, der ihn schon zum Kommandanten Baldwin begleitet hat, der Whittle wiederum ins Ministrium geschickt hat, ist Patentexperte und schlägt Whittle vor, doch wenigstens ein Patent anzumelden. Gemeinsam formulieren die zwei das Patent GB 347,206, das am 16.1.1930 angemeldet wird.

Es ist das erste Turbostrahltriebwerks-Patent der Welt !

Danach widmet sich Whittle bis 1935 fast ganz der Karriere als Pilot in der Air Force, die Arbeiten auf dem Sektor Turbostrahltriebwerk kommen nicht voran.

Das Patent 347,206

PATENT SPECIFICATION

Application Date: Jan. 16, 1930. No. 1521 / 30.

347,206

Complete Left: Oct 16, 1930.

Complete Accepted: April 16, 1931.

PROVISIONAL SPECIFICATION.

Improvements relating to the Propulsion of Aircraft and other Vehicles.

I, Frank Whittle, of Glenhaven, Regent St., Coventry, British Subject, do hereby declare the nature of this invention to be as follows:—

This invention concerns improvements relating to propulsion and whilst at present it is deemed to be particularly adapted to the propulsion of aircraft, it is not necessarily limited to this use and may be adapted for the propulsion of other vehicles.

as, or connected with the compressing mechanism. The air then passes through a suitably designed tunnel to the atmosphere, either having velocity as a result of its passage through expansion apparatus, of being capable of further expansion through suitably designed nozzles at the rear, or both.

In another form, a portion of the air only may expand through the expansion

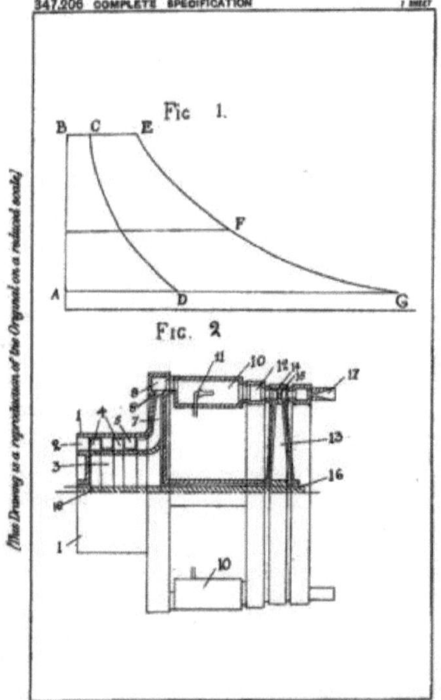

Die Originalabbildung aus dem Patent GB 347,206 zeigt folgende Details:

1 Verdichtergehäuse
2 Einlaufpassage
3 Rotor
4 Schaufelring (rotierendes Gitter)
5 Statorschaufeln (stehendes Gitter)
6 (fehlt)
7 zentrifugal-radiale Stufe
8 Diffusor
9 Sammelkanal
10 Brennkammer
11 Kraftstoffbrenner
12 Sammelkammer
13 Turbine
14 Schaufeln
15 Statoren
16 Welle
17 Düsen

Man beachte den Plural Düsen, es sind offenkundig mehrere Einzeldüsen. Es werden konvergent-divergente Düsen gezeigt, die aber nur Sinn machen, wenn das Düsendruckverhältnis über 1.9 liegt und die Düsengeschwindigkeit damit in den Überschall geht. Die Düsen-Machzahl der Triebwerke aus der Zeit lag aber immer im Unterschall.

18

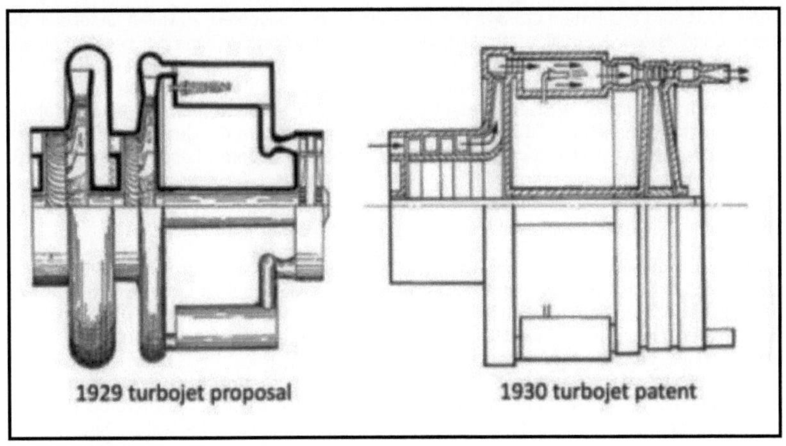

Oben links die Skizze, die Frank Whittle im Ministerium dem Prüfer Griffith gezeigt hat (1929 turbojet proposal) und rechts die Abbildung aus dem Patent GB 347,206 (1930 turbojet patent). Das Patent unterscheidet sich deutlich vom Vorschlag von 1929. Der vordere Radialverdichter wird ersetzt durch zwei axiale Verdichterstufen und der Durchmesser der Turbine wird verdoppelt und lässt eine einzelne Schubdüse nicht mehr zu. Die Idee dieser vielen (sicherlich 10-20) Einzeldüsen lässt Frank Whittle später wieder fallen.

Beide Abbildungen eines möglichen Turbostrahltriebwerks sind unvollständig, ähnlich dem Patent des Maxime Guillaume. Unten finden sich die vervollständigten Darstellungen.

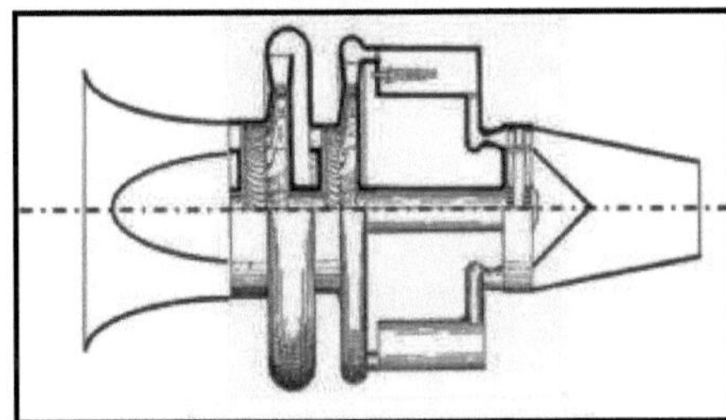

Links der Vorschlag von 1929, vervollständigt mit einem Einlauf und einer einzigen Düse.

Rechts die Version aus dem Patent von 1930 mit Einlauf und den 10-20 Einzeldüsen.

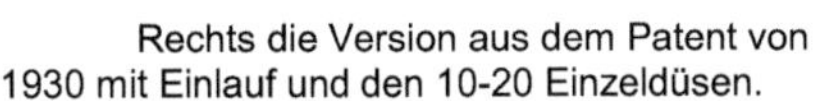

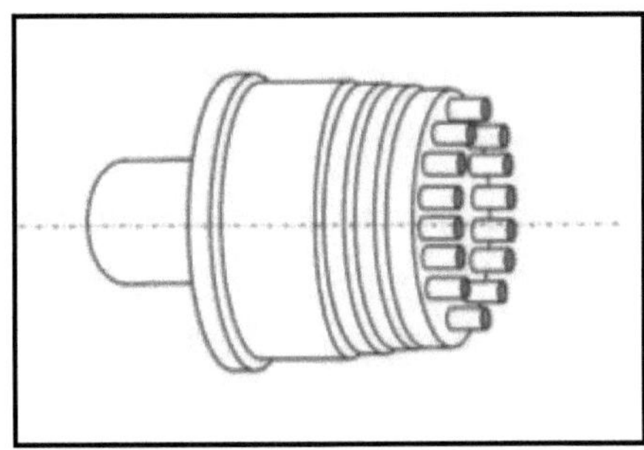

Links das Originalpatent in der Schrägansicht. Eine derartige Düsenanordnung hätte funktionieren können, wäre aber einmalig gewesen und ist auch nie so gekommen.

Am 16.4.1931 wird das Patent GB 347,206 akzeptiert (engl. *accepted*, zuweilen findet sich der Begriff *granted*), damit ist es ein gültiges Patent. Offenkundig hat Frank Whittle bei der Anmeldung schon den Prüfungsantrag gestellt, sonst wäre der Vorgang nicht so schnell gegangen. Ob der Prüfer bei der Prüfung andere Patente oder Veröffentlichungen aus der Zeit davor gefunden hat, ist nicht überliefert. Wie üblich zu der Zeit wird das Patent GB 347,206 in gekürzter Form in einem Katalog „Patents for Inventions—Abridgments Of Specifications" veröffentlicht, um die Suche bei Recherchen zu vereinfachen. Dieser Katalog wird dann auch an Patentämter in anderen Ländern verschickt. So landet die Kurzversion auch in Berlin, und erhält den Stempel „15.Aug.1931 Bibliothek".

Am 15.August 1931 ist Whittles Patent bereits in Deutschland angekommen.

Eine deutschsprachige Erwähnung des Whittle Patents erscheint am 14.12.1931 in der Zeitschrift für Flugtechnik und Motorluftschiffahrt. Diese Zeitschrift ist nach dem Göttinger Handkatalog der Universitätsbibliothek dort vorhanden. Hans von Ohain, der ab 1930 in Göttingen studiert, könnte diese 8 unscheinbaren Zeilen lesen, wenn er danach suchen würde. Aber Hans von Ohain macht seine Erfindungen, ohne zu suchen, was es sonst so gibt.

Frank Whittle widmet sich in den folgenden Jahren hauptsächlich seiner Karriere als Pilot und Fluglehrer, verliert aber nie seine Erfindung aus dem Auge. Er kontaktiert Menschen und Firmen, ohne Erfolg. Er meldet ein 2.Patent an, das einen besseren Radialverdichter aufweist. Er braucht ein Druckverhältnis von 4.0 und einen Wirkungsgrad von 75%, der beste Höhenlader für Kolbenmotoren seiner Zeit aber hat ein Druckverhältnis von 1.92 und eine Wirkungsgrad von 62%. Wie schon erwähnt, ist er seiner Zeit um Jahre voraus.

Im November 1933 muss sein Patent erneuert werden, er müsste 5 £ zahlen, um es aufrecht zu erhalten. Das Air Ministry lehnt ab, Whittle kann das Geld nicht entbehren, das Patent verfällt.

Jetzt könnte die Geschichte dieser Idee zu Ende sein.

Dann aber tauchen alte Kameraden am 12.Mai 1935 auf. Williams und Tinling und wollen ihm und der Erfindung helfen. Sie wollen die Kosten weitere Patente übernehmen und als Whittles Agenten vor allem Geldgeber finden, um diese Idee weiter voran zu bringen. Dafür erhalten sie je ein Viertel Beteiligung an seinen Rechten.

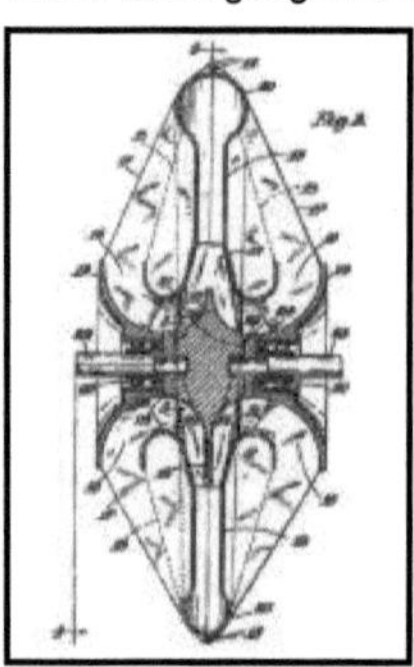

Daraufhin formuliert Whittle neue Patente. Das Patent GB 456,976 beschreibt kein komplettes Triebwerk, sondern nur einen Radialverdichter (engl. centrifugal compressor). Es handelt sich um einen doppelseitigen (engl. double-sided) Radialverdichter, der die Luft von zwei Seiten ansaugt.

In einem anderen Patent von 1935 GB 456,980 zeigt Whittle dann ein vollständiges Triebwerk mit diesem doppelseitigen Radialkompressor. Die Luftmengen aus dem vorderen (hier linken) Radialverdichter und aus dem hinteren (hier rechten) Radialverdichter werden in einem Schneckengehäuse gesammelt und der Brennkammer zugeführt. Nach der Verbrennung werden die heißen Gase in die Turbine geleitet und dann über die lange Düse ins Freie entspannt.

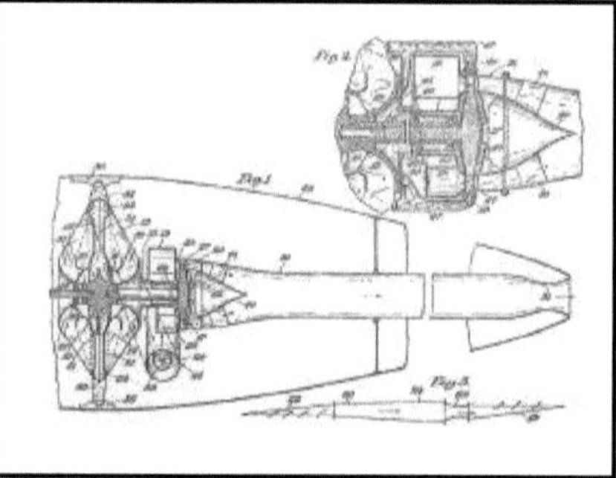

Die Skizze von GB 456,980 ist nicht ganz vollständig, es fehlt der Einlauf. Wenn man diesen vorsichtig ergänzt, erhält man das untere Bild. Dabei offenbart sich ein Nachteil dieser Bauart. Die Luft für den vorderen Radialverdichter (hier in grün) kann direkt von vorn hineinströmen, die Luft für den hinteren Teil (hier in gelb) muss außen am gesamten Verdichter vorbeiströmen und dann einen 90°-Schwenk machen, um dann von hinten in den hinteren Verdichter zu gelangen. Dazu muss dann aber genügend Platz sein zwischen dem Außenradius des Gesamtverdichters und der Innenseite der Gondel. Dadurch wird der Gondeldurchmesser um ein deutliches Maß größer als der Durchmesser des Verdichters.

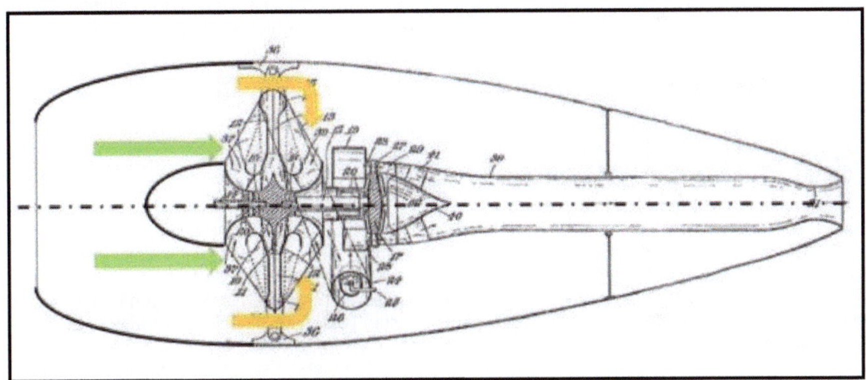

Das Patent GB 456,980 vervollständigt mit Einlauf und Düse

Die Anordung des Gesamttriebwerks mit dem doppelseitigen Radialverdichter aus GB 456,980 führt dann in direkter Linie zum ersten Turbostrahltriebwerk, das Frank Whittle auf den Prüfstand bringt. Im März 1936 wird eine kleine Firma namens Power Jets gegründet, Whittle ist Chefingenieur, das Startkapital beträgt 10.000 £. Die Firma BTH (British Thomson Houston) wird ausgewählt, die Komponenten des ersten Triebwerks WU (Whittle Unit), später WU1 genannt, zu fertigen. Der Schub soll 1200 lb bei 17750 rpm betragen. Die Fertigung beginnt im Juli 1936, die ersten Brennkammertests finden ab Oktober 1936 statt.

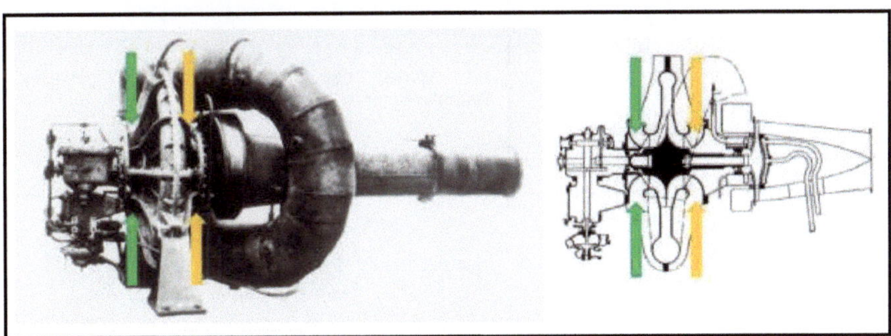

Das erste Prüfstandstriebwerk WU oder WU1

1937 Die Abbildung oben links zeigt das erste Prüfstandstriebwerk und rechts das Querschnittsbild. Die grünen+gelben Pfeile zeigen die angesaugte Luft. Vor allem die Brennkammer ist in der fertigen Ausführung gewaltiger ausgefallen als in der Skizze. Der erste Lauf dieses Triebwerks findet am 12.4.1937 statt und endet fast in einer Katastrophe. Irgendwo im Inneren haben sich Kraftstoffpfützen gebildet, die zu unkontrollierter, heftiger Beschleunigung führen. Immerhin: das Triebwerk läuft. Die Drehzahlen erreichen nur traurige Werte und ob der Strahl schon Schub erzeugt, wird nicht erwähnt. Als der Rotor sich festläuft, wird ein totaler Umbau begonnen.

Ein weltberühmtes Gemälde: Frank Whittle mit seinem ersten Turbostrahltriebwerk WU1 (Whittle Unit 1). Der Maler hieß Roderick Lovesey.

Für viele Jahre wird die Entwicklung des Triebwerks nach der Idee von Frank Whittle unter manchmal erdrückenden Problemen leiden. Power Jets ist eine zivile Firma und es ist immer zuwenig Geld da. Die Militärs in Gestalt des Air Ministry interessieren sich erst für diesen neuen Motor, als der schon längst läuft. Aus diesem Geldmangel können keine Tests von einzelnen Komponenten (also Verdichter, Brennkammer, Turbine) gemacht werden, das Triebwerk bzw. seine verschiedenen Baustadien werden immer als Gesamtaggregat gebaut und getestet. Das größte technische Problem ist die Verbrennung, ihre Intensität ist um den Faktor 20 größer als alles, was die Technik bis dato kannte. Anders als von Ohain, der für seinen allerersten Demonstrator als Kraftstoff Wasserstoff wählt und damit alle Verbrennungsprobleme ausklammert, benutzt Whittle von Anfang an Kerosin und erlebt quälende Schwierigkeiten. Er muss sein Triebwerk 4 mal bauen, bis es fliegt.

1938 Am 16.4.1938 läuft die nächste Version WU2, sie besitzt eine noch größere Brennkammer. Am 6.5.1938 wird bei 13000 rpm ein Schub von 480 lb gemessen. Kurz danach verliert die Turbine 9 Schaufeln.

Ein Modell des WU2 mit seiner gewaltigen Brennkammer

Das WU2 im Querschnitt. Die Pfeile ganz rechts zeigen wieder Einzeldüsen, so wie es auf dem Patent GB 347,206 zu sehen war.

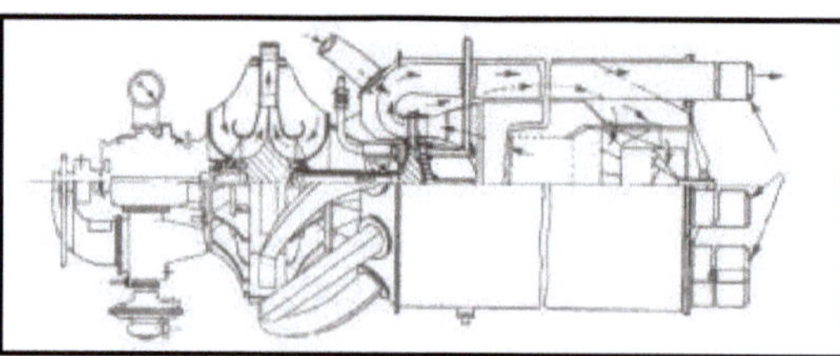

Das Triebwerk wird wieder umgebaut in das WU3 und erhält 10 Einzelbrennkammern, die kleine Verbindungsrohre aufweisen, um das gleichzeitige Zünden aller Kammern zu erreichen. Die ersten Läufe beginnen am 26.10.1938. Das Triebwerk entwickelt sich langsam, aber stetig. Am 30.6.1939 besucht der Director of Scientific Research vom Air Ministry Dr. Pye die kleine Firma von Whittle und erlebt einen 20-Minuten-Lauf bei 16000 rpm. Er ist tief beeindruckt und veranlasst in der Folge die Herausgabe von zwei Entwicklungsaufträgen, einen für ein flugfähiges Triebwerk und einen für ein Flugzeug, das damit fliegen soll.

Links das dritte Triebwerk WU3 im Prüfstand und rechts Frank Whittle mit zwei Mitarbeitern.

1939 Seit dem Frühjahr 1939 wissen die Engländer, dass sie nicht alleine sind, dass die Deutschen auch am Strahltriebwerk arbeiten. Ein deutscher Ingenieur taucht bei einem Anteilseigner von Power Jets auf und berichtet von mehreren Strahltriebwerksprojekten in Deutschland, weiß aber keine Einzelheiten.

1939 Zeitgleich mit dem Ausbruch des Krieges beginnt Whittle mit dem Entwurf des Flugtriebwerks W.1, das 1240 lb Schub erzeugen soll. Gleichzeitig wird ein zweites Triebwerk W.2 in Auftrag gegeben, es soll 1600 lb Schub produzieren. Der Auftrag für das entsprechende Flugzeug geht an die kleine Firma Gloster, die grade an einem Propellerjäger arbeitet und deren Chefentwickler selbst mal eine Gasturbine patentieren ließ und von Whittles Triebwerk begeistert ist. Der Entwurf erhält die Bezeichnung E.28/39, er wird als Jäger konzipiert, später jedoch als reines Experimentalflugzeug gebaut.

1940 Das Jahr 1940 sieht den Bau von Triebwerk und Flugzeug und die Einbeziehung der Firma Rover Car Company in das Projekt als Unterauftragnehmer, parallel zu BTH. Im Juli 1940 übernimmt Whittle ein Brennkammerkonzept aus dem Hause Shell. Der Kraftstoff wird als feiner Nebel von flüssigen Tröpfchen mittels eines regelbaren Brenners eingespritzt. Whittle probiert die Idee aus und ist nach einer Woche seine 3 Jahre alten Verbrennungsprobleme los. Neben dem Flugtriebwerk W.1 wird dann noch eine Versuchsversion W.1X gebaut, die noch nicht alle Neuheiten des W.1 aufweist, aber für Installationstests am Flugzeug benutzt wird.

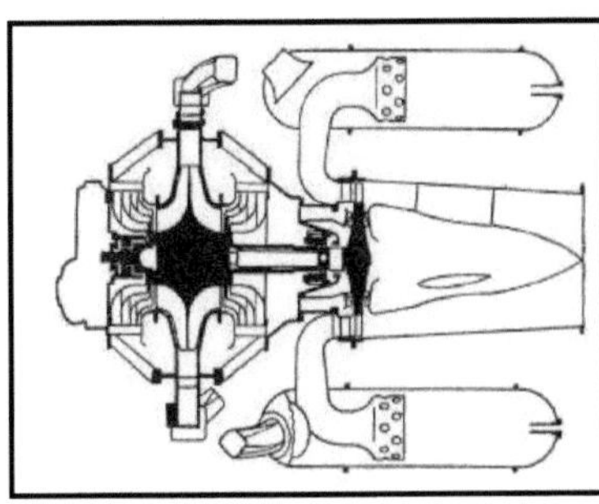

Das erste Flugtriebwerk Whittle W.1

1941 Am 22.2.1941 wird das alte WU3 so schwer beschädigt, dass eine Reparatur nicht mehr lohnt. Es ist fast 4 Jahre gelaufen und hat sogar einen 10-Stunden-Lauf absolviert. Im April 1941 wird das Flugzeug E.28/39 fertiggestellt und macht erste Rollversuche mit dem W.1X, da das W.1 erst Ende April seine Zulassungstests besteht. Das W.1 wird im Flugzeug eingebaut und am 15.5.1941 findet der Erstflug von 17 Minuten, völlig ohne Probleme, auf dem RAF Stützpunkt Cranwell statt.

Power Jets W.1
Einkreiser mit 1 Welle, Erstlauf 12.4.1941
1 Diagonalverdichter, 1 Axialturbine
Startschub 950 lb (431 kp)
Durchsatz 10 kg/sek
Verdichtergesamtdruckverhältnis 4.0
Turbineneintrittstemperatur 1434° F (1052 °K)
Das Triebwerk der Gloster E.28/39 beim Erstflug am 15.5.1941

Die Gloster E.28/39 beim Start.

Frank Whittle gratuliert dem Piloten Gerry Sayer nach dem Jungfernflug am 15.5.1941. Sein Triebwerk, seine Erfindung fliegt !

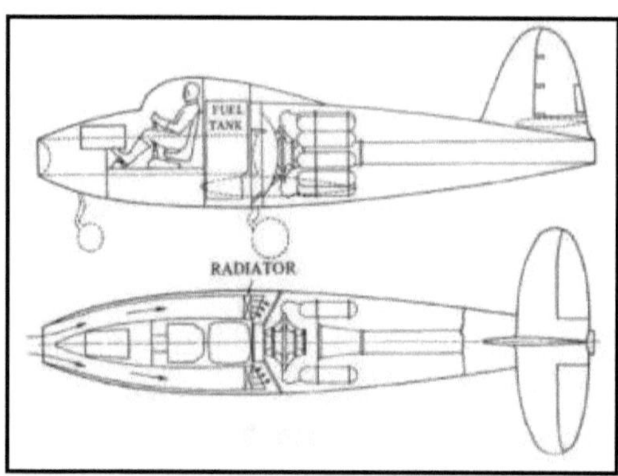

Die Dreiseitenansicht der Gloster E.28/39 zeigt in der Draufsicht, dass die angesaugte Luft seitlich am Piloten vorbeiströmt, um dann auch seitlich in den Radialverdichter einzutreten. Das Schubrohr ist sehr lang.

Vom ersten Patent (16.1.1930) bis zum Erstflug der E.28/39 (15.5.1941) hat Whittle 11 Jahre und 4 Monate gebraucht. Es war ein langer, harter Kampf, aber das Triebwerk, seine große Idee läuft und macht Schub nur mit dem Strahl. Das kleine Flugzeug E.28/39 fliegt bis 370 mph, so schnell wie die große Spitfire. Frank Whittles großer Verdienst, seine 1% Inspiration und 99 % Transpiration, lässt sich heutzutage sogar quantifizieren : unter "Frank Whittle" zeigt das Internet Anfang 2022 über 1Million Einträge.

1941 Aber mit dem ersten Flug der E.28/39 ist die Geschichte der Erfindungen des Frank Whittle noch lange nicht beendet. Whittle arbeitet jetzt am W.2 Triebwerk, es soll 1600 lb Schub produzieren. Mehrere Versionen des W.2 werden bei Rover und bei Power Jets gebaut und getestet, mit enttäuschenden Ergebnissen, die Triebwerke pumpen und erreichen wegen überhöhter Temperaturen nur 1000 lb Schub. Das nervige Problem des Pumpens wird im Oktober gelöst, im Verdichterdiffusor wird die Anzahl der Schaufeln von 80 auf 10 reduziert und das Pumpen ist vorbei.Bei all den Arbeiten erweist sich die Kommunikation zwische Rover und Power Jets als Katastrophe.

1941 Am 17.6.1941 kommt es zu einem historischen Treffen zwischen Stanley Hooker von Rolls-Royce und Frank Whittle von Power Jets. Hooker ist zu der Zeit mit dem Turbolader des Merlin Kolbenmotors beschäftigt und wird begleitet von Hayne Constant, Direktor einer Forschungabteilung in Farnborough. Hooker ist nicht sofort von dem Whittle Triebwerk überzeugt, wird aber nach intensivem Studium des Themas Strahltriebwerk zum Befürworter. Als er dem obersten Chef von Rolls-Royce Baron Ernest Hives über dieses Triebwerk berichtet, fragt dieser ihn, was das denn kann. Mit der Antwort 800 lb Schub kann Hives nichts anfangen, bis Hooker ihm den Schub des Propellers der Spitfire mit 840 lb ausrechnet. Hives ist beeindruckt, am nächsten Sonntag, am 29.6.1941 besucht er mit Hooker dann Whittle in seiner kleinen Werkstatt in Lutterworth. Angesichts der Zustände dort bietet Hives Hilfe an und danach beginnt Rolls-Royce in Derby mit der Fertigung von Turbinenschaufeln, Getriebkästen und anderen Komponenten.

Ernest Hives, 1st Baron Hives
(1886-1965)

Sir Frank Whittle   Sir Stanley Hooker
(1907-1996)   (1907-1984)

1941 Im Juni 1941 taucht ein Konkurrent zum Whittle Triebwerk auf. Nach dem Erstflug der E.28/39 und auf Anraten und mit Billigung des Amtes beginnt Frank Halford im April 1941 in einer eigenen Firma in London mit der Entwicklung eines Triebwerks, das nur teilweise an den Whittle Entwurf erinnert. Er nennt es Halford H.1. Ende 1941 wird er von De Havilland aufgekauft und wird Chairman der neugegründeten de Havilland Engine Company. Ab da heißt das Triebwerk De Havilland DH Goblin. Das Goblin wird für 2700 lb Schub ausgelegt und erreicht anfangs 2300 lb, selbst das ist deutlich mehr als die Whittle Modelle. Erstlauf des H.1 ist am 13.4.1942 und der erste Flug auf der Meteor DG206, denn das W.2B von Whittle ist für die Meteor noch nicht bereit.

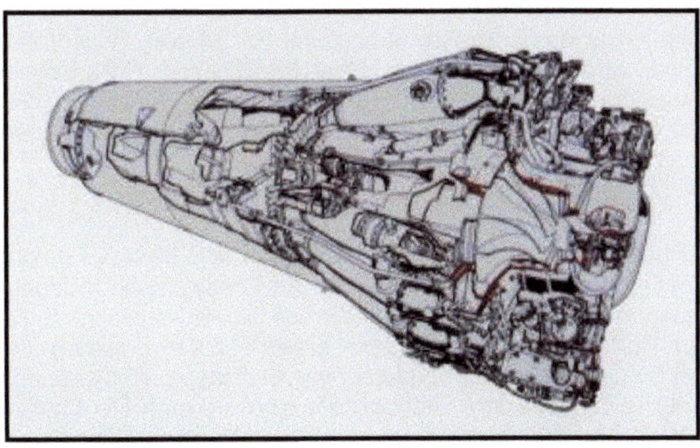

Der Verdichter des Goblin ist ein einseitiger Radialverdichter im Gegensatz zum zweiseitigen Verdichter der Whittle Triebwerke. Das hat den Vorteil, dass die Strömung jetzt nur von vorn in den Verdichter eintritt. Der zweite Unterschied sind die nunmehr geraden Brennkammern, während Whittle weiterhin die Umkehrbrennkammer bevorzugt.

1941 In den USA gibt es keine Konkurrenz auf dem Sektor Turbostrahltriebwerke. Im Juni 1940 tritt ein RAF Offizier Anderson seinen Dienst an der englischen Botschaft in Washington an. Whittle hat ihn beauftragt, alles zu sammeln über den Stand der Supercharger, mit denen die Leistung der Kolbenmotoren in größeren Höhen verstärkt werden. General Electric ist da der große Meister. Ähnlich wie in England ist auch in den USA schon in den 20er Jahren und auch Juni 1940 die Gasturbine für Flugzeuge studiert worden und für untauglich erklärt worden. Anderson schreibt nach Hause, dass es in den USA keine Arbeit gibt auf demselben Gebiet wie bei Whittle. Im Juli 1940 allerdings schreibt Anderson dann, man sei in der Botschaft zu der Überzeugung gekommen, es sei von erheblicher Wichtigkeit, die Arbeit von Whittle zu klonen, der Fall, dass England von Deutschland erobert wird, muss abgedeckt werden. Diese Erfindung darf nicht verloren gehen.

Am 12.4.1941 fliegt General Henry H. Arnold, Chief of the Army Air Corps nach England, zu Treffen mit Ministern und der RAF. Die englische Seite ist bereit, ihm das Whittle Triebwerk zu zeigen, aber nicht sofort und so fliegt Arnold zurück, ohne das Whittle Triebwerk gesehen zu haben. Als Arnold dann am 15.5. vom Erstflug der E28/39 erfährt, teilt er der englischen Regierung mit, die Strahltriebwerksentwicklung müsse auf beiden Seiten des Atlantik stattfinden. Am Ende langer Verhandlungen wird dann beschlosen: die USA erhalten die kompletten Unterlagen über das W.2B und das W.1 und auch ein komplettes Triebwerk: das W.1X.

Frank Whittle hat ja zwei Triebwerke im Bau für sein erstes Strahlflugzeug, einmal das W.1 , das dann auch den Erstflug durchführt und dann ein W.1X, das Teile enthält, die doppelt produziert worden sind oder die das W.1 nicht braucht. Dieses nicht flugtaugliche W.1X wird am 1.Oktober 1941 in handliche Kisten verpackt und in einer B-24 in die USA geflogen und dort der Firma GE übergeben. General Arnold hat GE ausgewählt und präsentiert Anfang September vor der GE Mannschaft die Unterlagen mit dem berühmt gewordenen Satz: „Gentlemen, ich gebe Ihnen das Whittle Triebwerk".

1942 In Lynn, Massachusetts wird das W.1X getestet und dann ein Nachbau gebaut mit einigen Abänderungen und Verbesserungen, es läuft am 18.April 1942 unter der Bezeichnung „Type I" und führt nach weiteren Korrekturen zum I-A , das am 18.5.1942 läuft mit einem Schub von 1250 lb und einem Druckverhältnis von 3:1. Zwei Exemplare des I-A werden dann in das erste Strahlflugzeug der USA, in die Bell XP-59A eingebaut und am 2.Oktober 1942 ist der Erstflug.

Die Bell XP-59A

Das Jahr 1942 erlebt in England den Bau von mehreren verbesserten W.2B und mit ihnen viele Schwierigkeiten. Es gibt mehrere Triebwerke mit enttäuschenden Leistungen. Als die Spannungen zwischen Whittle und Rover immer schlimmer werden, greift Rolls-Royce ein.

Im Dezember 1942 trifft sich Ernest Hives von Rolls-Royce begleitet von Stanley Hooker mit S.B. Wilkes von Rover. Nach einem Dinner wird ein historischer Deal geschlossen: Rolls-Royce bekommt den gesamten Strahltriebwerkssektor von Rover und Rover erhält als Ausgleich die Panzermotorenabteilung von Rolls-Royce. Nur mit Handschlag, ohne Geld zu erwähnen, wird der gordische Knoten durchtrennt und Rolls-Royce beginnt eine großartige Karriere als Strahltriebwerksfirma.

1943 Im Januar 1943 übernimmt Rolls-Royce das Rover Werk in Barnoldswick und Stanley Hooker wird Chefingenieur. Er hat eine Mannschaft von 2000 Mann hinter sich, die Triebwerksentwicklung nimmt Fahrt auf und wird in zwei Richtungen aufgespalten. Das B.26 von Rover wird zum B.37 weiterentwickelt und bekommt den Namen Rolls-Royce Derwent (nach einem Fluss in England), es erreicht 2000 lb Schub. Das W.2B/500 wird für die Gloster F.9/40 Meteor vorgeschlagen, wird aber mit den Zulassungstests nicht rechtzeitig fertig und muss den Erstflug dem Konkurrenten DH Goblin überlassen. Im Oktober 1943 erreicht das W.2B23 1600 lb Schub und erhält den Namen Welland.

Links die Meteor DG206 mit dem DH Goblin, Erstflug 3.März 1943.

Rechts die Gloster Meteor DG205 mit dem Whittle W.2/500 mit 1400 lb Schub, Erstflug 12.6.1943. Der zweite von rechts ist Frank Whittle, die anderen Herren sind Testpiloten und Manager von Gloster.

1944 Anfang 1944 erfolgt eine Einladung der USA an die englischen Kollegen, sie sollen sich die Fortschritte dort mal anschauen. Im GE Werk in Lynn muss Hooker feststellen, dass die Amerikaner in größerem Stil denken und arbeiten als die Engländer. Aus dem W.1X ist ein I-40 entstanden mit 4000 lb Schub und in einem anderen Werk läuft ein rein amerikanisches Axialtriebwerk TG-100 mit ebenfalls 4000 lb Schub. Dagegen verblasst sogar das DH Goblin mit seinen 2700 lb.

Zurück in England ist Hooker wild entschlossen, die Amerikaner zu übertreffen. Er beschließt, ein 5000 lb Triebwerk im Whittle's Stil zu bauen. Er holt sich im Ministerium die Zustimmung für ein 4200 lb Triebwerk, das aber Potential für 5000 lb hat. Am 1.5.1944 fangen sie an mit einem blanken Stück Papier. Sie übernehmen die Bauweise des bewährten zweiseitigen Radialverdichters von Whittle und als Brennkamer den geraden Typ des Derwent. Nach 6 Monaten ist das Triebwerk fertig und erreicht beim Erstlauf am 27.10.1944 auf Anhieb 4000 lb Schub. Nach Hinzufügen von Wirbelschaufeln im Einlauf, die Frank Whittle vorgeschlagen hat und die schon bereit liegen, werden am nächsten Tag 5000 lb Schub erreicht. Es erhält den Namen Nene.

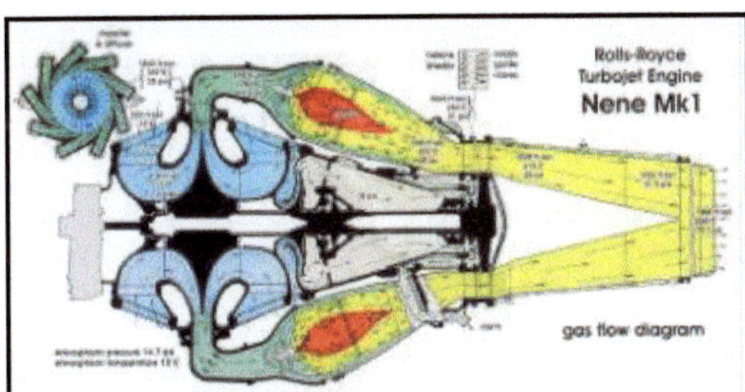

Das Rolls-Royce Nene mit einer detaillierten Darstellung der Luftströme. In hellblau der Luftstrom in den beiden Seiten des Einlaufs, in grün die Zuströmung über 9 Einzelkanäle in die 9 Brennkammern und in gelb die heißen Luftströme nach der Verbrennung in der Turbine und in der Düse.

Rolls-Royce Nene
Einkreiser mit 1 Welle, Erstlauf 27.10.1944
1 Radialverdichter, 1 Axialturbine
Startschub 5000 lb (2268 kp)
Durchsatz 36.3 kg/sek
Turbineneintrittstemperatur 837°C (1110 °K)
Verdichtergesamtdruckverhältnis 4.4
Das größte Triebwerk 1945 weltweit, in 6 Monaten entwickelt

Dann aber wird allen Gästen abends bei einem Dinner mit Frank Whittle und Stanley Hooker und Adrian Lombard, dem Chief Engine Designer von Rolls-Royce, klar, dass es für dieses mächtige Triebwerk Nene noch kein Flugzeug gibt, es ist zu groß für die Gondel der Meteor. Da benutzt Frank Whittle das Tischtuch, verkleinert das Nene mit dem Maßstab 0,855 und erhält 3650 lb Schub. Jetzt passt es in die Meteor Gondel und Hooker macht eine schnelle Überschlagsrechnung und prophezeit: „Wir haben die 600 mph Meteor".

1945 Das verkleinerte Nene wird Derwent V genannt, der Baubeginn ist am 1.Januar 1945, am 7.6.1945 ist der Erstlauf, 5 Tage später läuft es 100 Stunden bei 2600 lb Schub und steigert sich bald auf 3500 lb. Am 15.8.1945 werden zwei Derwent V in einer Meteor eingebaut und getestet. Sie erreicht bald 570 mph (917 km/h). Dann rüstet Gloster zwei Meteor aus für den Angriff auf den Weltrekord, den noch die Messerschmitt Me 209 V1 mit 755 km/h hält, den sie am 26.4.1939 aufgestellt hat. Von Rolls-Royce aus wird nach einem Einstundentest mit 4000 lb Schub grünes Licht für die Rekordversuche gegeben. Am 7.11.1945 gelingt der Meteor EE455 der Weltrekord mit 606 mph (975 km/h). Hookers Rechnung war korrekt !

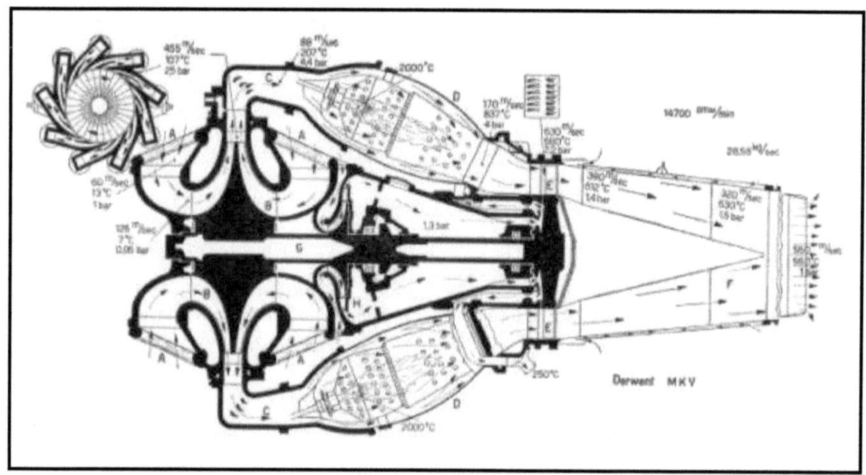

Oben ein Querschnitt durch das Derwent V (Auch Derwent Mark V oder MKV). Es ist die photographische Verkleinerung des Nene. Die Dimensionen der Geschwindigkeiten, Drücke und Temperaturen sind jetzt in internationalen Einheiten: m/sec, bar und °C. Die Turbineneintrittstemperatur liegt bei 837°C = 1110°K, das Verdichterdruckverhältnis beträgt 4.4. Die Turbine ist noch ungekühlt. Die Bauweise des Verdichters ist Whittles ureigene Erfindung, die graden Brennkammern stammen von Rover. Der Nettoschub beim Start beträgt :
Fn = Düsengeschwindigkeit x Durchsatz = 550 m/sec x 28.58 kg/sec = 15719 N = 3536 lb

Oben die Rekordmaschine Meteor EE455, sie ist knallgelb angestrichen. Am 7.11.1945 gelingt dieser Meteor der Weltrekord mit 606 mph (975 km/h).

2.10 Alf Lysholm von Milo

Mitte 1932 tauchen aus Schweden Patentanmeldungen und Patente auf, die Turbostrahltriebwerke zeigen, die fast schon vollendet wirken. Man meint, man könne sie sofort bauen und sie würden funktionieren.

Der Erfinder heißt Alf Lysholm und er wird weltweit berühmt für seinen Schraubenverdichter, den er in den 30er Jahren entwickelt in der Firma Svenska Rotor Maskiner AB und die bis heute als Supercharger für Sportwagen unter dem Namen Lysholm gebaut werden. Die Patente zum Thema Turbostrahltriebwerk meldet er bis in die 50er Jahre unter der Firma Milo Stockholm an. Ende der 40er Jahre ist Lysholm bei der Firma Svenska Flygmotor AB beschäftigt.

Alf Lysholm (1893-1973)

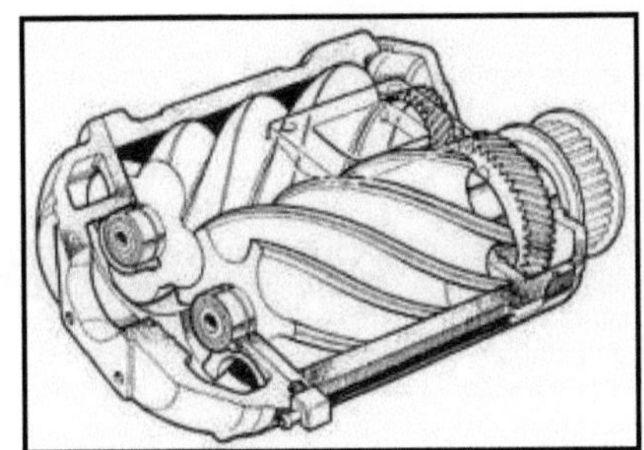

Der Schraubenverdichter von Lysholm.Die Luft wird im Raum zwischen den Schrauben eingeschlossen und dann verdichtet, angeblich bis zum Druckverhältnis 4.

Unten : Lysholms deutsches Patent DE 710,082 (patentiert ab 16.2.1933). Er bietet beide Lösungen an: das Propellertriebwerk in Fig.4 und das reine Turbostrahltriebwerk in Fig.2. Mit dem dazu passenden Flugzeug mit Triebwerksinstallation im Flügel ist er allen Konkurrenten um Jahre voraus. Es wird aber nie gebaut.

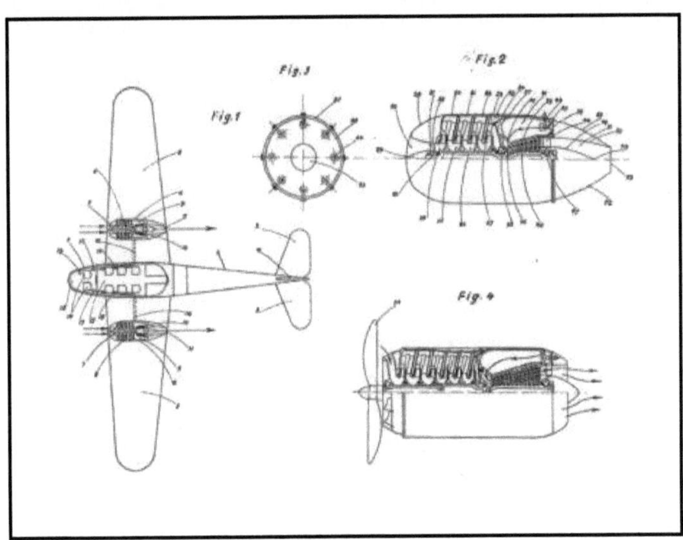

2.11 Herbert Wagner und Max Adolf Müller

**Prof. Dr.Ing. Dr.Ing.e.h.
Herbert Wagner
(1900-1980)**

Herbert Wagner gebührt der Verdienst, das erste Axial-Turbostrahltriebwerk der Welt gebaut und auf den Prüfstand gebracht zu haben, leider bleibt ihm versagt, dieses Triebwerk mit voller Leistung und Schubabgabe zu erleben.

Wagner beginnt nach dem Studium 1924 beim Rohrbach-Metallflugzeugbau seine Laufbahn, wird mit 27 bereits Ordinarius für Flugzeugbau an der TH Danzig und wechselt 1930 an die TH Berlin. Dort nimmt er (laut Hans von Ohain) 1934 privat eine Propellerturbine axialer Bauart mit energetischem Austrittsstrahl in Angriff, vermutlich rechnet er sie durch, die Nutzleistung geht zu 50% auf den Propeller und zu 50% in den Strahl. 1935 geht Wagner zu den Junkers-Werken nach Dessau, wo er unter Generaldirektor Koppenberg, dem Nachfolger des enteigneten Hugo Junkers, Technischer Direktor wird.

Das Thema seiner Arbeit für die nächsten Jahre ist der Höhen-Langstrecken-Flug, ein Thema, das in die Richtung Transozeanflug zielt. Wagner erkennt, dass für dieses Flugzeug kein geeignetes Triebwerk zur Verfügung steht und wendet sich neuen Antrieben zu. Er verfolgt zuerst das schon untersuchte Propeller-Luftstrahltriebwerk, holt 1936 seinen alten Assistenten Max Adolf Müller aus Berlin zur Werkzeugmaschinenfabrik Magdeburg, einem Zweigwerk der Junkers-Motorenwerke Dessau, lässt diesen verschiedene Triebwerkstypen durchrechnen und entscheidet sich dann für das fortschrittlichste Konzept: das reine Turbostrahltriebwerk in der schlankesten, der axialen Bauweise.

Zwei Patente aus dieser Zeit sind bekannt. Das frühere Patent aus dem Jahr 1935 zeigt ein Propellertriebwerk an der Vorderkante eines Tragflügels. Das spätere Patent aus dem Jahr 1938 trägt den Titel "Vortriebseinrichtung für Luftfahrzeuge, bestehend aus einer Gasturbine, einem von dieser angetriebenen Verdichter für die Verbrennungsluft und einer an die Gasturbine sich anschließenden Rückstoßdüse, dadurch gekennzeichnet, daß der Austrittsquerschnitt der Rückstoßdüse etwa die gleiche Größe wie der Austrittsquerschnitt der Gasturbine hat". Der Propeller ist verschwunden, der Vortrieb erfolgt einzig durch den Schub in der Düse.

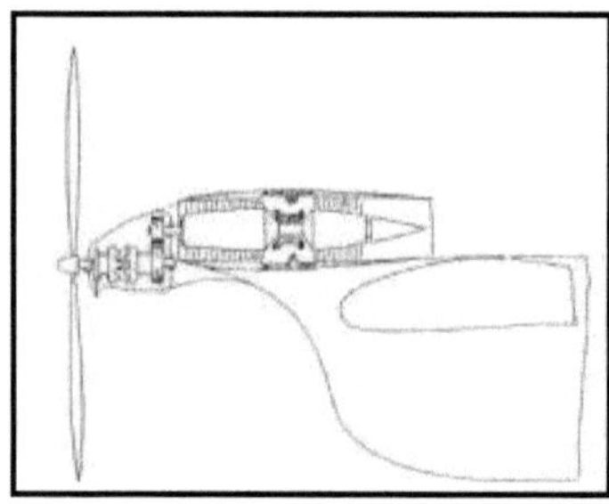

Das Patent mit dem Propellertriebwerk

Das Patent mit dem reinen Strahltriebwerk

Die Komponenten sind unterschiedlich schwierig zu entwerfen. Das grösste Knowhow liegt auf dem Turbinensektor vor, hier kann auf den Dampfturbinenbau zurückgegriffen werden, allerdings liegt das Temperaturniveau beim Strahltriebwerk deutlich höher. Die Brennkammer stellt die grösste Herausforderung dar, die Brennraumbelastung liegt um ein vielfaches höher als bislang bekannt. Es wird viele Versuche brauchen, um diese Technik in den Griff zu bekommen. Auch in der Verdichterentwicklung müssen neue Wege gegangen werden. Die einzelnen Schaufeln werden jetzt als Tragflügel betrachtet und nicht mehr als reine Stromfadenbegrenzung. Die Verdichterentwicklung des RTO (Rückstoß-Turbine ohne Leistungsabgabe an einen Propeller) übernimmt Prof. Rudolf Friedrich.

Das RTO weist einen Axialverdichter mit 14 Stufen, eine Ringbrennkammer und eine zweistufige Axial-Turbine auf und wird Anfang 1939 auf dem Motorenstand in Magdeburg aufgebaut. Für die Verbrennung wird Propan vorgesehen, eine ähnlich weise Entscheidung wie sie auch von Ohain fällt (dieser wählt Wasserstoff), weil alle Schwierigkeiten der Kerosinzerstäubung und Verbrennung erst einmal ausgeklammert werden, man konzentriert sich auf die reine Schuberzeugung.

Wann dieses RTO das erste Mal dreht, wann es welche Drehzahlen erreicht, ist nicht mehr nachzulesen. Friedrich verliert kein Wort darüber, ein anderer Kommentar lautet : "noch nicht erfolgreich", eine weitere Notiz : "konnte nicht zum selbstständigen Lauf gebracht werden". Man darf annehmen, dass es mit Starthilfe gedreht hat, aber ohne Starthilfe eben nicht. Die gleiche Phase erlebt von Ohain mit seinem allerersten Prototyp in der berühmten Autowerkstatt in Göttingen.

Die Rückstoß-Turbine RTO auf dem
Prüfstand in Magdeburg 1938/39:

Dann wird die technische Entwicklung von der Politik überrollt. Als die Magdeburger sich 1939 an das RLM wenden und um Zuteilung von warmfesten Stählen für ihre Turbine nachsuchen, geraten sie ins Fadenkreuz der Beamten (wie Ernst Heinkel), denn das Amt verlangt, dass diese neuartigen Antriebe von fachlich dafür geeigneten Firmen, nämlich den Motorenfirmen, entwickelt, gebaut und getestet werden sollen. Für die Magdeburger, die pro forma Flugzeugbauer sind, sieht die Lösung eigentlich ganz einfach aus: sie werden übersiedeln in die Motorenabteilung von Junkers in Dessau, wo der Chef Prof. Mader und sein Mitarbeiter Anselm Franz schon über Strahltriebwerke nachdenken. Die Magdeburger aber sind verärgert, geben sich aber große Mühe, in einer 3-wöchigen Aktion dem neuen Chef Anselm Franz und seinen Mitarbeitern alle Erfahrungen bei der Entwicklung des RTO zu übermitteln. Dann aber zerstreut sich die Wagner-Truppe, einige gehen zurück nach Berlin und Max Adolf Müller und etwa 15 Mann nehmen ein Angebot von Ernst Heinkel an und gehen im Oktober 1939 nach Rostock Marienehe.

Die Firma Junkers und Anselm Franz erhalten im Juli 1939 vom RLM den offiziellen Auftrag, ein Strahltriebwerk zu entwickeln. Es erhält die RLM Nummmer 109-004, die Firmenbezeichnung lautet Jumo 004. Anselm Franz beginnt die Entwicklung mit seinen eigenen Überlegungen und Vorarbeiten, die Erfahrungen des RTO kennt er zwar, lässt sie aber links liegen.

Das RTO aber, das erste gebaute Axialtriebwerk, verschwindet ohne Spur in der Geschichte.

Max Adolf Müller
(1901-1962)

Bei Heinkel bilden die Magdeburger mit Max Adolf Müller als Chef den Kern der neuen Axial-Triebwerksabteilung, die parallel zu von Ohains Radial-Triebwerksabteilung das RTO weiterentwickeln sollen. Am Ende heißt das Triebwerk He S 30, hat aber zahlenmäßig nicht mehr viel Ähnlichkeit mit dem RTO. Der Verdichter weist nur 5 Stufen (statt 14) auf, die Ringbrennkammer ist umgebaut zu einer Brennkammer mit 9 Einzelbrennrohren. Die Raffinesse des He S 30 liegt im Verdichter, bei dem Rudolf Friedrich einen Reaktionsgrad von 0.5 wählt, d.h. der feste Leitschaufelkranz trägt mit 50% am Druckaufbau bei. Dadurch braucht man für das gleiche Gesamtdruckverhältnis eines Verdichters weniger Stufen.

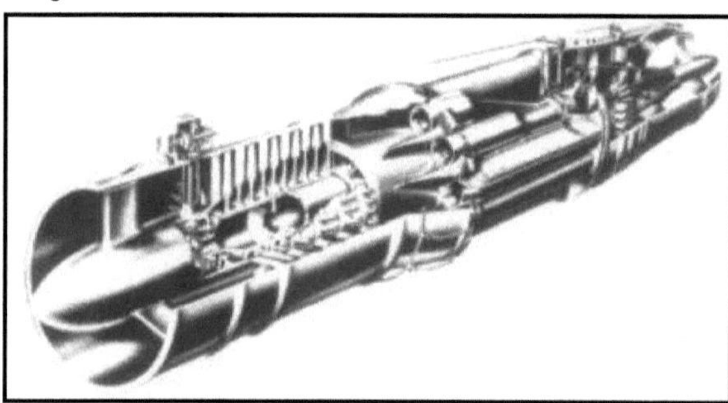

Das He S 30

Erst als die Abteilung nach Zuffenhausen verlagert wird (nach dem Kauf der Hirth-Werke), läuft das He S 30 im April 1942 erstmals selbstständig. Im Juni 1942 verlässt Müller dann die Firma. Und erst am Ende 1942 erreicht das He S 30 dann 650 kp Schub bei 20.5 kg/sek Durchsatz und einem Druckverhältnis von 3.0. Mit dem Ende der He 280 Anfang 1943 sterben auch das He S 8, mit dem die He 280 geflogen ist, und das He S 30, das es nie geschafft hat, auf der He 280 zu fliegen.

Herbert Wagner geht im April 1940 zum Henschel-Flugzeugbau in Berlin-Schönefeld und befasst sich mit Flugmechanik und Regelung von ferngelenkten Bomben. Diese Thema bleibt ihm noch lange erhalten, auch nach dem Kriegsende in den USA.

1930 wird Wagner Professor an der TU in Berlin Charlottenburg, einer seiner Schüler heißt Ludwig Bölkow (Foto links Bölkow und Wagner). An Strahltriebwerken hat er nie wieder gearbeitet. Aber ihm gebührt der Verdienst, das erste Axial-Strahltriebwerk überhaupt gebaut und auf den Prüfstand gebracht zu haben.

2.12 Hans Joachim Pabst von Ohain

Dr. Hans von Ohain
(1911-1998)

Hans von Ohain ist der deutsche Erfinder des Turbostrahltriebwerks, ihm gebührt der Ruhm, das erste Turbostrahltriebwerk der Welt zum Laufen gebracht zu haben (allerdings nur etwa 4 Wochen eher als Frank Whittle, das Datum des deutschen Erstlaufs ist nur ungefähr bekannt) und das erste Turbostrahlflugzeug zum Fliegen gebracht zu haben (anderthalb Jahre vor den Engländern).

Hans von Ohain's Geschichte muß als Idealfall für einen Erfinder angesehen werden. Er hat eine radikal neue Idee, die punktgenau in die Anforderungen der Zeit passt, er baut einen Prototyp, als der nicht voll funktioniert, erhält er massive Hilfe mit Vitamin B, sein Professor hat Beziehungen in die Industrie und vermittelt ihn zu dem Firmenchef, der einen Antrieb für schnellere Flugzeuge sucht, er wird interviewt, für förderungswürdig akzeptiert, er erhält die größtmögliche Unterstützung in Form von Geld und Mitarbeitern und erlebt, wie seine Idee nach nur 9 Monaten dann Schub erzeugt und später dann ein Flugzeug fliegen lässt.

Sein vollständiger Name lautet Hans-Joachim Pabst von Ohain. Seine Familie ist adelig, nannte sich vor Jahrhunderten "de Pape" und stammt aus dem belgischen Ort Ohain. Nach Deutschland verschlagen nennen sie sich um in "Pabst von Ohain". Die Kurzform des Namens aber bleibt **Hans von Ohain**, so unterzeichnet er auch seine Autogramme. Die Familie ist wohlhabend, Hans von Ohain macht 1930 in Berlin die Reifeprüfung mit Einsern in Mathe und Physik und beginnt ein Studium der Physik an der Georg August Universität in Göttingen. Zu seinen Vorlesungen gehört auch das Gesamtpaket von Thermodynamik und Aerodynamik seiner Zeit. Seine Professoren heißen Ludwig Prandtl, Albert Betz und Walter Encke. Bei seinem Physikprofessor Pohl schreibt er 1935 seine Doktorarbeit über das Thema "Ein Interferenzlichtrelais für weißes Licht". Er lässt dieses Relais sogar patentieren und verkauft es an Siemens für 3500 RM.

Schon 1931 macht der Segelflieger Hans von Ohain einen Flug von Köln nach Berlin, vermutlich in einer Junkers G 24 oder G 31. Er ist entsetzt über diese Kolbenmotoren, die da schütteln und vibrieren und stinken und so entsetzlich laut sind. Sein Erfinderhirn beginnt zu arbeiten, da muss es doch einen eleganteren Weg geben, Vortrieb zu erzeugen, so ruhig wie ein Segelflugzeug. Erste Überlegungen im Herbst 1933 beginnen mit einem Strömungsprozess ohne bewegliche Teile, aber das ist eine Sackgasse. Dann verlegt er sich auf einen Antrieb mit beweglichen Teilen, mit Verdichter und Turbine. Seine Inspiration ist die Nernst-Turbine, die er im Buch „Dampf-und Gasturbinen" von Aurel Stodola findet.

1935 Sein erstes Patent, das er 15.Mai 1935 anmeldet, basiert auf der Nernst-Turbine, zuerst bleibt es bei einer Anmeldung, ein Patent wird es erst im Juni 1936. Er muss das Werk des Stodola gesehen haben, muss darin geblättert haben, obwohl er dieses Buch nie erwähnt. Aber er nennt seine erste Idee eine modifizierte Nernst Turbine und dieser Name fällt noch, als die Tests mit dem ersten Triebwerk in Rostock am Anfang 1937 beginnen.

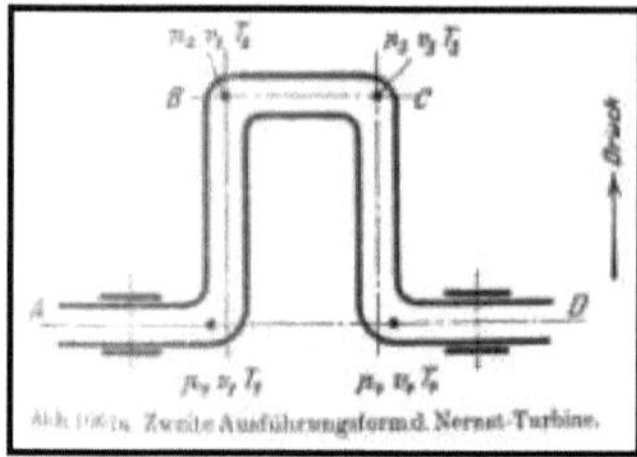

Abb. 106/x Zweite Ausführungsform d. Nernst-Turbine.

Die Nernst Turbine in ihrer einfachen, ursprünglichen Form saugt Luft bei 0 an, schleudert sie nach außen, erhitzt sie und entspannt sie bei A wieder. Über die Kraft bzw. Leistung, die benötigt wird, um das U-Rohr zum rotieren zu bringen, gibt es keinerlei Hinweis.

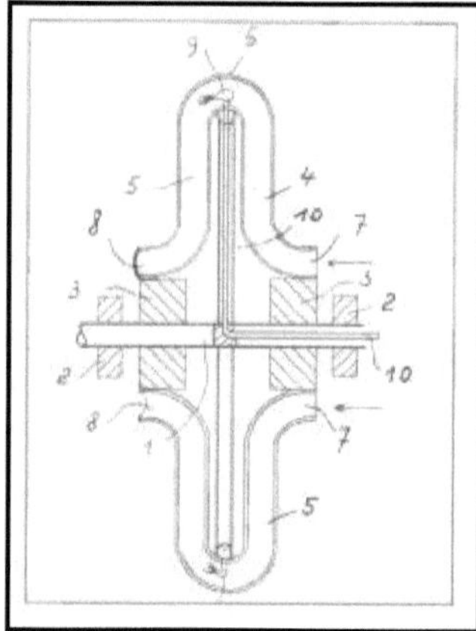

Hans von Ohain wandelt die Nernst Turbine ab. Er nimmt zwei U-Rohre und legt die Einlässe 7 und 8 nicht auf die Drehachse, sondern in einem Abstand dazu. Das erlaubt es, der Düsenströmung bei 8 einen seitlichen Winkel zur Drehachse zu erteilen, so dass ein Drehmoment entsteht, das die Rotation des ganzen Gerätes bewirkt. Diese Patentanmeldung erfolgt unter der Aktennummer O .21 822 XI/62b am 15.5.1935. In abgewandelter Form wird es das Geheim-Patent Nr. 318/38.

Hans von Ohain rechnet viele Entwürfe durch, er hat ja Thermodynamik gelernt, und wählt zum Schluss die Kombination Radialverdichter + Radialturbine aus. Hier passen die Komponenten perfekt zueinander (wegen des gleichen Radius) und sind einfach zu fertigen. Er weiß, dass axiale Bauweisen eine kleinere Stirnfläche ergeben würden, aber aus Gründen der Komplexität und der Herstellungskosten auf später verschoben werden müssen. Das vordringlichste Motto lautet: zu beweisen, dass man mit einem Strahl Schub machen kann.

Das Ergebnis hat zwei Auswirkungen, das Strahltriebwerk seiner Rechnungen hat im Vergleich mit dem Kolbenmotor+Propeller einen deutlich schlechteren Wirkungsgrad und daher auch einen entsprechend höheren Kraftstoffverbrauch, wiegt aber nur ein Viertel soviel. Und verspricht Fluggeschwindigkeiten über 800 km/h.

Als die Idee eine gewisse Form erreicht, konzentriert sich Hans von Ohain erst mal auf eine Patentanmeldung. Das Lichtrelais hat er ja auch patentiert, er hat schon etwas Erfahrung. Zusammen mit seinem Patentanwalt Dr.Wiegand in Berlin macht er im Herbst 1935 eine Patentrecherche. Sie finden "allerlei", aber nichts zum Stichwort Strahlturbine. Vor allem: sie finden nicht Whittles erstes Patent von 1930, nur ein zweites, das stark von dem des Hans von Ohain abweicht. Auch das berühmte Patent des Maxime Guillaume vom Mai 1921 finden sie nicht, genau wie die Engländer. Das Patent erhält den Titel "Verfahren zum Umwandeln von Wärmeenergie in kinetische Energie eines Gasstroms", Patentnummer 317/38. Es wird am 10.11.1935 deutsches Geheimpatent, nach geringfügigen Änderungen wegen eines Patentes eines Schweden Alf Lysholm.

Die Nernst Turbine war nur der erste Schritt in seinem Gedankenprozess. Er entwickelt die Idee weiter. Das Triebwerk , das er dann am 9.11.1935 anmeldet, ist ein Neuentwurf, der nur noch entfernte Ähnlichkeit mit dem ersten Patent hat. Das ist keine Skizze mehr, das ist eine fertige Zeichnung eines Triebwerks, das so aussieht, als könne man es bauen und es würde funktionieren. Wie Hans von Ohain von dem einen Entwurf zum anderen gekommen ist, hat er nie verraten. Die nachfolgende Darstellung ist daher eine Hypothese ohne Anspruch auf Richtigkeit.

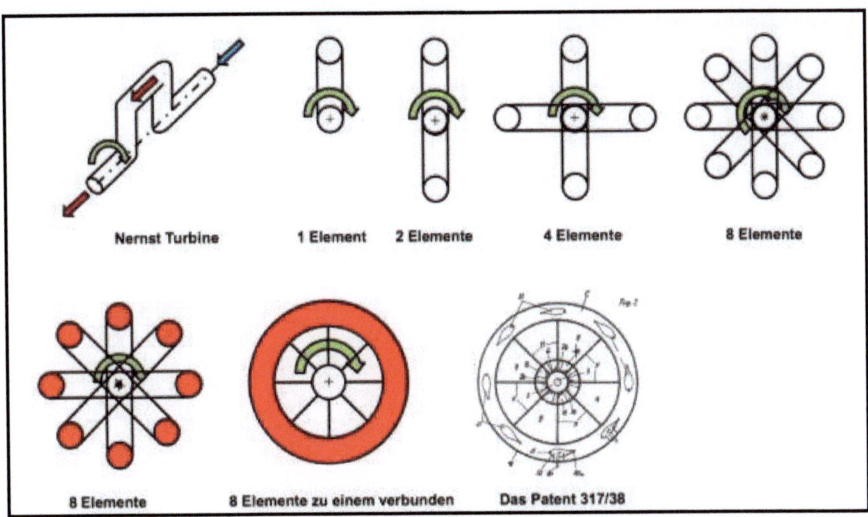

Mit der einfachen Nernst Turbine beginnend kann man die Elemente verdoppeln, bis man bei 8 ankommt. Wenn man dann die 8 einzelnen Elemente zu einem verbindet, landet man beim 2. Patent des Hans von Ohain. Sogar die Anzahl 8 stimmt.

Es folgen die Abbildungen zum 2.Patent mit den Erklärungen der einzelnen Bauteile. Es fällt auf, dass die Nummern 1,2,12 und 13 nicht vorhanden sind. Und es fällt auf, dass die Skizze mit Fig.1 das Signum Ernst Heinkel trägt, denn die endgültige Patenterteilung erfolgt erst, als Hans von Ohain nach dem 15.4.1936 als Mitarbeiter bei Heinkel angestellt ist und die dortige Patentabteilung alle disbezüglichen Aktivitäten übernommen hat.

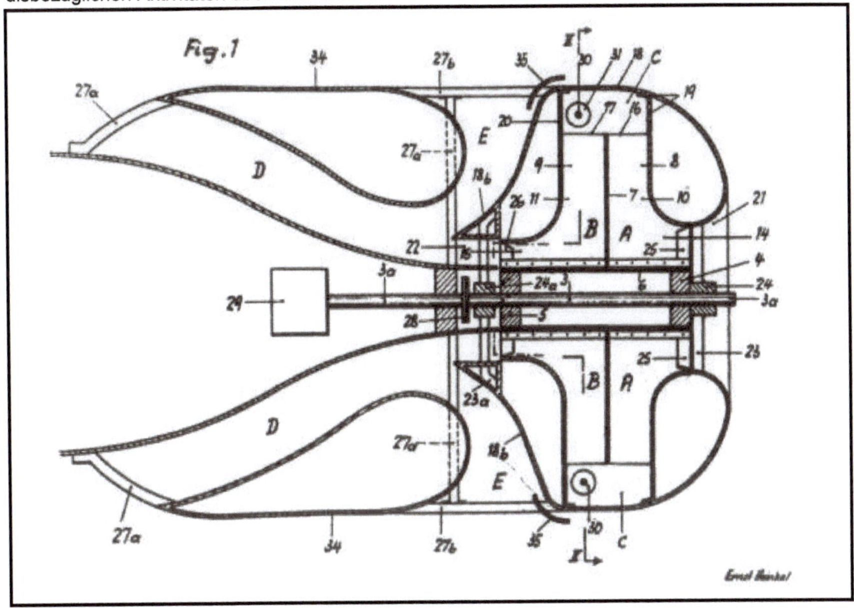

Hans von Ohains 2.Patent: Das Geheime Reichspatent 317/38

1   Nicht vorhanden
2   Nicht vorhanden
3   Welle
4   Tragring
5   Tragring
6   Hohler Zylinder
7   Scheibe
8   Wand
9   Wand
10   Leitkörper
11   Leitkörper
12   Nicht vorhanden
13   Nicht vorhanden
14   Eintrittsöffnung
15   Austrittsöffnung
16   Offen
17   Offen
18   Ortsfestes Gehäuse
19   Ringflansch
20   Ringflansch
21   Öffnung
22   Auslassöffnung
23   Rippen
24   Lager
25   Leitfläche
26   Leitfläche
27   Strebe
28   Kupplung
29   Startermotor
30   Brenner
31   Umkleidung
32   Öffnung
33   Offenes Ende
34   Leitkörper
35   Windleitblech

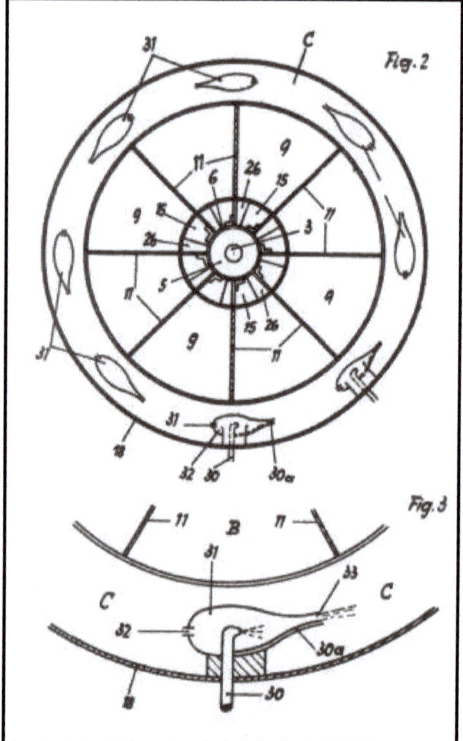

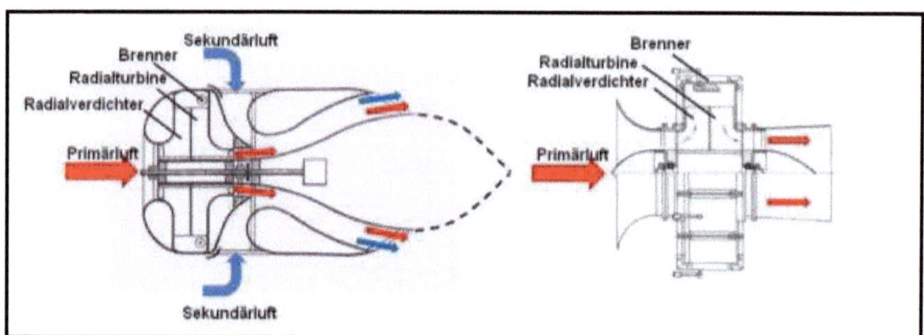

Das Triebwerk im 2.Patent links und das Garagenmodell rechts

Das Triebwerk im Patent weist einige Besonderheiten auf:

1)   Das wichtigste Merkmal ist die Anordnung des Radialverdichters mit der Radialturbine Rücken an Rücken, mit gleichem Durchmesser und ohne Welle dazwischen.
2)   Der Abgasstrahl hinter der Turbine wird in einem Ejektor mit Außenluft gemischt. Das Verhältnis von Sekundärluft zu Primärluft entspricht de facto einem Bypassverhältnis. Dieses allererste Triebwerk ist schon ein Bypasstriebwerk !
3)   Der Einlauf ist mit einer großen Rundung versehen und für hohe Anstellwinkel geeignet.

4) Die winzige Brennkammer verdient den Namen nicht und ist, wie bei allen anfänglichen Patentanmeldungen, um eine Größenordnung zu klein.

Als nächstes macht sich Hans von Ohain (seit 1.11.1935 nunmehr Doktor) an den Bau eines Triebwerksmodells. Jetzt will er es wissen, er hat ein wenig Geld und er hat den Mechaniker Max Hahn in der Autowerkstatt Bartels&Becker in Göttingen, wo er sein kleines Auto warten lässt, zur Mitarbeit gewonnen, der Herr Doktor erfindet, der Herr Hahn baut. Für die Tests erhalten die zwei sogar Unterstützung von Prof. Pohl, der unter anderem Instrumente und einen Startermotor beisteuert. Aber die ersten Testläufe sind eine Enttäuschung. Die Verbrennung findet erst als Flamme hinter der Turbine statt, immerhin kann festgestellt werden, dass der Startermotor etwas entlastet wird. An selbstständigen Lauf aber ist nicht zu denken.

Das Garagenmodell

Mit Max Hahn

Bilder des Garagenmodells: Oben links der Radialverdichter, oben rechts Max Hahn mit dem halbfertigen Triebwerk und rechts eine Skizze des fertigen Triebwerks mit Einlauf und Düse. Als sein Geld verbraucht ist, als die Testläufe keine Fortschritte erbringen, wendet sich Hans von Ohain an Prof.Pohl. Er braucht industrielle Unterstützung und Pohl hat Verbindungen zur Industrie. Hans von Ohain darf sogar wählen und seine Wahl lautet: Ernst Heinkel. Von dem weiß er, dass er sich mit dem Schnellflug beschäftigt, vielleicht kann er ja mit dieser Idee etwas anfangen.

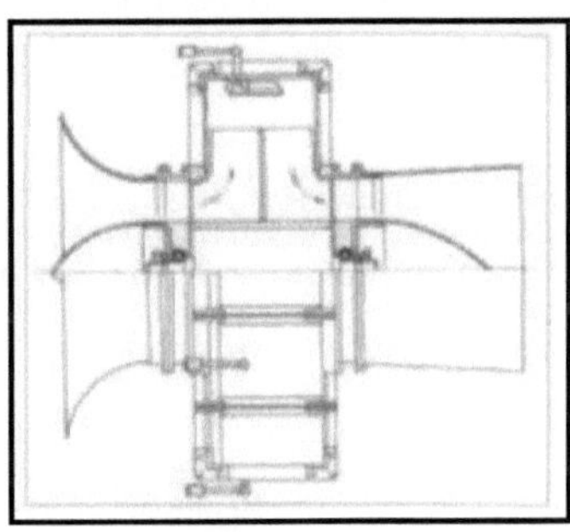

Das Garagenmodell

Prof. Robert Wichard Pohl
(1884 - 1976)

3.3.1936

Prof. Erns Heinkel
(1888-1958)

1936 Pohl schreibt am 3.3.1936 an Heinkel, der daraufhin Hans von Ohain einlädt. Am 17.3.1936 findet das erste Treffen in Heinkels Privatvilla in Rostock-Warnemünde statt, am nächsten Tag sitzt Hans von Ohain vier hohen Entwicklungsingenieuren gegenüber. Und er überzeugt sie alle, am Ende des Tages bietet Heinkel dem 24jährigen Erfinder die größtmögliche Unterstützung an: eine Anstellung, dann einige Mitarbeiter (auch Max Hahn wird eingestellt) und alle Resourcen der Firma.

Am 15.4.1936 ist Hans von Ohains erster Arbeitstag, Heinkel stellt ihm und Hahn einen Konstruktionsingenieur aus der Firma namens Wilhelm Gundermann und zwei Zeichner zur Seite.

Diese kleine Truppe baut dann in 9 Monaten das erste Turbostrahltriebwerk der Welt!

Links Max Hahn und
Hans von Ohain und
rechts Wilhelm Gundermann

Leiter der Triebwerksversuche ist Kurt Matthaes, aber nur bis 3.5.1937. Hans von Ohain und Max Hahn haben das Garagenmodell mitgebracht und machen neue Tests, wieder ohne Erfolg. Dann wird das Garagenmodell mit den technischen Mitteln der Firma Heinkel neu gebaut und getestet, wieder ohne Erfolg. Danach fällen sie eine Entscheidung: die Entwicklung wird aufgeteilt:

1. In die Entwicklung eines Demonstrators mit Wasserstoffverbrennung
2. In die Entwicklung einer Brennkammer für Kraftstoffverbrennung

Erstes Etappenziel ist also ein Demo-Triebwerk mit 100-200 kp Schub. Für die Verbrennung wählt Hans von Ohain Wasserstoff. Er weiß es nicht, aber er ahnt, dass die Verwendung von Flugbenzin nicht einfach sein wird und trennt die Problematik der Schuberzeugung von der Problematik der Verbrennung. Es ist im Rückblick eine weise Entscheidung, sein Konkurrent Whittle kämpft 3 Jahre lang mit schrecklichen Verbrennungsproblemen bei der Verwendung von Kerosin.

1937 Ende Februar 1937 ist das Aggregat He S 1 fertig. Heinkel erinnert in seinen Memoiren ("Stürmisches Leben", 1955) den Erstlauf im September 1937, aber Hans von Ohain hat ihn später korrigiert: es war Ende Februar/Anfang März, genaue Aufzeichnungen sind nicht mehr vorhanden. Um Mitternacht beginnt das erste Turbostrahltriebwerk der Welt seinen Erstlauf. Es läuft gut und man weckt den Chef Heinkel, der den zweiten Lauf miterlebt. Er ist zufrieden, das Triebwerk beschleunigt und verzögert ohne Probleme.

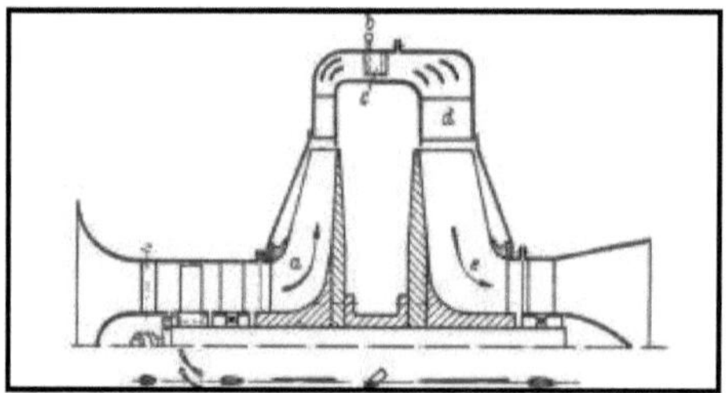

Das Wasserstofftriebwerk He S 1, gebaut 1936/37
Erstlauf Februar/März 1937, Schub 250 lb = 113 kp bei 10000 U/min

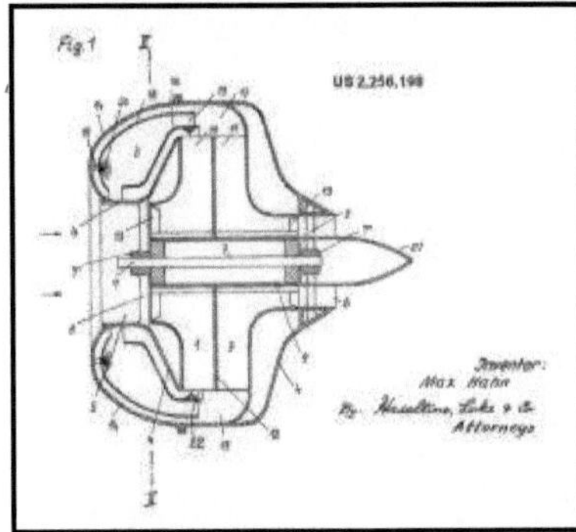

Im Mai 1937 wird mit der Entwicklung eines Flugtriebwerks begonnen, es soll natürlich mit Kerosin laufen und in das bereits geplante Flugzeug He 178 passen. Die Entwicklung der Brennkammer ist tatsächlich nicht einfach, die Gruppe experimentiert mit vergastem und mit zerstäubtem, vernebeltem Kerosin. Das letztere ist dann ab 1938 der Gewinner, nachdem Hahn die Umkehrbrennkammer erfindet (und unter seinem Namen patentiert, s. links), er nutzt den Raum vor dem Radialverdichter, muss aber den Luftstrom mehrfach umlenken.

Das erste Flugtriebwek, das gebaut wird und auf es auf den Prüfstand schafft, nennt sich firmenintern F3a, später dann He S 3a, es läuft mit Benzin. Dann folgt ein F3b, das für den Einbau in die He178 vorgesehen ist. Es ist am 22.2.1939 fertig und liefert zuerst enttäuschende 350 kp Schub, der dann aber langsam auf 500 kp gesteigert wird. Damit kann ein Einstundenlauf, sogar Zehnstundenläufe gemacht werden. Wahrscheinlich im Juni 1939 wird das F3b in die He 178 eingebaut und in der Zelle erprobt. Die Zeichnung rechts stammt vom 21.6.1938.

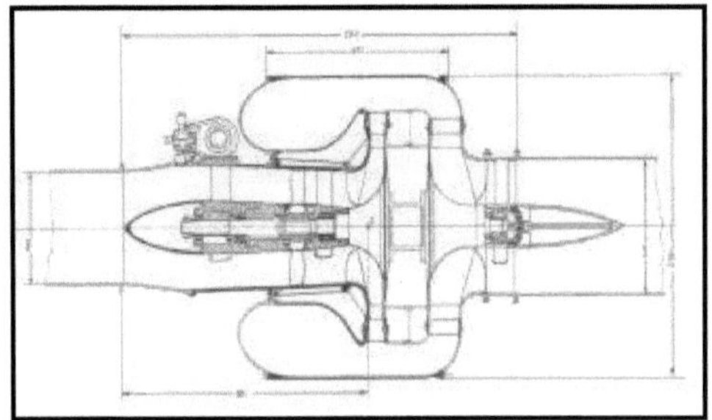

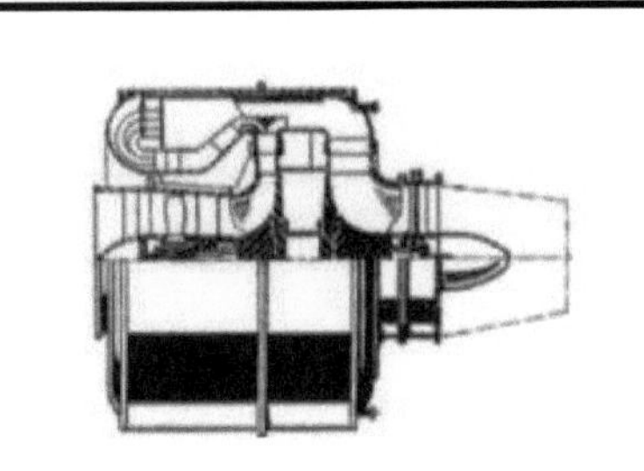

Heinkel He S 3 B (F3b)
Einkreiser mit 1 Welle, Erstlauf Anfang 1939
1 Axialverdichter, 1 Radialverdichter,
1 Radialturbine
Startschub 992 lb (450 kp)
Durchsatz 12 kg/sek
Verdichtergesamtdruckverhältnis 2.8
Turbineneintrittstemperatur 1273° F (963 °K)
Das erste Turbostrahltriebwerk, das geflogen ist

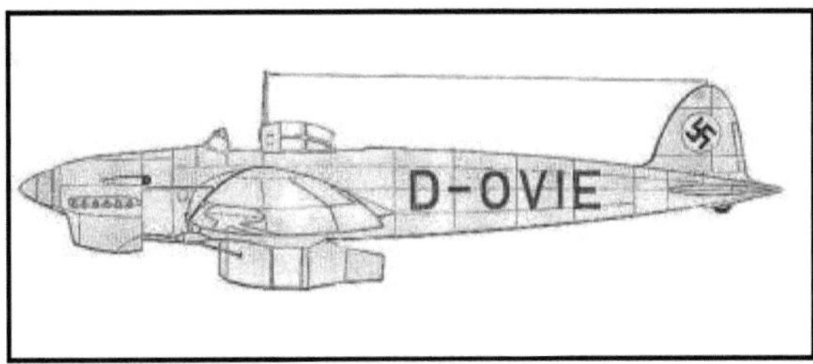

Mit dieser Heinkel He 118 findet im Sommer 1939 die erste Flugerprobung mit dem ersten He S 3 B statt. Die Maschine gerät nach einem Flug durch auslaufenden Treibstoff in Brand und wird dabei zerstört, die Piloten entkommen unverletzt.

Die obigen Abbildungen sind die einzigen, die von der He 178 existieren. Sie zeigen eindeutig die 2.Versuchsmaschine V2, die aber nie geflogen ist.

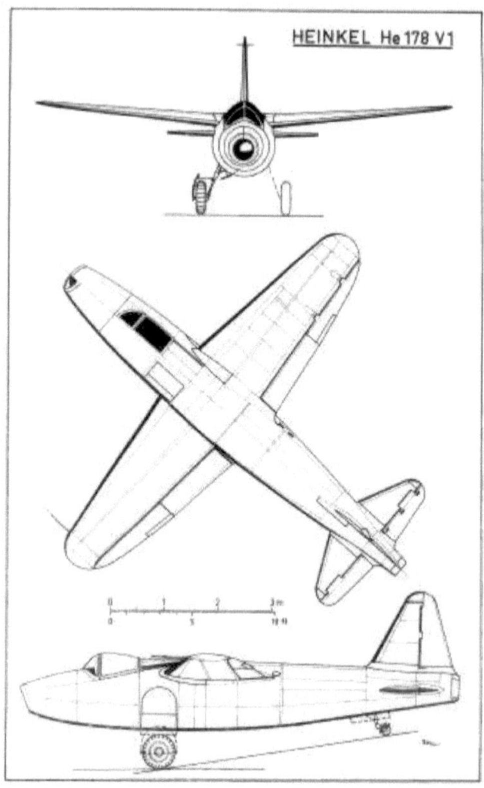

Die Dreiseitenansicht der He 178 enstammt einem Heinkel Typenblatt, das aber erst nach dem Krieg gezeichnet wurde. Ein Original aus dem Jahr 1939 existiert nicht mehr.

Dieses Foto wird oft in Publikationen gezeigt, ist aber ein Fake, eine Airbrush Darstellung aus den 50er Jahren. Mehrere Details stimmen nicht mit den 4 anderen Fotos überein

Und dann dämmert der Morgen des 27.August 1939. Irgendwann nach Sonnenaufgang um 5:12 Uhr macht sich der Pilot Erich Warsitz fertig zum Start in ein neues Zeitalter. Nach einer Startstrecke von 300 m hebt die Maschine ab und fliegt, vorangetrieben nur vom Schub eines Gasstrahles. Nach 6 Minuten setzt Warsitz zur Landung an, nach einer zweiten Platzrunde, weil er angeblich die Landebahn zu spät im Dunst erkennt, er in Wirklichkeit aber einfach Spaß an diesem Flug hat.

Erich Warsitz (1906 – 1983)

Der erste Flug einesTurbostrahlflugzeuges He 178 am 27. August 1939. Die Standfotos stammen aus einem Schmalfilm von schlechter Qualität. Man beachte das fixierte Fahrwerk, die Abdeckplatte ist am Rumpf festgemacht und sitzt nicht wie bei der V2 auf den Fahrwerksrädern.

Die He 178 hebt ab. Warum die Düse nicht kreisrund ist, konnte bis heute nicht restlos geklärt werden.

Die Beobachter am Boden und Ernst Heinkel sind überglücklich, einige schreien vor Begeisterung, man trägt Warsitz und Heinkel auf den Schultern. Heinkel bittet alle Mitarbeiter ins Kasino, ruft aber dann erst mal seinen Freund Ernst Udet in Berlin an. Der hat als oberster Chef des Technischen Amtes und Generalluftzeugmeister keine Ahnung von der geheimen Strahltriebwerksentwicklung im Hause Heinkel. Und hat sicherlich andere Sorgen, der Krieg steht unmittelbar bevor, davon weiß Heinkel aber nichts. Morgens um kurz vor 6 schläft Udet noch, hört schlaftrunken, wie Heinkel stolz vom ersten Strahlflug der Geschichte berichtet und murmelt dann : „Na fein,dann gratuliere ich. Und Warsitz auch. Aber dann laßt mich erst mal weiterschlafen!"

Ein Prosit auf den ersten Turbostrahlflug am Morgen des 27.August 1939: links Prof.Heinkel und stehend Hans von Ohain.

Heinkel ist enttäuscht, hat von seinem Freund Udet etwas mehr Begeisterung erwartet. Er besucht ihn am 31.August mit seiner Frau in Berlin, sie gehen essen, Udet ist irgenwie geistesabwesend. Am nächsten Morgen ist Krieg und Heinkel weiß nun, warum Udets Sinnen nicht ihm galt. Aber er lädt Udet ein, das neue Strahlflugzeug im Flug zu bewundern.

Es braucht 8 Wochen, bis Udet am 1.11.1939 nach Rostock kommt. Heinkel hat Generalfeldmarschall Göring, den Oberbefehlshaber der Luftwaffe erwartet, aber der war verhindert und schickt Generaloberst Milch, der später der Nachfolger von Udet wird, und Generalingenieur Lucht. Der Tag beginnt unglücklich, eine Benzinpumpe streikt und muss ausgetauscht werden. Erst nach 2 ½ Stunden kann die He 178 fliegen, die hohen Herren erhalten inzwischen ein sogenanntes Verzögerungsfrühstück. Die He 178 fliegt dann 20 Minuten recht beeindruckend, aber die Berliner wirken relativ unbewegt und reisen ab. Trotzdem erhält Heinkel etwa 2 Monate später den Entwicklungsaufgtrag für einen 2-motorigen Düsenjäger, die He 280.

Das sogenannte Verzögerungsfrühstück am 1.11.1939: von rechts nach links : Lucht (RLM), Heinkel, Udet (RLM), von Ohain.

Diese He 280 ist kein Experimentalflugzeug mehr, sie soll ein Jagdflugzeug werden, genau wie die Bf 109 oder FW 190, nur schneller. Das Triebwerk He S 3 B (500 kp Schub) aus der He 178 wird über das He S 6 (590 kp Schub) zum He S 8 (600 kp Schub) weiterentwickelt und auch beim Erstflug der He 280 am 30.3.1941 eingesetzt.

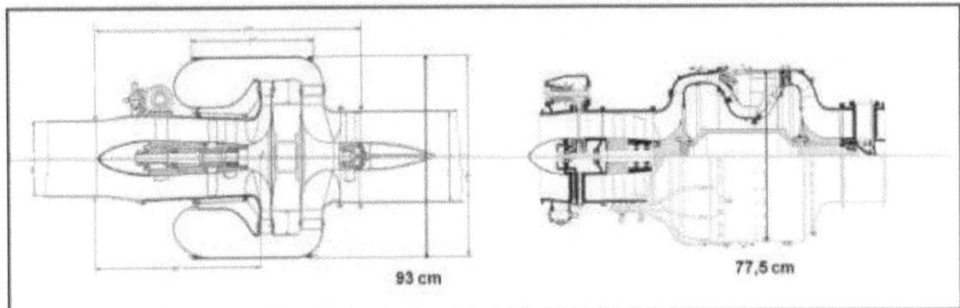

Oben das He S 3 B (links) und das He S 8 (rechts). Das He S 8 ist schlanker, denn Verdichter und Turbine sind jetzt auseinandergerückt und mittels einer Welle verbunden, die Brennkammer ist in den Raum dazwischen gewandert und reduziert damit den Außendurchmesser.

Das Heinkel He S 8, das über 600 kp Schub nicht hinauskommt.

Beim Erstflug der He 280 V2 am 30.3.1941 sind die Triebwerke noch nicht verkleidet, denn es gibt Leckprobleme. Der Pilot Fritz Schäfer beendet den Flug nach 3 Minuten.

Am 5.4.1941 wird die He 280 erneut dem RLM vorgeführt, diesmal mit Paul Bader als Pilot und mit voll verkleideten Triebwerken.

5.4.1941: Ein großer Tag für Heinkel.Udet gratuliert Heinkel zu diesem Erfolg. Im Kreis links von Heinkel (mit Zigarre) stehen: Eisenlohr, Schelp, Lusser, Lucht, Dr.Lehrer, Reidenbach, Siegfried Günter.

Wohl kann Heinkel nun aufgrund des pünktlichen Erstfluges der He 280 die Stuttgarter Hirth-Motorenwerke im April 1941 kaufen und damit offizieller Triebwerkshersteller werden. Das Fernziel der Verwendung des He S 30 (750-800 kp Schub geplant) für die He 280 wird nicht mehr erreicht, denn das He S 30 und das He S 8 werden auf Befehl des RLM am 27.3.1943 eingestellt, ebenso die He 280 . In der Gesamtleistung (Flugzeug+Triebwerk) ist die Me 262 der He 280 deutlich überlegen.

So ergibt sich am Ende des Krieges, dass Hans von Ohain das erste Turbostrahltriebwerk der Welt gebaut, getestet und geflogen hat, aber nicht erlebt hat, dass eine seiner Triebwerksideen in Serie gebaut wurde. Die Großserien werden dann von Junkers und BMW gebaut, die aber erst anfangen, nachdem die zwei Mitarbeiter des RLM Hans Mauch und Helmut Schelp das Ohain Triebwerk Mitte 1938 in Rostock laufen sehen und danach entsprechende Entwicklungsaufträge erteilt haben (s. nächstes Kapitel Helmut Schelp und Hans Mauch).

.   Interessant ist dabei noch festzuhalten, dass in Deutschland die axiale Bauweise schnell die radiale ablöst, Ausnahme ist das He S 011, das aber auch keinen reinen Radialverdichter sondern einen so ähnlichen Diagonalverdichter aufweist, während in England die radiale Bauart bis weit in die Nachkriegszeit weiterverfolgt wird. Die Radialturbine stirbt 1940 und taucht nie wieder auf, Radialverdichter werden bis in die Gegenwart weiter verwendet, zuallermeist als letzte Stufe eines ansonsten axialen Verdichters, um Baulänge zu sparen und das Druckverhältnis zu steigern.

2.13 Helmut Schelp und Hans Mauch

**Helmut Schelp
(1912-1994)**

**Hans Mauch
(1906-1984)**

Helmut Schelp gehört auf jeden Fall in die Reihe der Erfinder, obwohl er nie ein Strahltriebwerk erfunden hat, nie das Strahltriebwerk, nein, er hat alle Strahltriebwerke erfunden. Und zwar auf dem Papier.

Helmut Schelp wird am 11.6.1912 in Görlitz geboren. Über seine Jugend ist fast nichts bekannt, außer dass sein Vater schon etwa 1918 stirbt, da ist Helmut grade mal 6 Jahre alt. Von Ostern 1918 bis Ostern 1927 besucht er das Realgymnasium zu Görlitz und erwirbt die Reife für die Obersekunda. In Dresden studiert er an der Staatlichen Akademie für Technik und besteht die Vorprüfung zum Dipl.Ing. Vom 1.4.1927 bis 28.9.1929 macht er eine Lehre in der Maschinenfabrik Raupach in Görlitz. 1933 und 1934 arbeitet er für 16 Monate als Hilfskonstrukteur für Motorradmotoren in der Firma Auto-Union in Zschopau. 1935 geht er mit 23 Jahren in die USA an die Stevens University in Hoboken, New York wo, wo er studiert und den Titel eines Master of Science (MSc) erwirbt. Mitte 1936 kehrt er nach Deutschland zurück und belegt ab 1.11.1936 einen Kursus an der Deutschen Versuchsanstalt für Luftfahrt DVL in Berlin Adlershof. Im Rahmen dieser Ausbildung zum Flugbaumeister soll er ab September 1937 in einer Studienarbeit untersuchen, welche Triebwerksentwicklungen erforderlich wären, um die Fluggeschwindigkeit von Kampfflugzeugen zu verdoppeln. Wie 1928 Frank Whittle kommt er zu dem Ergebnis, dass die Motoren und Propeller der Zeit das Problem nicht lösen können.

Und so erfindet Helmut Schelp im Frühjahr 1938, rein theoretisch auf dem Papier, eine Familie von Hochgeschwindigkeitstriebwerken, die er mit Namen versieht und mit Abkürzungen, die bis heute existieren.

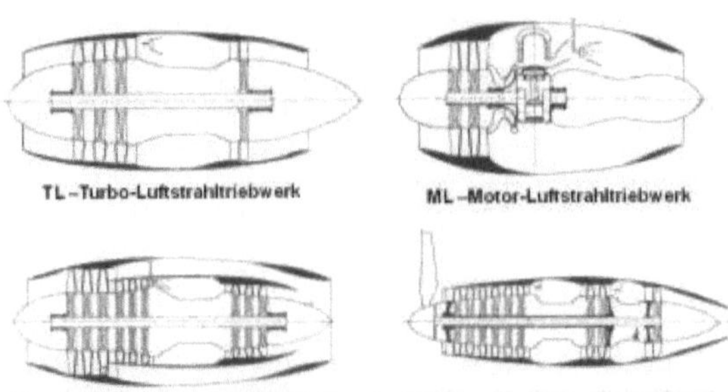

Diese Skizzen der von ihm erfundenen Hochgeschwindigkeitstriebwerke hat Schelp schon am 31.1.1941 auf einer Tagung der Deutschen Akademie der Luftfahrtforschung gezeigt.

Über den Hintergrund und die Herkunft dieser Ideen hat er in seinen Vorträgen nie ein Wort verloren. Einige Quellen wollen wissen, er sei vertraut gewesen mit der Entwicklung von Strahltriebwerken, das aber kann für Deutschland nicht gelten, denn da gab es eine solche Entwicklung noch nicht. Hat er in den USA etwas aufgeschnappt ? Aber die waren noch ahnungsloser als die Deutschen. Was bleibt: Schelps Verwendung von Gasturbinen in seinen Triebwerksideen und die Erzeugung von Schub mittels eines Luftstrahls ist zu dieser Zeit ein absolutes Novum.

Von März bis Mai 1937 macht er bi der DVL eine Fliegerausbildung und wird Reserveoffizier. Ziel der Ausbildung bei der DVL ist es, Fachleute für den Staatsdienst zu bekommen und so tritt er folgerichtig im August 1937 in das Technische Amt TA des Reichsluftfahrtministeriums RLM ein und landet zunächst in der Abteilung Forschung LC1. Diese beschäftigt sich mit Pulsotriebwerken und Staustrahltriebwerken, das luftatmende Turbinen-Luftstrahltriebwerk, so wie es Schelp sich vorstellt, ist noch nicht erfunden. Daneben aber gibt es die Abteilung LC3, die für Triebwerke unter dem Chef Wolfram Eisenlohr zuständig ist. In dieser Abteilung arbeitet seit 15.4.1938 Hans Mauch, sein Referat trägt den Titel Sondertriebwerke.

Hans Mauch ist 1906 in Stuttgart geboren und studiert in Stuttgart und Berlin Ingenieurwesen und wird 1929 Diplomingenieur. Von 1930-1935 arbeitet er auf dem Gebiet von menschlichen Prothesen. 1935 tritt er ins RLM ein und wird dann nach dessen Umorganisation 1938 Leiter der Abteilung LC3. Mauch verlässt das RLM schon 1939 wieder und arbeitet als Chef eines Ingenieurbüros als Berater für das RLM. Nach dem Krieg kehrt er zurück zum Thema der Prothesen und gründet in den USA 1957 die Firma Mauch Laboratories. Er macht viele Erfindungen und erwirbt viele Patente.

Dieser Hans Mauch hört noch im April 1938 gerüchteweise von den Arbeiten des Ernst Heinkel in Rostock. Seit dem Beginn der Arbeiten des Hans von Ohain hat sein Chef Heinkel das gesamte Projekt für geheim erklärt. Im RLM soll niemand davon wissen, sogar in der eigenen Firma weiß nur die kleine Gruppe um Hans von Ohain, was da in der geheimen Baracke am Ufer der Warnow vor sich geht. Im Dezember 1937 aber muss Heinkel den Schleier etwas lüften, er braucht Spezialstähle, die kriegt er nur übers Amt. So hat er über Heinrich Hertel das RLM dementsprechend kontaktiert. Und dann wandert das Gerücht dort über einige Schreibtische, bei Heinkel sei ein ganz neues Triebwerk am laufen. Ende April 1938 möchte Mauch dieses Triebwerk sehen, am 29.4.1938 weist Heinkel Hans von Ohain an, ein Aggregat bereit zu machen, um es am 4.Mai einem Mitglied des Ministeriums zu zeigen. Das Aggregat ist das Strahltriebwerk He S 3 und der das Mitglied des Ministeriums ist Hans Mauch.

Und dann trifft Hans Mauch im Juli 1938 auf den neuen Mitarbeiter Helmut Schelp, irgendwo im RLM, vielleicht auf einer Sitzung oder in der Kantine oder auf dem Gang. Schelp erzählt von seinen Arbeiten bei der DVL und seinen Ideen von möglichen Luftstrahltriebwerken und Mauch kann berichten: solche Triebwerke gibt es schon, ich habe so ein Luftstrahltriebwerk schon laufen sehen, bei Heinkel in Rostock. Da haben sich nun die zwei richtigen gefunden, ein Funke springt über, beide Männer sind Feuer und Flamme.

Man kann dieses Treffen von Helmut Schelp und Hans Mauch im RLM (links) im Juli 1938 nur historisch nennen, denn damit beginnt ein Prozess, der bis Kriegsende zur Produktion von etwa 6700 Triebwerken führt.

Erst einmal besucht auch Schelp die Firma Heinkel, wahrscheinlich mit Mauch gemeinsam. Hans von Ohain erzählt in seinem Interview durch Prof. Ermenc am 29.10.1964 : Ich erinnere mich, als ich das erste Mal Schelp vom Luftfahrtministerium sah, er war höchst begeistert von unseren Entwicklungen. Und er war sehr enttäuscht darüber, dass Heinkel keine Hilfe haben wollte. Das RLM hätte uns Geld gegeben, aber Heinkel wollte keine Kontrolle. Er sagte, das ist mein Vorhaben, ich finanziere das mit meinem Geld.

Zurück in Berlin machen dann Schelp und Mauch Nägel mit Köpfen. Diese neuen Triebwerke können zu neuen, schnelleren Flugzeugen führen, das müssen sie fördern. Das RLM hat das Geld und die Aufgabe, bessere Triebwerke und Flugzeuge zu entwickeln. Zuerst fällen sie grundsätzliche Entscheidungen. Diese neuen Triebwerke müssen in Motorenfirmen entwickelt werden, nur dort sind das nötige Knowhow und die technischen Anlagen vorhanden. Mauch hat inzwischen auch von den Arbeiten des Herbert Wagner erfahren, die dort bei Junkers auch nicht in einer Motorenabteilung, sondern in der Flugzeugabteilung stattfinden. Das geht gar nicht.

Als nächstes definieren Mauch und Schelp, welche Triebwerke denn eigentlich gebraucht werden und gebaut werden sollen. Da hilft ihnen Hans Martin Antz aus dem Referat für Flugzeuge im RLM. Er hat schon mal gerechnet: die Triebwerke für ein zweimotoriges Jagdflugzeug sollten 600 kp Schub beim Start entwickeln und schlank sein, was zur Definition eines sogenannten Stirnflächenschubes von 2000 kp/m² führt. Spätere Forderungen präzisieren dann: die 600 kp werden bei 900 km/h in 6000m Höhe benötigt, das ergibt dann am Start 670 kp. Daraus folgt dann für 670 kp Schub ein Durchmesser von etwa 653 mm. Dieser Wert ist mit Radialverdichtern wie beim Heinkel Triebwerk nicht zu erfüllen. Das RLM tendiert daher eindeutig zu Axialverdichtern.

Im August 1938 wechselt Schelp dann zu Mauch und wird in der neu gegründeten Abteilung LC8 (Spezialtriebwerke) zuständig für die Entwicklung und Koordination der Strahltriebwerke. Am 4.August 1938 unterzeichnen Mauch und sein Chef Eisenlohr Schelps Arbeitsbeschreibung als Referent LC 8 VIIa. Am 22.Mai 1939 besteht Schelp die Flugbaumeister-Prüfung mit ‚sehr gut'. Die offizielle Anstellung beim RLM erfolgt dann am 15.Juni 1939. Er erhält 559 RM pro Monat (Hans von Ohain erhält bei Heinkel ab 15.4.1936 300 RM und ab 1.6.1937 500 RM).

2.14   Die Serienproduktion

Noch in August 1938 oder etwas später im Herbst beginnen Mauch und Schelp Kontakt zu den „echten" deutschen Motorenfirmen aufzunehmen: BMW in München, Bramo in Spandau, Daimler Benz in Stuttgart und Junkers in Dessau. Bei Heinkel in Rostock waren sie schon, Heinkel ist allerdings keine Motorenfirma, will es aber werden und schafft es erst durch den Kauf der Hirth-Werke im April 1941.

Als Vorgriff zu den Beschreibungen der einzelnen Triebwerksprojekte und Programme sei hier die offizielle Liste der RLM Triebwerksbezeichnungen aufgeführt zusammen mit den Namen der Hauptverantwortlichen. Diese langen RLM Bezeichnungen werden allerdings selten benutzt.

109-001 = Heinkel He S 8   (Dr. von Ohain)
109-002 = Weinrich TL bei BMW   (Dr. Oestrich)
109-003 = BMW 003   (Dr. Oestrich)
109-004 = Jumo 004   (Dr.Franz)
109-006 = Heinkel He S 30   (Prof. A. Müller)
109-007 = Daimler-Benz ZTL   (Prof. Leist)

2.15 BMW in München

Bei BMW in München wird 1938/39 ein TL-Triebwerk mit der Bezeichnung F9225 auf dem Papier entwickelt, es besitzt einen siebenstufigen Axialverdichter, eine Ringbrennkammer und eine zweistufige Turbine. Nur eine Zeichnung ist überliefert, das TL wird im Sommer 1939 aufgegeben, denn alle Strahltriebwerksaktivitäten sind nach der Übernahme durch BMW nach Spandau gewandert. Ob Schelp und Mauch in München gewesen sind, ist ungewiss.

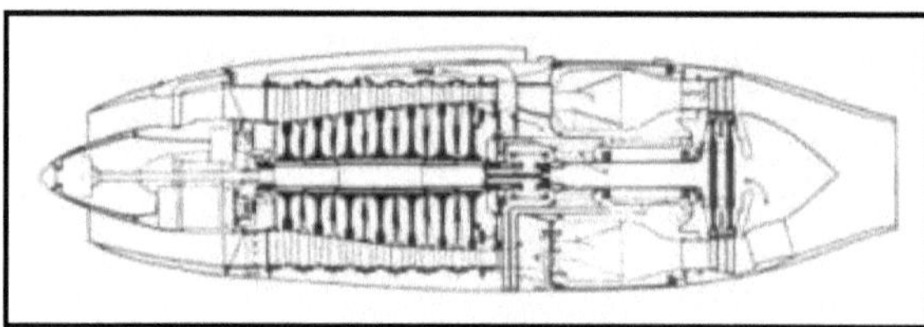

Das BMW F9225

2.16 Bramo und BMW

Bei den Brandenburgischen Motorenwerken in Berlin Spandau werden 1938 erste Untersuchungen über neuartige Triebwerke angestellt, es werden Versionen des ML und des TL erfunden und untersucht. Zunächst baut Bramo ein ML, bei dem ein Axialgebläse von einem Sternmotor mit 160 PS angetrieben wird. Diese Kombination fliegt sogar als Antrieb einer Focke-Wulf Fw 44J „Stieglitz", Pilotin ist die berühmte Hanna Reitsch. Danach baut Bramo ein noch größeres ML mit 1200 PS, das bei der AVA in Göttingen im Windkanal getestet wird, leider aber wegen des

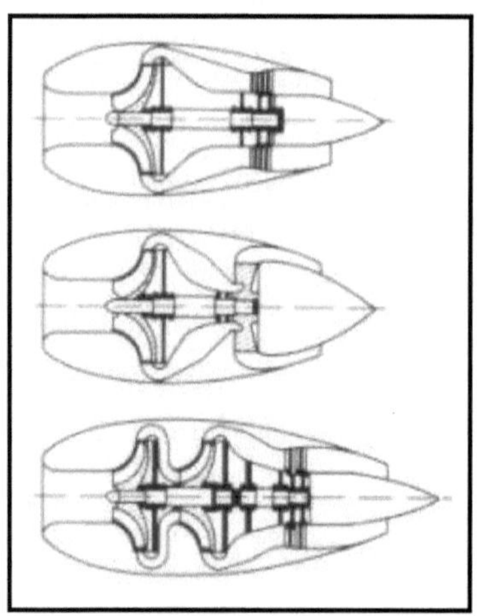
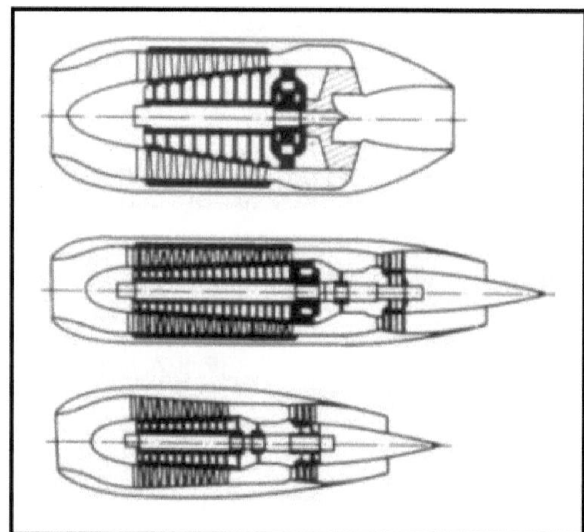

schlechten Wirkungsgrades des Fans zu enttäuschenden Ergebnissen führt und wieder aufgegeben wird. Parallel dazu begint Bramo mit Studien reiner Turbostrahltriebwerke. Anfangs werden verschiedene Bauarten des Verdichters betrachtet. Radialverdichter (oben links) besitzen den Vorteil einfacher Bauweise, führen aber zu größeren Durchmessern. Axialverdichter bauen schlank, sind aber noch am Anfang ihrer Technologie. Als aus Göttingen von der AVA neue erfolgversprechende Ergebnisse über hochbelastete Axialverdichter bekannt werden, studiert Bramo auch Strahltriebwerke mit Axialverdichter (oben rechts).

Im Juni 1939 übernimmt BMW München die Firma Bramo in Spandau. Im Verlauf der Bereinigung der Arbeiten und Studien wird im September 1939 die Strahltriebwerksentwicklung bei Bramo konzentriert und bei BMW aufgegeben. Der Leiter der Entwicklungsarbeiten wird Hermann Oestrich. Er hat 1923-27 in Hannover Maschinenbau studiert und dann 1928-35 als Thermodynamiker in der Motorenabteilung der Deutschen Versuchs-Anstalt für Luftfahrt in Berlin-Adlershof gearbeitet. 1935 wechselt er zu Bramo, beschäftigt sich zuerst mit Sternmotoren und Ladern. Bereits 1931 äußert er sich über die Aussichten des Strahlantriebs für Flugzeuge und berechnet 1938 ein einfaches Turbinen-Luftstrahltriebwerk (TL). Er baut eine Versuchsmaschine, bestehend aus einem Lader des Kolbenflugmotors von Bramo, einer Segment-Brennkammer und einer Abgasturbine. 1938 erstellt Oestrich mit Bruno Bruckmann Triebwerksstudien für das Reichs-Luftfahrt-Ministerium (RLM). Im Juli 1939 erhält BMW-Bramo dann den offiziellen Entwicklungsauftrag des RLM für ein Triebwerk von 600 kp Schub.

Da taucht zuerst 1939 ein Triebwerk mit gegenläufigem Verdichter auf. Der Erfinder ist Helmut Weinrich aus Chemnitz. Er hat für die Marineleitung eine Gasturbine mit gegenläufiger Verdichterbeschaufelung entwickelt und ein kleineres Versuchstriebwerk gebaut und getestet. Etwa gegen Ende 1938 stellt das RLM die Verbindung zwischen Weinrich und BMW her. Dort wird nun ein Strahltriebwerk entwickelt, es erhält die Bezeichnung P 3304 - BMW 002. Es wird sogar gebaut und getestet, dabei ergeben sich gewaltige Probleme und das Projekt wird 1942 eingestellt, die frei werdenden Kapazitäten werden vom P 3302 alias BMW 003 dringend benötigt.

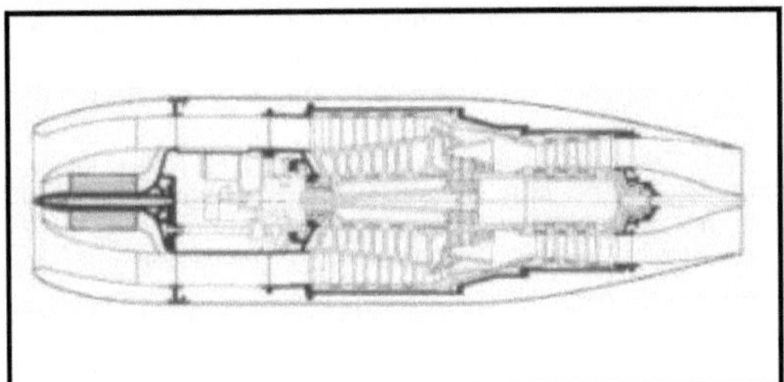

Das Strahltriebwerk BMW P 3304 - BMW 002 mit gegenläufiger Verdichterbeschaufelung.

Interessant ist dabei der Blick auf das andere Triebwerk mit gegenläufiger Verdichterbeschaufelung, das Alan Arnold Griffith 1928 in England erfunden hat: das "Contraflow" – Triebwerk (s. Kapitel 2.8 Aan Arnold Griffith). Auch diese Erfindung scheitert, wie oben beschrieben, sie ist zu kompliziert.

Dr. Hermann Oestrich
(1903 – 1973)

Das erste Turbostrahltriebwerk, das unter der Leitung von Oestrich entwickelt wird, nennt sich BMW P 3302 – BMW 003, es besitzt einen Axialverdichter mit 6 Stufen, eine Ringbrennkammer und eine einstufige Turbine. Die Konstruktion erfolgt 1940, der Erstlauf ist am 20.2.1941 in Spandau, es sind 10 Versuchstriebwerke V1-V10 geplant. Die ersten Tests ergeben einen Schub von 150 kp. Das ist ein Viertel von der RLM Forderung von 600 kp ! Als ersten Schritt wird die Anzahl der Verdichterstufen auf 7 erhöht. Damit werden dann im Sommer 1942 Schübe bis 550 kp erreicht. Schon im Herbst 1941 hatte BMW das P 3302 so weit entwickelt, dass die beiden Versuchstriebwerke V2 und V10 in die Me 262 V1 montiert werden können. Der Einbau erfolgt im Zeitraum von September bis Dezember 1941. Beim Anbau der Triebwerke ist immer noch ein Kolbenmotor Jumo 210 G mit Propeller in der Rumpfnase montiert. Über den ersten Flug am 25.3.1942 mit Fritz Wendel als Pilot gibt es unterschiedliche Versionen, in der einen Version fallen beide BMW 003 kurz nach dem Abheben aus und der Pilot kann die Maschine nur mit dem Propellermotor grade eben landen, in der anderen Version laufen sie ohne Probleme durch. Auf jeden Fall ist es der einzige Flug einer Me 262 mit dem BMW 003, denn am 1.6.1942 werden die ersten Jumo 004 geliefert, die auschließlich alle weiteren Me 262 ausrüsten.

Die Me 262 V1 mit Jumo 210 G Kolbenmotor mit Propeller und mit zwei BMW P 3302 Strahltriebwerken.

Die enttäuschenden Ergebnisse der Versionen V1-V10 führen 1942 zu einer Neuauslegung des P 3302. Die Drehzahl wird von 9000 auf 9500 u/min erhöht, der Durchsatz um 30% erhöht und der Turbinendurchmesser um 20 mm angehoben. Der Aussendurchmesser wächst auf 690 mm , wird aber vom RLM akzeptiert. Mit diesen Änderungen erreichen die Versuchstriebwerke V11-V14 nun endlich 600 kp Schub. Viele Änderungen werden eingebaut, unter anderem eine Verstellschubdüse mit der Bezeichnung Pilzdüse.

Die O-Serie des BMW 003 wird dann 1943 begonnen. Inzwischen ist der Schub auf 800 kp gestiegen, das Ergebnis vieler kleinerer und größerer Erfindungen und Verbesserungen. Die ersten Flugversuche werden im Oktober 1943 durchgeführt mit einer Ju88, bei der das Triebwerk unter dem Rumpf installiert ist.

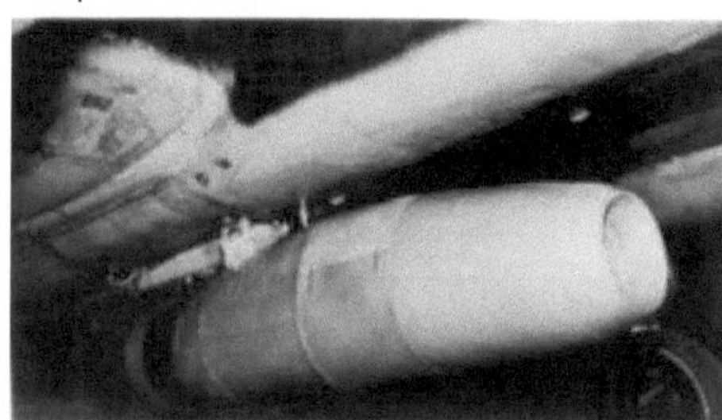

Ein BMW 003 A-0 V29 unter einer Ju88.

Das erste Flugzeug, das mit dem BMW 003 V11-V14 ausgerüstet werden soll, kommt aus dem Hause Arado. Es ist eine relativ einfache Konfiguration eines Schulterdeckers mit 2 Triebwerken unter dem Flügel, ausgelegt als schnell- und hochfliegender Aufklärer. Am 4.2.1942 billigt Generalfeldmarschall Erhard Milch vom RLM, der Nachfolger von Ernst Udet, den ersten Entwurf. Bei den Triebwerken muss Arado vorerst vom BMW 003 zum Jumo 004 umschalten, da das erstere noch Probleme hat. So fliegt der Prototyp Ar 234 V1 am 30.7.1943 mit dem Jumo 004 und einem Startwagen, der nach dem Start in etwa 500 m abgeworfen wird. Wegen der Unzuverlässigkeit dieses Verfahrens bekommen dann die Versionen ab V6 ein normales, einziehbares Fahrgestell, das dann das Flugzeug leider aber auch schwerer werden lässt.

Erst 6 Monate später macht eine Ar 234 den Erstflug mit BMW Triebwerken. Es ist die Arado 234 V8 mit zwei Doppelgondeln des BMW 003 A-0. Es ist am 4.2.1944 der weltweit erste Flug eines 4-motorigen Strahlflugzeuges. 2 Monate später startet die V6, bei der die 4 Triebwerke in Einzelgondeln installiert sind. Nach eingehenden Tests erweist sich die Doppelgondel Version der V8 als besser und wird dann für die Ar 234 C erneut aufgegriffen. Die Leistungen dieser 4mots sind beeindruckend: die Höchstgeschwindigkeit liegt bei 870 km/h und die V8 soll einmal 13000 m Höhe erreicht haben.

Von der Arado 234 werden zwischen Juli 1944 und März 1945 insgesamt 214 Serienflugzeuge im Arado-Werk auf dem Flugplatz Alt-Lönnewitz gebaut, wobei der Schwerpunkt mit insgesamt 150 Flugzeugen in den Monaten Oktober 1944 bis Januar 1945 liegt. Im Dezember 1943 fliegt zuerst die Version Ar 234 B-1 als Aufklärungsflugzeug, 1944 folgen deren erste Einsätze als Bomber. Die Bomberversion Ar 234 B-2 wird ab Anfang 1945 eingesetzt, wobei die Bomben extern mitgeführt werden. Das setzt die Geschwindigkeit allerdings so weit herab (auf ca. 660 km/h), dass schnelle kolbenmotorgetriebene Jagdflugzeuge der Alliierten die Arado bekämpfen können.

Die Arado 234 V8

Die Arado 234 V6

Kurz vor Kriegsende baut Arado wenige Exemplare einer Weiterentwicklung der Arado Ar 234, die vierstrahlige Arado Ar 234 C-3. Die ersten beiden Flugzeuge dieses Typs (Werknummern 250002 und 250004) werden am 27. März 1945 in Alt-Lönnewitz geflogen. Erste Probeflüge führen bis zu einer Höhe von 15.000 m und ergeben eine Höchstgeschwindigkeit von etwa 900 km/h. Eine andere Quelle nennt eine Höchstgeschwindigkeit ohne Bombenlast mit halbgefülltem Tank von 853 km/h in 6000 Metern Höhe und eine Gipfelhöhe von 12.000 Metern.

Ende 1944 taucht ein weiteres Flugzeugprojekt auf, das mit dem BMW 003 fliegen soll. Am 8. September 1944 erfolgt durch das RLM die Ausschreibung für ein Jagdflugzeug, das leicht zu fliegen und günstig zu produzieren ist. Es soll gute Flugleistungen erreichen, nicht mehr als zwei Tonnen wiegen, mindestens 30 Minuten in der Luft bleiben können und als Startbahn nicht mehr als 500 m benötigen. Vor allem soll es mit nur einem Triebwerk fliegen, denn die Me 262 verbraucht mit zwei Triebwerken halt doppelt so viel Sprit, und der ist rar geworden. Am Wettbewerb nehmen alle deutschen Zellenfirmen teil und die Entscheidung ist schwierig und kontrovers.

Nach ersten Entwürfen als Projekt P 1073 bekommt Heinkel am 15. September 1944 den Bauauftrag, und am 6. Dezember 1944 – genau 69 Tage später – findet auf dem Luftwaffenstützpunkt Schwechat-Heidfeld bei Wien der Erstflug der He 162 statt, bei dem der Testpilot, Flugkapitän Gotthold Peter, bereits eine Geschwindigkeit von mehr als 800 km/h erzielt. 10 Tage später verunglückt Gotthold Peter beim offiziellen Vorführflug auf dem Flughafen Wien-Schwechat bei einer Geschwindigkeit von etwa 700 km/h tödlich. Aus Filmaufnahmen des Fluges ist zu ersehen, dass der Absturz durch den Bruch der rechten Flügelnase – gefolgt von der Ablösung des rechten Querruders – ausgelöst wurde.

Eine Serienmaschine der He162 mit dem BMW 003

BMW 003 A-1/E-1
Einkreiser mit 1 Welle, Erstlauf 20.2.1941
7 Stufen Axialverdichter, 1 Axialturbine
Startschub 1764 lb (800 kp)
Durchsatz 19.3 kg/sek
Verdichtergesamtdruckverhältnis 3.1
Turbineneintrittstemperatur 1472 °F (1073 °K)
Das kleinere Serienstrahltriebwerk aus der Zeit vor 1945

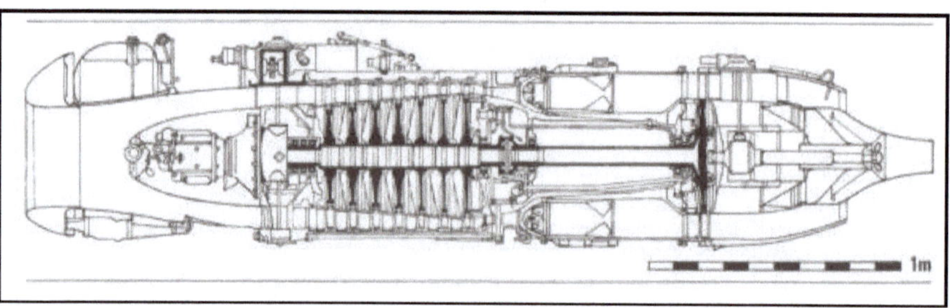

Ein Querschnitt durch die Serienversion des BMW 003 A-1/E-1. Die Nabe des Verdichters ist tief im Einlauf verborgen, während der verstellbare Abströmkonus weit aus der Düse herausragt.

Obwohl der Flügel der He 162 ungepfeilt ist und das Seitenleitwerk ebenfalls, erreicht die Maschine in 6000m Höhe fast 840 km/h und eine Gipfelhöhe von 12 km. Eine Testversion mit einem Jumo 004 soll sogar 888 km/h und 12.6 km Höhe erreicht haben.

2.17 Junkers in Dessau

Die Firma Junkers ist die zweite Firma, von der Hans Mauch aus dem RLM gerüchteweise gehört hat, dass dort ein sogenanntes Strahltrieberk gebaut und sogar getestet wird. Und wie bei Heinkel stellt er fest, dass es eine Flugzeugabteilung ist, die diese Arbeiten durchführt und nicht eine Mototorenabteilung. Es ist eine längere Geschichte, nachzulesen oben bei Herbert Wagner, die dazu führt, dass in der Flugzeugabteilung von Junkers ein Strahltriebwerk mit axialem Verdichter entwickelt wird.

Die Rückstoß-Turbine RTO auf dem Prüfstand in Magdeburg 1938/39.

Gemäß ihrer RLM Forderung, dass künftige Strahltriebwerke nur in Motorenfirmen oder Motorenabteilungen entwickelt und gebaut werden sollen (wenn sie denn Gelder vom RLM bekommen wollen), fordern Mauch und Schelp, dass diese Arbeiten von der Junkers Motorenabteilung in Dessau weitergeführt werden. Das Ende vom Lied: Wagner verlässt Junkers Mitte 1939 und geht zu Henschel und Max Müller geht mit 15 Kollegen am 1.9.1939 zu Heinkel und entwickelt dort das HeS 30. Das RTO ist dann in der Geschichte spurlos verschwunden.

Bei Junkers beginnt dann ein neues Kapitel: in Dessau in der dortigen Motorenabteilung sollen in Zukunft alle Aktivitäten zum Thema Strahltriebwerke stattfinden. Zum Entwicklungsleiter wird Dr. Anselm Franz ernannt. Die Firma Junkers und Anselm Franz erhalten dann im Juli 1939 vom RLM den offiziellen Auftrag, ein Strahltriebwerk zu entwickeln. Es erhält die RLM Nummmer 109-004, die Firmenbezeichnung lautet Jumo 004. Anselm Franz beginnt die Entwicklung mit seinen eigenen Überlegungen und Vorarbeiten, die Erfahrungen des RTO kennt er zwar, lässt sie aber links liegen.

**Dr. Anselm Franz
(1900 – 1994)**

Foto ca 1940

Foto vom 27.8.1989

Anselm Franz ist am 21.1.1900 in Schladming, Österreich geboren, er studiert bis 1924 an der TH Graz Maschinenbau. Von 1928 bis 1936 ist er bei der Firma Schwarzkopf in Berlin beschäftigt. 1936 beginnt er bei Junkers im Bereich Ladegebläse-Entwicklung und wird 1939 Chef der Strahltriebwerksentwicklung. 1940 erfolgt die Promotion über Abgasstrahlnutzung an der TH Berlin.

Anselm Franz kommt über die Entwicklung von Verdichtern und Turbinen für hydrodynamische Getriebe und für Abgas-Strahlantriebe für Kolbenmotoren zum Strahlantrieb, bei dem zwischen Verdichter und Turbine noch eine Brennkammer sitzt. Irgendwelche Vorläufer des TL kennt er nicht, aber er hat sich eigene Gedanken gemacht, die aber nicht mehr überliefert sind.

Immerhin führen einige Gedanken und Erfindungen zu Patenten. Sein Patent 768041 zeigt ein vollständiges Turbostrahltriebwerk. Es sieht zuerst beinahe aus wie ein Zweikreiser, aber die nach der 2.Stufe abgezweigte Luft dient lediglich zur intensiven Kühlung aller Bauteile hinter der Brennkammer.

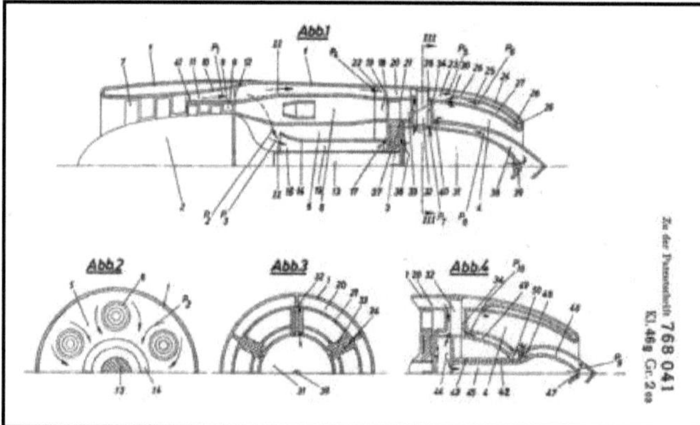

Ein komplettes Strahltriebwerk mit aufwändiger Kühlung der Düsenregion Patent Nr. 768041, Erfinder Dr.Anselm Franz, patentiert 14.12.1940.

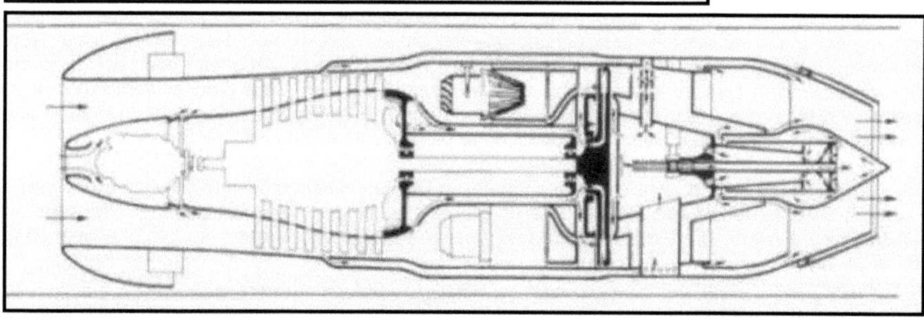

Oben ein Querschnitt durch das fertige Jumo 004 mit seinem Kühlluftsystem zeigt große Ähnlichkeit mit dem Patent 768041, wobei der Anteil der abgezweigten Kühlluft deutlich kleiner ausfällt. Ein großer Unterschied zum BMW 003 sind der Einlaufkonus, der genau in der Einlaufebene liegt, während er beim BMW 003 weit im Innern liegt, und der verstellbare Düsenkonus, der wiederum fast genau in der Düsenebene liegt, während er beim BMW 003 weit aus der Düse herausragt.

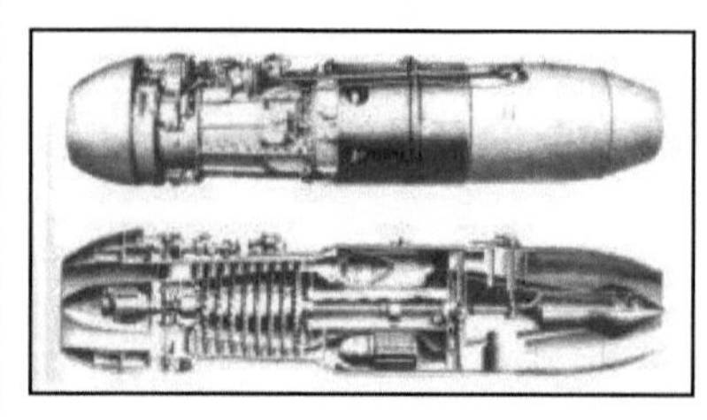

Jumo 004 B-1
Einkreiser mit 1 Welle, Erstlauf 11.10.1940
8 Stufen Axialverdichter, 1 Axialturbine
Startschub 2006 lb (910 kp)
Durchsatz 21 kg/sek
Verdichtergesamtdruckverhältnis 3.5
Turbineneintrittstemperatur 1292° F (973 °K)
Das größere Serienstrahltriebwerk aus der Zeit vor 1945

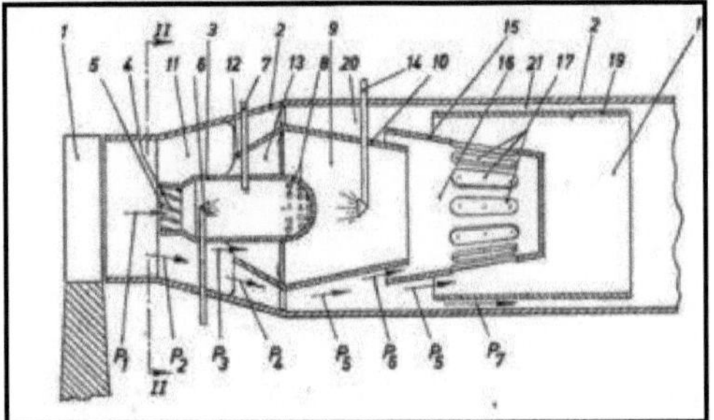

Ein weiteres Patent des Anselm Franz gilt einer Brennkammer. Patent Nr. 768049, Erfinder Dr.Anselm Franz und Dr.Heinz Schmitt , patentiert 20.12.1940.

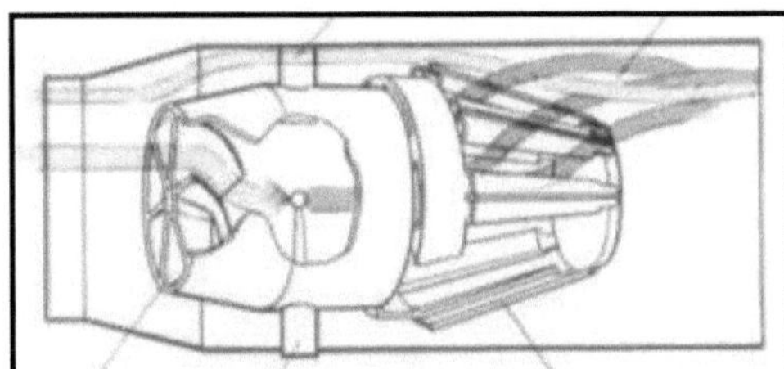

Die Brennkammer des fertigen Jumo004 ist dem Patent 768049 sehr ähnlich.

Der Auftrag des RLM lautet, ein Strahltrieberk mit 670 kp Startschub und schlanker Bauart zu entwickeln. Die Konstruktion des ersten Prototyps 004 A beginnt im Herbst 1939, der Gesamtentwurf ist im Frühjahr 1940 fertig. Anselm Franz geht vorsichtig vor. Der Entwurf weist gute Reserven auf, die finale Version 004 C erreicht 1945 dann 1000 kp Schub. Der Axialverdichter ist ein Entwurf der AVA in Göttingen, die Turbine stammt von der AEG Berlin. Bei der Brennkammer werden 6 Einzelbrennkammern verwendet, sie sind einfacher im Entwurf und können einzeln getestet werden. Die zeitliche Entwicklung des Jumo 004 sieht wie folgt aus :

Herbst 1939	Beginn der 004 A Konstruktion
11. Oktober 1940	Erster Prüfstandslauf
Dezember 1940	430 kp Schub erreicht
6.August 1941	600 kp erreicht
24.12.1941	Erster 10-Stunden Lauf
Januar 1942	1000 kp Schub kurzzeitig erreicht mit Jumo 004 A V5
18.Juli 1942	Erstflug der Me262 V3 mit 2 Jumo 004

Die Messerschmitt
Me 262 V3

Oben wird die Me 262 V3 für den Flug vorbereitet. Die Maschine besitzt noch ein Heckspornfahrwerk, was ihr am Boden einen hohen Anstellwinkel verleiht, ihr aber das Abheben schwierig macht. Ab der V5 besitzt die Me 262 dann ein Bugfahrwerk.

Der Erstflug der Me 262 am 18.7.1942. Bei diesem ersten Flug nur mit Strahltriebwerken produzieren die zwei Jumo 004 A etwa 840 kp Schub und laufen ohne Probleme. Das erste Jumo 004 B-1 Triebwerk mit 910 kp Schub wird im Juni 1943 abgeliefert und im Oktober fliegt eine Me 262 erstmals mit 2 Jumo 004 B-1. Bei Testflügen mit einer Me 262 V12 mit speziellem Hochgeschwindigkeitscockpit erreicht diese am 6.7.1944 in Leipheim 624 mph (1004 km/h).

Von der Me 262 werden bis 1945 etwa 1430 Exemplare gebaut und vom Jumo 004 werden etwa 6000 Stück gebaut. Damit hat Junkers alle anderen Triebwerkhersteller in Deutschland und England weit übertroffen.

Eine Me 262 im Deutschen Museum.

2.18 Daimler-Benz in Stuttgart

Bei Daimler-Benz in Stuttgart treffen Mauch und Schelp zuerst auf den Entwicklungschef Fritz Nallinger, der beim Thema Strahltriebwerke äusserst skeptisch reagiert und den Auftrag des RLM zuerst einmal rundweg ablehnt. Die Firma ist voll beschäftigt mit den Kolbenmotoren DB 601, DB 603 und DB 605, da braucht er jeden Mann. Mitte 1939 ändert er seine Meinung, zum einen weil er sieht, dass die Konkurrenten Junkers und BMW nun alleine Strahltriebwerke entwickeln und zum anderen weil Dr. Karl Leist bei ihm anheuert.

Karl Leist hat 1929 zum Dr.-Ing. promoviert. 1935 übernimmt er einen Lehrstuhl an der TH Berlin. Bis 1939 ist sein Hauptarbeitsgebiet die Entwicklung von Abgasturbinen für Flugmotoren bei der Deutschen Versuchsanstalt für Luftfahrt (DVL). 1939 kommt er zu Daimler-Benz in Stuttgart und übernimmt dort den Entwicklungsauftrag vom RLM. Dieser Auftrag ist inzwischen abgewandelt worden. Das geforderte Triebwerk soll am Start einen größeren Schub liefern als Jumo 004 und BMW 003 und vor allem einen besseren Kraftstoffverbrauch aufweisen, also einen kleineren spezifischen Kraftstoffverbrauch besitzen.

**Prof. Karl Leist
(1901 – 1960)**

Karl Leist schlägt ein Zweikreistriebwerk vor, die Idee ist nicht neu und schon in Patenten aufgetaucht, aber noch nie entwickelt oder gebaut worden. Leist schlägt vor :

- eine Turbineneintrittstemperatur von 1100 °C,
- ein Verdichtergesamtdruckverhältnis von 8,
- ein Bypassverhältnis von 2,4,
- einen Gesamtdurchsatz von 28,1 kg/sec,

Das ergibt ein richtig großes Triebwerk und Leist baut es mit einer Technik, die heute noch modern ist. Es besitzt einen gegenläufigen Verdichter und ein Getriebe.

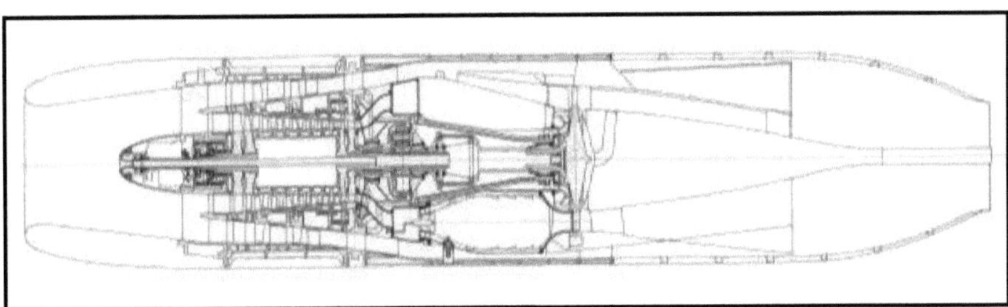

Oben eine Gesamtansicht des DB 007, es ist 4,7 m lang und hat einen Durchmesser von 0,84 m, das Gewicht beträgt 1300 kg für den Prototyp, die Serienmaschinen sollen 1000 kg wiegen.

Die Entwicklung dieses hochkomplizierten Triebwerks beginnt noch vor Ende 1939, aber es dauert bis April 1943, um einen ersten Prototyp zu bauen. Viele Komponententests hat es gebraucht und der Prototyp wird zuerst ohne Verbrennung und ohne Schubdüse getestet. Am 27.Mai 1943 beginnen die ersten Tests mit Verbrennung, teilweise noch ohne Düse. Die Ergebnisse der Probeläufe mit Düse liegen bei 600 kp , höhere Werte werden von Experten als Mix von echten Messungen und von geplanten Daten gesehen.

Daimler-Benz DB 007
Zweikreiser mit 1 Welle, Erstlauf 27.5.1943
17 Stufen Axialverdichter, gegenläufig,
1 Axialturbine
Startschub 2811 lb (1275 kp) geplant
Durchsatz 8.2/19.9 kg/sek
Bypassverhältnis 2.42
Verdichtergesamtdruckverhältnis 8.0
Turbineneintrittstemperatur 2012° F (1373 °K)
Der erste Zweikreiser vor 1945

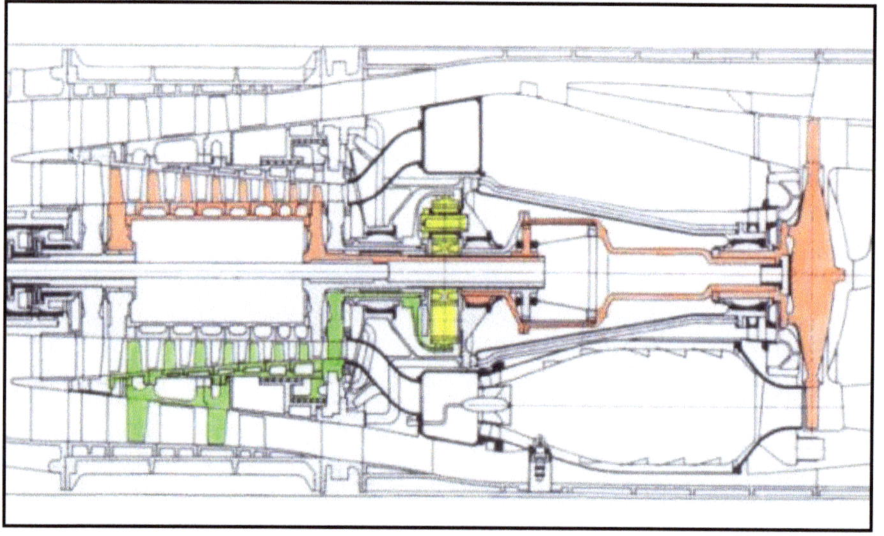

Der Aufbau der einzelnen Verdichter und der Turbine des DB 007
In Orange : die Turbine mit Drehzahl 12600 U/min und der innen drehende Verdichter mit 8 Stufen
In Gelb : das Planetengetriebe
In Grün: der aussen drehende Verdichter mit 7 Stufen und der Aussenfan mit 2 Stufen mit Drehzahl
        6200 U/min

Anfang 1944 wird angenommen, dass es bis zur Serienreife noch einige Jahre dauern wird. Im Mai 1944 entscheidet dann das RLM, das DB 007 zu stoppen. Die Gesamtlaufzeit beträgt zu dem Zeitpunkt 152 Stunden. Links das DB 007 auf dem Prüfstand, wahrscheinlich Ende 1943 oder Anfang 1944. Es ist der einzige Prototyp, der gebaut wurde.

2.19 Heinkel He S 011

Gleich am Anfang der Strahltriebwerksentwicklung in Deutschland haben Mauch und Schelp vom RLM eine Liste von benötigten Triebwerksgrößen erstellt, die 4 Klassen umfasst :

Klasse 1 Schub bis 1000 kp, Verdichterdruckverhältnis etwa 3,5
Klasse 2 Schub 1300 bis 1700 kp, Verdichterdruckverhältnis etwa 5,0
Klasse 3 Schub 2500 bis 3000 kp, Verdichterdruckverhältnis etwa 6,0
Klasse 4 Schub 3500 bis 4000 kp, Verdichterdruckverhältnis etwa 7,0

Eindeutig fallen das BMW 003 und das Jumo 004 in die Klasse 1. Deren Prototypen sind schon am Laufen, als am 18.7.1941 eine RLM Bomber-Ausschreibung herausgegeben wird, die eindeutig größere Triebwerke verlangt. Eine erste Idee kommt von Helmut Schelp. Er denkt an ein PTL-Triebwerk mit zwei Gasturbinen (mit Verdichter, Brennkammer und Turbine), die als Gasgenerator eine dritte Turbine antreiben, die wiederum einen verstellbaren Propeller dreht. Heinkel und sein Team kommen schnell zu dem Schluss, dass da zuerst ein Basistriebwerk entwickelt werden sollte. Der erste Entwurf dazu ist eine Weiterentwicklung des He S 8 mit neuem Verdichter, mit der Bezeichnung He S 9, das aber nie über den Namen hinaus kommt.

Vor dem Ende 1941 überredet Helmut Schelp die Firma Heinkel, einen Verdichterentwurf zu studieren, bei dem eine Diagonalstufe benutzt wird. Diese Form einer Verdichterstufe ist eine Variante des Radialverdichters, der in den ersten Heinkel Triebwerken ja zum Einsatz kam. Schelp kennt ja alle diese Entwürfe und hat den Radialverdichter gekürzt, so dass der Auslass nicht radial, also 90° zur Drehachse, sondern nur um eine Winkel von etwa 45° erfolgt. Damit wird auch die Rückumlenkung zurück in die Richtung der Drehachse halbiert. Aber es bleibt eine einfache Bauform mit gutem Druckverhältnis. Eine derartige Diagonalstufe (auch Radiax-Verdichter oder Kombinationsverdichter genannt) war noch nie entworfen oder gebaut worden. An eine Berechnung der Strömung ist zu dieser Zeit nicht zu denken, Computer gibt es nicht. Also baut man und testet man. Drei verschiedene Diagonalstufen mit drei verschiedenen axialen Vorstufen werden gebaut und getestet, diese Versuche finden in Zuffenhausen bei Stuttgart statt im ehemaligen Werk der Firma Hirth Motorenwerke, die Heinkel nach dem erfolgreichen Flug der He 280 am 5.4.1941 vor Ernst Udet kaufen durfte.

In Zuffenhausen findet seit November 1941 die Weiterentwicklung des He S 30 statt, es ist in Rostock noch nicht so recht erfolgreich gewesen (s, Kapitel 2.11 Herbert Wagner und Max Adolf Müller) und die ganze Mannschaft ist nach Stuttgart verlagert worden. Im April 1942 läuft das He S 30 erstmals selbstständig. Im Juni 1942 verlässt Müller allerdings die Firma, erst am Ende 1942 erreicht das He S 30 650 kp Schub bei 20.5 kg/sek Durchsatz und einem Druckverhältnis von 3.0. Mit dem Ende der He 280 Anfang 1943 sterben auch das He S 8, mit dem die He 280 geflogen ist, und das He S 30, das es nie geschafft hat, auf der He 280 zu fliegen.

Ende 1942 wird auch die Entwicklung des He S 011 nach Zuffenhausen verlagert. Dort sind große Prüfstände für Komponenten und für ganze Triebwerke vorhanden. Helmut Schelp vom RLM verlangt, dass die volle Konzentration der Arbeiten auf dem He S 011 zu liegen habe. Im September 1942 wird vom RLM eine neue Spezifikation für das He S 011 (volle Bezeichnung 109-011) herausgegeben: Schub 1300 kp, Druckverhältnis 4.2, Durchsatz 30 kg/sek, Turbinen-eintrittstemperatur 750 °C (1023 °K).

Heinkel He S 011
Einkreiser mit 1 Welle, Erstlauf Sept 1943
4 Stufen Axialverdichter, 1 Diagonalverdichter
2 Axialturbinenstufen
Startschub 2939 lb (1333 kp)
Durchsatz 29 kg/sek
Verdichtergesamtdruckverhältnis 4.2
Turbineneintrittstemperatur 1048 °K
Das stärkste deutsche Triebwerk vor 1945

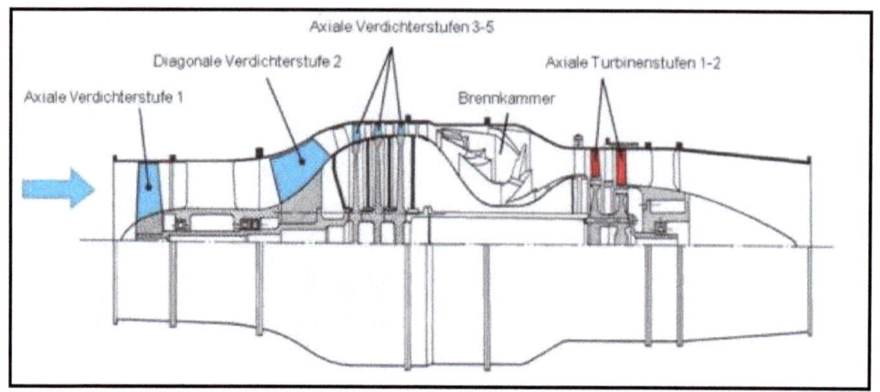

Ein Querschnitt durch das He S 011, es ist eine vereinfachte Darstellung einer frühen Versuchsversion, der Abströmkonus ist noch ohne Verstellung in der Düse verborgen

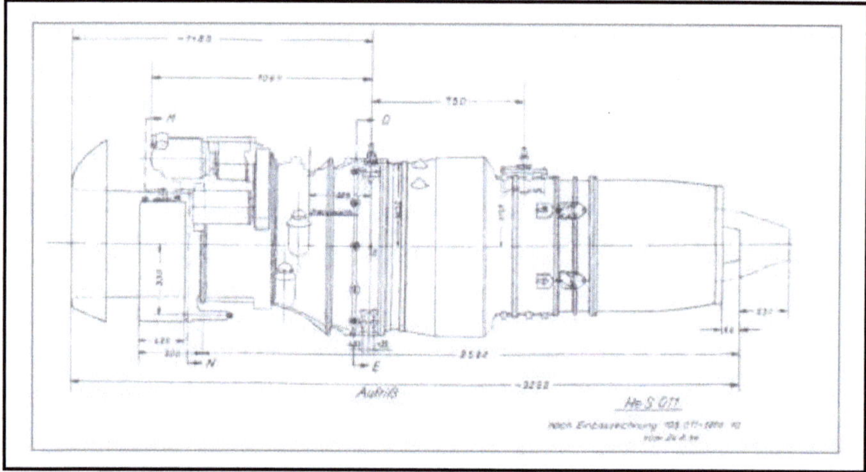

Diese Darstellung oben zeigt das He S 011 am 24.8.1944. Der Abströmkonus ist verstellbar und ragt aus der Düse heraus, es sind Maße angegeben und ein Einlauf ist angedeutet.

Das erste vollständige He S 011 V1 wird im September 1943 getestet, die Diagonalstufe versagt nach einer Stunde. Es handelt sich um ein Vibrationsproblem infolge Resonanz mit 4 Stützstreben. Dr. Max Bentele löst das Problem, indem er die Streben im Umfang anders anordnet. Insgesamt werden 25 Versuchstriebwerke gebaut (V1-V25). Das V1 erreicht 1115 kp Schub mit 660 °C (933 °K). Im Januar 1945 haben 4 Versuchstriebwerke 184 Stunden Versuchszeit angesammelt, aber nur 3 Stunden mit Schub über 1100 kp. Als Maximum werden im Dezember 1944 1333 kp erreicht.

Ende 1944 wird das Serienmodell He S 011 A-0 entwickelt, von dem aber kein vollständiges Exemplar mehr bis zum Ende des Krieges fertig wird.

Am 15.7.1944 wird vom RLM eine letzte Spezifikation eines schnellen Jägers herausgegeben. Er soll mit dem neuen He S 011 ausgerüstet sein, 1000 km/h schnell sein und bis 14 km hoch fliegen. Seine Tanks sollen 1500 l fassen und er soll mit vier 30 mm MK108 Kanonen bewaffnet sein. Acht Entwürfe werden von den deutschen Fluzeugfirmen am Ende Februar 1944 vorgeschlagen, Focke-

Wulf gewinnt mit der Ta 183, kann aber die Arbeiten nicht mehr durchführen, da alle Werke und Büros von den Alliierten eingenommen werden.

Nur Willy Messerschmitt schafft es doch noch, er baut den Prototyp seines Entwurfes Me P.1101 in seinem Werk in Oberammergau, das liegt ausserhalb der Reichweite der alliierten Bomber und da treffen die Amerikaner erst am 29.4.1945 ein. Die P.1101 steht zu 80 % fertig in der Halle. Einige Fotos zeigen, dass die Flügel montiert sind und nur die Rumpfverkleidung auf der Unterseite fehlt. Das Triebwerk ist eine Attrappe des He S 011, ein funktionsunfähiges Exemplar, aber in den Dimensionen und im Gewicht korrekt.

Oben Fotos der Messerschmitt Me P.1101 in der Halle 615 in Oberammergau im Mai 1945. Es sind Privatfotos der Amerikaner, daher die schlechte Qualität.

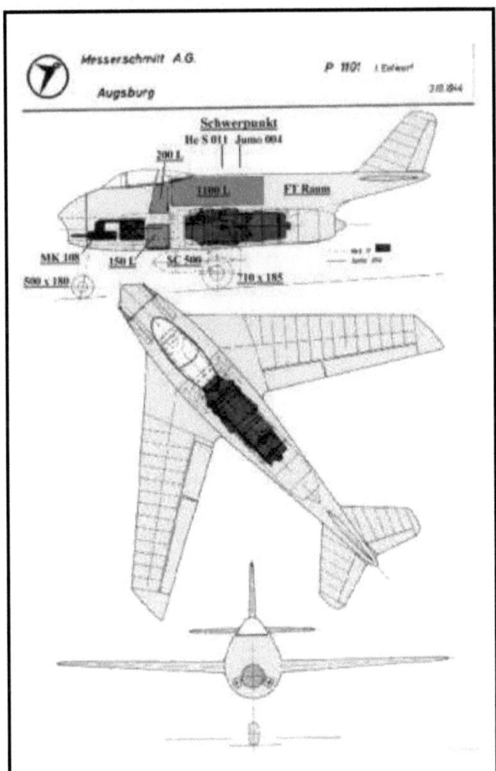

Die Messerschmitt Me P.1101.
Das ist nun der Höhepunkt aller Erfindungen, Entwicklungen und Konstruktionen: das schnellste Jagdflugzeug der Welt mit dem stärksten (deutschen) Triebwerk.

Allerdings: es gibt zu dem Zeitpunkt in England und den USA bereits Triebwerke in der 4000-5000 lb (1814 - 2268 kp) Klasse. Davon aber wissen die Deutschen nichts.

Einer der Touristen ist Robert (Bob) J.Woods von der Firma Bell in Buffalo bei New York. Er ist Chefingenieur dieser Firma und Mitglied eines Civilian Intelligence Evaluating Team. Er besichtigt das Flugzeug und erkennt seinen historischen Wert. Zusammen mit Woldemar Voigt, dem Chefkonstrukteur der P.1101, will er das Flugzeug zu Ende bauen, aber die technischen Unterlagen sind bei den Franzosen gelandet, die sie nicht hergeben. Und dann ist der Prototyp inzwischen so kaputt, dass eine Reparatur oder gar Fertigstellung nicht mehr machbar ist. Noch 1946 wird der kümmerliche Rest der P.1101 nach Amerika verfrachtet, zuerst nach Dayton/Ohio und 1948 zu Bell Aircraft in Buffalo/New York. Dort allerdings wird die Maschine noch mal fein gemacht. Auf dem Foto unten steht sie vor der Halle von Bell In Buffalo/New York, am Rumpf sind Atrappen von Kanonen angebracht, 6 Stück, 3 auf jeder Seite, wobei die Original P.1101 nur 4 Stück bekommen sollte. Das Triebwerk ist immer noch die Atrappe eines He S 011.

Die P.1101 in USA

Dann wird das He S 011 durch ein Allison J35 ersetzt, aber es ist nur eine versuchsweise Installation ohne die Absicht, eine flugfähige Maschine zu bekommen. Am Ende entscheidet die Firma Bell, ein neues Flugzeug auf der Grundlage der Me P.1101 zu bauen. Es erhält den Namen Bell X-5, zwei Prototypen werden gebaut.

Rechts die alte Me P.1101 mit einem neuen Allison J35. Es ist größer als das He S 011, es scheint nicht ganz zu passen.

Bell X-5

Oben die Bell X-5 im Flug, sie konnte im Flug die Pfeilung der Flügel verstellen, was für die Me P.1101 nur am Boden vorgesehen war. Der Erstflug ist am 20. Juli 1951.

Auch die schwedische Saab 29 Tunnan (Erstflug 1.8.1948) zeigt eine große Ähnlichkeit mit der Me P.1101. Ihr Triebwerk heißt De Havilland Ghost, das ist die vergrößerte Version des Goblin, mit dem die Meteor geflogen ist.

Das stärkste deutsche Triebwerk He S 011 wird nach 1945 noch in 10 Exemplaren in Deutschland unter englischer und amerikanischer Aufsicht aus Resten gebaut, landet dann aber irgendwann endgültig in einem Museum.

Fazit : Am ersten Kriegstag gibt es in Deutschland _ein_ Strahlflugzeug und _ein_ Strahltriebwerk. Am letzten Kriegstag sind allein in Deutschland über 6000 Triebwerke vom Typ Jumo 004 und etwa 700 vom Typ BMW 003 gebaut worden, es ist ein kometenhafter Aufstieg dieser neuen Technik.

3 Die zivilen Turbostrahlflugzeuge
3.1 Die erste Generation

Das erste Strahlflugzeug der Welt fliegt am 27.8.1939 in Rostock Marienehe, es ist eine Heinkel He 178 mit einem Triebwerk Heinkel He S 3 B, der Testpilot heisst Erich Warsitz. Der Erfinder des Triebwerks ist Dr. Hans Joachim Pabst von Ohain, der als Physikstudent in Göttingen 1933 die Idee hat und sie dann in der Firma des Ernst Heinkel weiterentwickeln darf. Die korrekte Bezeichnung lautet Turbostrahltriebwerk, der Kern ist eine Gasturbine mit Verdichter, Brennkammer und Turbine und der Schub wird mit dem Strahl in der Düse erzeugt.

Am ersten Kriegstag gibt es in Deutschland ein Strahlflugzeug und ein Strahltriebwerk. Am letzten Kriegstag sind allein in Deutschland über 6000 Triebwerke vom Typ Jumo 004 und etwa 700 vom Typ BMW 003 gebaut worden, es ist ein kometenhafter Aufstieg dieser neuen Technik.

In den Jahren nach dem Kriegsende nutzen zunächst ausschließlich die Militärs die neuen Möglichkeiten und bauen die ersten Generationen von Jägern und Bombern mit Turbostrahlantrieb. Aber schon 1948 rüstet die englische Firma Vickers eine kleine Passagiermaschine vom Typ Viking auf die neuen Rolls-Royce Nene Strahltriebwerke um. Erstflug ist am 6.4.1948 und am 25.Juli 1948, dem 39.Jahrestag der Kanalüberquerung durch Blériot, fliegt diese Viking mit 24 Passagieren von London Heathrow in 34 Minuten nach Paris Villacoublay, es ist der erste zivile Linienflug mit Turbostrahltriebwerken in der Geschichte. Aber die Zeit ist noch nicht reif, die Nene-Viking bleibt ein Experimentalflugzeug und fliegt 6 Jahre später wieder mit den alten Hercules Kolbenmotoren.

Vickers Viking mit Hercules Kolbenmotoren

Vickers Viking mit Rolls-Royce Nene Strahltriebwerken

Die kanadische Firma Avro Canada, eine Schwester der englischen Firma Avro, beginnt 1947 ein reines Strahlflugzeug zu entwerfen, es soll 36 Passagiere mit 425 mph (684 km/h) 1200 mls (1931 km) weit befördern. Als Triebwerke hat man 2 Exemplare des neuen Rolls-Royce Avon mit je 7000 lb (31.1 kN) vorgesehen, das aber nach dem Erstlauf 1946 ganze 7 Jahre braucht, um einsatzreif zu werden. Als Ersatz werden 4 Exemplare des Rolls-Royce Derwent installiert, das stammt aus dem Jahr 1943 und hat genau den halben Schub des Avon und erfordert Doppelgondeln. Die Avro C.102 Jetliner hat einige Ähnlichkeit mit der Avro Ashton, die bei Avro in England gebaut worden ist, unterscheidet sich aber in Details wie der Lage des Höhenleitwerks, dem Einlauf der Doppelgondeln und dem Rumpfquerschnitt. Die Maschine wird Vertretern einiger Airlines vorgeflogen, geht aber nie in Serie, teils wegen der alten Triebwerke, teils weil Avro Canada mit dem Bau eines großen Bombers CF-100 völlig ausgelastet ist.

Avro Canada C.102 Jetliner
Erstflug 10.8.1949

Die nächsten Versuche, zivile Strahlflugzeuge zu bauen, finden wieder in England statt. Dort hat die Firma Vickers ab 1945 die Viscount entwickelt, die mit 4 Propellerturbinen des Typs Rolls-Royce Dart 32 Passagiere (später bis 77) befördern kann. Der 1.Prototyp startet am 16.7.1948 und eröffnet den weltweit ersten Liniendienst mit Turbinentriebwerken (Propellerturbinen), als sie am 29.7.1950 mit 26 Passagieren von Northolt/England nach Paris fliegt. Schon der 2.Prototyp wird versuchsweise umgerüstet auf zwei Strahltriebwerke vom Typ Rolls-Royce Tay. Auf der Luftfahrtshow von Farnborough ist sie eine Sensation, bald danach verschwindet sie allerdings für immer von der Bildfläche.

Die Vickers Viscount mit 4 Rolls-Royce Dart Propellerturbinen

Die Vickers Viscount mit 2 Strahltriebwerken Rolls-Royce Tay

Der nächste Versuch stammt von der englischen Firma Avro : sie bauen, ähnlich wie die Vickers Viking, eine Maschine mit Kolbenmotoren um auf Strahltriebwerke vom Typ Rolls-Royce Nene. Obwohl das Original Avro Tudor eine Passagiermaschine ist, soll der Umbau nur zu Forschungszwecken dienen. Von der Avro Ashton werden immerhin 6 Exemplare gebaut und ab 1.9.1950 geflogen und erproben eine ganze Reihe von Strahltriebwerken (RR Avon, RR Conway, RR Olympus, RR Orpheus und Armstrong/Siddeley Sapphire). Auch andere militärische Geräte wie z.B. Radar werden getestet, eine strahlgetriebene Passagiermaschine wird die Ashton nie, weil es nicht gewollt ist. Dabei hätte sie ein komfortabler und schneller 30-Sitzer werden können.

Avro Ashton mit 4 Rolls-Royce Nene Strahltriebwerken

Das erste echte zivile Strahlflugzeug, das von vornherein mit Turbostrahltriebwerken entwickelt wird, ist die englische de Havilland Comet. Schon 1943 hat eine Untersuchungskommission 4 verschiedene Passagierflugzeuge für die Nachkriegszeit vorgeschlagen, das gewagteste Konzept sieht reine Strahlturbinen vor, die der Maschine von der Größenordnung einer DC3 die phantastische Geschwindigkeit von 700 km/h verleihen sollen. Im Jahre 1945 erhält die Firma de Havilland den Auftrag, sie ist die einzige Firma, die schon mal ein Strahltriebwerk und auch ein Strahlflugzeug gebaut hat. Studienbeginn ist Februar 1945 und es gibt viele unterschiedliche Studien. Als die endgültige Konfiguration dann feststeht, ist Konstruktionsbeginn im September 1946. Im Dezember 1947 erhält die Maschine den Namen „Comet". Rollout ist am 25. Juli 1949 und der Erstflug 2 Tage später. Die Comet I kann bis 44 Passagiere 2400 km weit fliegen.

Alles an der Comet ist neu oder gar revolutionär. Die 4 Triebwerke vom Typ Ghost 50 sind im gepfeilten Flügel nahe dem Rumpf versenkt installiert. Der druckbelüftete Rumpf kann in 12000 m Flughöhe noch einen Innendruck erzeugen, der einer Höhe von 2400 m entspricht, was von den Passagieren noch als angenehm empfunden wird (dieser Innendruck wird heute noch in Passagierflugzeugen eingestellt). Die dazu nötige Druckdifferenz zwischen Innenwelt und Außenwelt beträgt dann 0.58 kp/cm² und zwar im Reiseflug. Am Boden, wenn die Türen geöffnet sind, beträgt die Druckdifferenz natürlich 0. So wird der Rumpf bei jedem Flug einmal auf 0.58 kp/cm² Überdruck aufgeblasen und bei der Landung wieder entspannt. Jeder Flug stellt also für den Rumpf einen Belastungszyklus dar, bei 3000 Flügen im Jahr sind das also 3000 Zyklen. Die Außenhaut der Zelle weist die Dicke einer Postkarte auf : 0.70 mm und widersteht trotzdem bei Tests einer Druckdifferenz von 1.40 kp/cm², das ist mehr als das Doppelte des Wertes im Reiseflug. Überhaupt ist die Comet intensiv erprobt worden, denn alles , was sich die Ingenieure ausgedacht haben, ist getestet worden. Den Einfluss vieler Tausender Belastungszyklen auf die Festigkeit des Rumpfes aber, unter erschwerender Berücksichtigung eckiger Ausschnitte, hat man nicht getestet, das Phänomen der Materialermüdung ist um 1950 noch unbekannt.

Da wiegt der Fehler bei der Triebwerksauswahl wenig. Das Verhältnis des Gesamtschubes aller 4 Ghost Triebwerke bezogen auf das Startgewicht beträgt 17 %, das ergibt lange Startstrecken und flache Steigwinkel. Als erste Faustformel für moderne Passagierflugzeuge gelten 30 %, aber man kam damals aus der Propellerwelt, die es nicht besser kannte. Die schwache Schubleistung führt dann zu den ersten zwei Unfällen.

Zuerst aber kommt eine Zeit des technischen Triumphes und des kommerziellen Erfolges. Nach der endgültigen Musterzulassung am 22.1.1952 beginnt BOAC am 2.Mai 1952 den Liniendienst auf der Strecke London-Johannesburg, die Flugzeit wird praktisch halbiert. Die Passagiere sind begeistert, die Fachwelt ist vom zivilen Strahlflug überzeugt und de Havilland ist glücklich, das große Risiko dieser Entwicklung hat sich gelohnt.

Oben der Prototyp der de Havilland Comet I mit 4 Triebwerken de Havilland Ghost in ursprünglicher blanker Ausführung Ende 1949. Deutlich erkennbar die Triebwerkseinläufe in den Flügelvorderkanten und die eckigen Fenster, die Ursache für die späteren Abstürze sind. Das wunderschön eingestrakte Cockpit ist dann später sogar von den Franzosen für die Caravelle übernommen worden.

De Havilland Ghost 50
Einkreiser mit 1 Welle, Erstlauf 2.9.1945
1 Radialverdichter, 1 Axialturbine
Startschub 5050 lb (22.5 kN)
Durchsatz 39 kg/sek
Verdichtergesamtdruckverhältnis 4.5
Turbineneintrittstemperatur 1472 °F (1073 °K)
**Die vergrößerte Version des Goblin, mit
dem die Meteor zuerst flog**

Die glückliche Zeit währt 9 Monate. Dann beginnt die Ünglückssträhne. Am 26.10.1952 verunglückt eine Comet I mit der Kennung G-ALYZ beim Start in Rom, sie hebt einfach nicht ab, alle 43 Insassen bleiben glücklicherweise unverletzt. Ein fast identischer Unfall geschieht am 3.3.1953 in Karatschi, die Comet CF-CUN hebt wiederum nicht ab. Bei diesem missglückten Start ist offensichtlich, dass der Pilot zu früh gezogen hat und das Flugzeug mit zu hohem Anstellwinkel nicht weiter beschleunigt hat, weil der Widerstand zu groß und der Schub zu schwach ist. Alle 11 Insassen kommen ums Leben.

Mehrere Maßnahmen sollen ähnliche Vorfälle in Zukunft vermeiden: Zum ersten wird das Startverfahren geändert, die vorgeschriebene Abhebegeschwindigkeit wird erhöht, was natürlich längere Startstrecken zur Folge hat. Zum zweiten werden Änderungen am Flügel durchgeführt zur Erhöhung des Auftriebs bei niedrigen Geschwindigkeiten. Als drittes hat man schon vorher begonnen, Triebwerke mit deutlich mehr Leistung zu installieren. Die erste Comet 2 mit dem Triebwerk Rolls-Royce Avon hat ihren Erstflug am 16.2.1952, sie hat 64 % mehr Schub verglichen mit dem Prototyp. Das verbesserte Schub/Gewichts-Verhältnis liegt jetzt bei 24 %.

Der dritte Unfall am 2.5.1953 ist von völlig anderer Natur : Sechs Minuten nach dem Start in Karatschi gerät die Comet G-ALYV in ein Monsungewitter und zerplatzt in der Luft, alle 43 Insassen sind tot. Als Ursache meint man die heftigen Turbulenzen in solch einem Unwetter zu erkennen, da sei es wohl schon im Extremfall möglich, dass ein Flugzeug strukturell nicht standhält. Nach diesem Absturz werden keine Änderungen durchgeführt.

Am 10.1.1954 startet in Rom die Comet G-ALYP mit 35 Insassen. Beim Steigen über 8000 m bricht der Funkverkehr plötzlich ab und Fischer bei Elba sehen brennende Überreste vom Himmel fallen. Jetzt dämmert den Verantwortlichen, dass dieses Flugzeug nicht mehr sicher ist und verfügen ein Startverbot für alle Comet. Eine Untersuchungskommission wird gegründet und man beginnt, die Überreste zu suchen und zu analysieren. Das entscheidende Indiz bleibt lange unentdeckt, so dass nach 50 technischen Änderungen, die hauptsächlich die Triebwerke, das Kraftstoffsystem und die Tanks betreffen, die Comet wieder für den Liniendienst freigegeben wird.

Die nächste Katastrophe ereignet sich am 8.4.1954. Die Comet G-ALYY ist in Rom gestartet und hat 10500 m Flughöhe erreicht, als sie bei Nacht über Stromboli zerbirst. Es gibt 21 Tote. Jetzt steht das gesamte Comet Programm auf dem Spiel und der Ruf der englischen Luftfahrtindustrie obendrein. Es beginnen die bis dato aufwändigsten Untersuchungen auf zwei Ebenen. Zuerst werden die Wrackteile geborgen und man findet 2/3 des gesamten Flugzeuges. Parallel wird an Land ein Comet Rumpf einem Ermüdungstest in einem Wassertank ausgesetzt, bei dem der Zyklus eines Fluges mit 0.58 kp/cm² Druckdifferenz in schneller Reihenfolge simuliert wird. Nach 9000 Zyklen entsteht im Rumpf ein Riss von 2.40 m Länge als Folge des unbekannten Phänomens der Materialermüdung. Hauptschuldig sind die eckigen Fenster und Antennenausschnitte.

Danach wird die Comet teilweise neu konstruiert. Sie erhält runde Fenster, eine dickere Außenhaut, einen größeren Flügel und die bereits avisierten Triebwerke vom Typ Avon. Die Versionen Comet 2 und Comet 3 werden fallen gelassen, die endgültige Comet 4 hat ihren Erstflug am 27.4.1958. Sie kann bis 81 Passagiere 5190 km weit fliegen. Die ersten zwei Serienmaschinen gehen an die englische Luftfahrtlinie BOAC, die am 4.10.1958 den Transatlantikdienst London-New York startet, ganze 22 Tage bevor die Boeing 707 das gleiche tut. De Havilland hat vom 8.4.54 bis zum 4.10.58 viereinhalb Jahre an die Konkurrenz verloren.

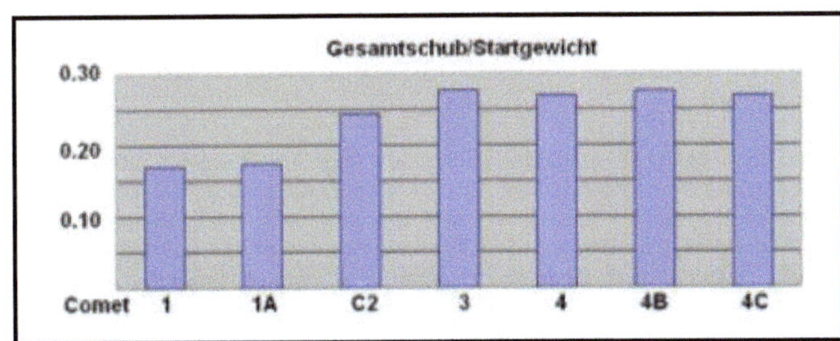

Das Verhältnis von Gesamtschub aller 4 Triebwerke zum Startgewicht für alle Comet Versionen zeigt deutlich, dass die Comet 1 und 1A mit dem Ghost Triebwerk untermotorisiert ist.

Die endgültige de Havilland Comet 4 , gut erkennbar an den runden Fenstern und den Zusatztanks im Außenflügel.

Rolls-Royce Avon
Einkreiser mit 1 Welle, Erstlauf 1946
1 Axialverdichter , 1 Axialturbine
Startschub 7300-10500 lb (32.5-46.7 kN)
Durchsatz 72 kg/sek
Verdichtergesamtdruckverhältnis 6.5
**Der Avon brauchte 7 Jahre, bis alle
Probleme behoben waren**

Ein großer Erfolg wird die Comet weder technisch, noch wirtschaftlich, von allen Comet werden nur 113 Exemplare verkauft. Aber sie hat Pionierarbeit geleistet, die allerdings teuer bezahlt wurde. Aber des einen Leid ist des anderen Freud. Die viereinhalb Jahre Pause bei de Havilland sind ein Geschenk für Boeing in den USA.

Die Amerikaner haben einen Blitzstart auf dem Sektor der Strahlflugzeuge hingelegt. Ihr erstes Strahltriebwerk stammt von Frank Whittle in England, der sein erstes Prüfstandsmodell opfert, um den USA zu helfen. Dieses nicht flugtaugliche W.1X wird am 1.Oktober 1941 in handliche Kisten verpackt und in die USA geflogen und dort der Firma GE übergeben. Die erste Kopie, mit leichten Abänderungen, läuft am 18.April 1942 unter der Bezeichnung „Type I" und führt nach weiteren Korrekturen zum I-A , von dem dann 2 Exemplare das erste US-Strahlflugzeug, die Bell XP-59A, am 2.Oktober 1942 zum Erstflug verhelfen.

Nach dem 2. Weltkrieg sind die USA im kalten Krieg. Da liegt für 10 Jahre das Schwergewicht aller Entwicklungsarbeiten auf dem militärischen Sektor. Das Land braucht Düsenjäger und Düsenbomber. Die erste Spezifikation für Düsenbomber stammt aus dem Jahr 1943, als die Army Air Force (die United States Air Force wurde als eigenständige Waffengattung erst 1947 gegründet) an 5 Firmen die Aufforderung schickt, mittelschwere Bomber mit Strahlantrieb zu entwerfen. Die Firmen North American, Convair und Martin entwickeln Bomber mit ungepfeilten Flügeln, Northrop einen Nurflügler mit leichter Pfeilung und Boeing die stark gepfeilte B-47. Es war ein Zufall, dass der Boeing Aerodynamiker G.S.Schairer bei der Befragung deutscher Spezialisten im Frühjahr 1945 auf den gepfeilten Flügel stößt und darüber in einem berühmt gewordenen Brief an die Kollegen in Seattle berichtet. In einem mutigen Schritt ändern diese den graden Flügel des letzten Bomberentwurfes in einen gepfeilten Flügel und gewinnen die Ausschreibung.

Allison J35 , entwickelt von General Electric, gebaut von Allison
Einkreiser mit 1 Welle , Erstlauf 21.4.1944
Startschub anfangs 3750 lb (16.7 kN)
Später bis 5600 lb (24.9 kN)
Durchsatz 43 kg/sek
Verdichtergesamtdruckverhältnis 5.5
Turbineneintrittstemperatur 1700 °F (1200 °K)
Ein Veteran, die Arbeiten am Vorläufer begannen 1941, bevor GE das Whittle Triebwerk kannte

Hier einige der Entwürfe von Boeing zum Thema „Leichter Strahlbomber" aus der Zeit 1944/45. Zwischen Model 432 und 448 kommt der Brief von Schairer, danach wird mit gepfeiltem Flügel weiter gearbeitet. Das Model 450 hat die äußeren Triebwerke noch an den Flügelspitzen, später sind sie etwas nach innen gewandert. Das Triebwerk heißt TG 180 (militärische Bezeichnung J35) , stammt von 1944 und leistet 3750 lb Schub (16.7 kN). Das ergibt bei einem Startgewicht von 56 to ein Schub/Gewichts- Verhältnis von 18 % , das ist viel zu wenig !

Oben die Serienausführung der Boeing B-47 mit 6 Triebwerken General Electric TG 190 (milit. J47) mit 5000 lb Schub (22.2 kN). Damit erhöht sich das Schub/Gewicht Verhältnis auf respektable 25%. Man benötigt aber immer noch 6 Triebwerke, die in 2 Doppelgondeln und 2 Einzelgondeln installiert werden. Auffällig sind die unterschiedlichen Pylons für die inneren und die äusseren Triebwerke.

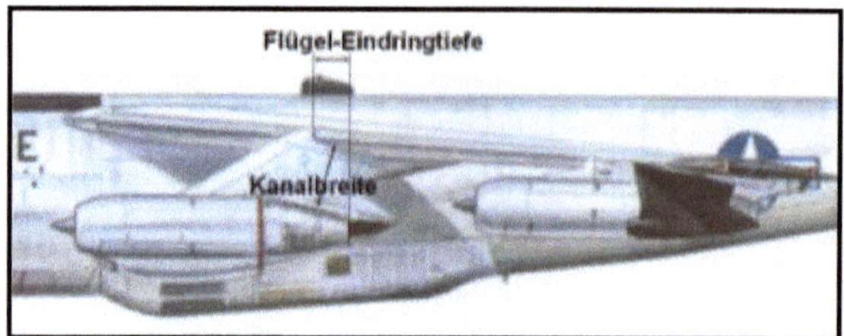

Die Installation der Triebwerke in Gondeln unter dem Flügel mit Pylons sind eine Weltneuheit und müssen den gleichen Randbedingungen gehorchen wie heute auch noch : Die Flügeleindringtiefe muss gering bleiben (je nach Flügelpfeilung), um zu verhindern, dass eine geborstene Turbinenscheibe den Vorderholm des Flügels trifft. Die Kanalbreite muss optimiert werden, ist sie zu groß, ist der Widerstand der bespülten Oberfläche des Pylons zu groß, ist die Kanalbreite zu klein, ergeben sich Zusatzwiderstände durch Interferenzen mit der Flügelunterseite. Die spannweitige Postion der einzelnen Triebwerke wird von der Verteilung der Kräfte (örtlicher Auftrieb und Triebwerksgewicht) und von der Dynamik des schwingenden Flügels (die Triebwerke wirken als Dämpfungselemente) bestimmt. Diese Optimierung der Position der Triebwerke wird damals an Modellen im Windkanal erprobt und wird heutzutage zumeist in aufwändigen Computerprogrammen vollführt. Warum nun aber das einzelne Außentriebwerk so dicht am Flügel positioniert wurde, ist nicht überliefert.

Der Erstflug der B-47 ist am 17.12.1947 und die Indienststellung bei der USAF erfolgt 1950. Der große Erfolg dieses Programms verführt Boeing zu der Annahme, auch auf dem zivilen Sektor müsse sich der Strahlantrieb durchsetzen. Die ersten Entwürfe von zivilen Strahlfluzeugen lehnen sich natürlich stark an die schon fliegende B-47 und an die grade im Bau befindliche B-52 an. Alle veröffentlichten Darstellungen sind mit heißer Nadel gestrickt und meist unbrauchbar. Wenn Boeing mit diesen Bildern zu den Airlines gegangen ist, wundert es nicht, dass diese kein Interesse zeigen. Aber wahrscheinlich ist 1950 die Zeit wirklich noch nicht reif.

Eine direkte Ableitung aus der B-47 : Ein Hochdecker mit 6 Triebwerken. Die Vertauschung der Doppelgondel und der Einzelgondel , die Fenster im Unterflur und die Sicht der Piloten sind allesamt technischer Unsinn.

Bei diesem Entwurf wird die Einzelgondel durch einen Zusatztank ersetzt. Die Fenster im Unterflur werden entfernt, die Sicht der Piloten aber ist unverändert miserabel.

Ohne Zusatztanks und als Tiefdecker sieht das Flugzeug jetzt etwas ziviler aus, die Doppelgondeln sitzen aber noch viel zu weit außen.

Mit den Doppelgondeln in der Mitte des Flügels und einem vernünftigen Cockpit ist das Flugzeug nun ein eigenständiger Entwurf und bekommt sogar eine eigenständige Bezeichnung: Entwurf 473-60C. Von hier aus führt der direkte Weg zur Boeing 707.

Der Prototyp der B-52 fliegt erstmalig am 15.4.1952

Noch bevor die B-47 in Dienst gestellt wird, ist der USAF klar, dass sie auch einen großen Langstreckenbomber benötigt, es ist eine Forderung des kalten Krieges. Zwar fliegt schon seit 1946 die Convair B-36 mit 6 gigantischen Kolbenmotoren und Propellern, mit einer Reichweite von fast 11000 km, aber sie ist langsam. Selbst nach der Installation von 4 Strahltriebwerken zusätzlich liegt ihre Maximalgeschwindigkeit bei 406 mph = 653 km/h oder Mach 0.61. Das ist nicht mehr Stand der Technik , die B-47 schafft 970 km/h oder Mach 0.91 ! Der erste Entwurf der B-52 stammt vom Oktober 1948 und zeigt einen 8-strahligen Hochdecker mit der gleichen 35°-Pfeilung wie sie die B-47 hat.Das Cockpit wird von der B-47 übernommen, die drei Piloten sitzen noch hintereinander, diese Anordnung wird später geändert. Die Flügel sind wie bei der B-47 hochflexibel, die Doppelgondeln sind in respektablem Abstand vor und unter dem Flügel an Pylonen aufgehängt mit wenig Unterschied zwischen der Innengondel und der Außengondel. Die Gondeln sind bauchiger geworden und die Triebwerke sind eine Neuentwicklung von Pratt&Whitney namens JT3 (milit. J57). Mit einem Schub von 10000 lb (44.5 kN) liegt das JT3 um 67 % über dem J47 für die B-47.

Pratt&Whitney JT3C (J57)
Einkreiser mit 2 Wellen , Erstlauf 21.1.1950
Startschub 10000 lb (44.5 kN)
Durchsatz 77 kg/sek
Verdichtergesamtdruckverhältnis 12.5
Turbineneintrittstemperatur 1570°F (1128 °K)
Eine völlige Neukonstruktion : erstmals mit 2 Wellen, Gesamtfertigung bis 1965 : über 21000 Stück

Das obige Foto zeigt die Serienversion der B-52 mit dem neuen Cockpit, in dem die Piloten nebeneinander sitzen. Die Doppelgondeln mit dem J57 sind gut zu erkennen. Der große Turbofan auf Position 3 ist ein Pratt&Whitney JT9D, das für die Boeing 747 erprobt wird.

Die B-52 gehört eng zur Geschichte der Boeing 707, denn schon während ihrer Entwicklung wird den Militärs klar, dass dieses Flugzeug seine globale Abschreckungswirkung nur entfalten kann, wenn es mittels Auftanken auch wirklich jeden Punkt der Erde erreicht. Als Tankerflugzeuge stehen aber nur KC-97 zur Verfügung, also 4-motorige Propellerflugzeuge, die aus der zivilen Boeing 377 Stratocruiser abgeleitet worden sind. Das Auftanken von B-47 und später B-52 ist ein Wagnis, der eine ist zu langsam, der andere zu schnell.

Ein neuer Tanker wird benötigt, natürlich mit Strahlantrieb. Schon 1951 bietet Boeing der USAF das Modell 473 als Tanker an und stößt auf Ablehnung. 1952 setzte Boeing dann alles auf eine Karte, mit Mitteln der Firma (15 Mio $, das war ein Viertel des Firmenwertes) wird ein Prototyp entwickelt, der vorerst 367-80 heißt, vor allem, um die Konkurrenz zu täuschen.

Early Days of the 707 Evolution

Airplane				
473-60C	367-80	KC-135	707-120	707-320
Span				
140 ft 2 in	130 ft 0 in	130 ft 10 in	130 ft 10 in	145 ft 9 in
42.7m	39.6m	39.9m	39.9m	44.4m
Date				
October	April	March	October	December
1949	1952	1955	1955	1955

Die Entwicklung der Boeing 707

Beim Rollout der 367-80 oder kurz Dash80 am 14.5.1954 ist noch nicht klar, ob sie ein ziviles oder militärisches Flugzeug darstellt. Ihre Herkunft von B-47 und B-52 ist unverkennbar. Die Flügelpfeilung beträgt wiederum 35° und die Installation der 4 Pratt&Whitney JT3P Triebwerke in Einzelgondeln an langen Pylonen entspricht der B-52. Neu ist die Tiefdeckeranordnung, die ein breitspuriges Fahrwerk ermöglicht, so dass auf die Hilfsfahrwerke an den Flügelspitzen verzichtet werden kann.

Die Dash80 im Fluge

Die Dash80 zeigt eine äusserst klare Linienführung auch bei den Triebwerksgondeln und den Pylonen. Der Schub der JT3P liegt mit 9500 lb (42.3 kN) deutlich unter den späteren JT3 (mit 12000 lb (53.4 kN) , es waren wohl Prototypen.

Pratt&Whitney JT4 (J75)
Einkreiser mit 2 Wellen, Erstlauf 1955
Startschub 17470 lb (77.7 kN) ohne NV
         26455 lb (117.7 kN) mit NV
Gesamtdurchsatz 136 kg/sek
Verdichtergesamtdruckverhältnis 12.2
Eine vergrößerte Version des JT3 (J57), das zuerst für Überschalljäger benötigt wurde (daher die Nachverbrennung), dann aber auch zivil eingesetzt wurde (ohne NV)

Nach dem Erstflug der Dash80 am 15.7.1954 dauert es nur wenige Monate, bis die USAF Ende 1954 ihre neuen Tanker bei Boeing bestellt, es ist die verbesserte Version der Dash80 und heißt KC135. So hat man den Rumpfquerschnitt deutlich erhöht, um auch die kommerziellen Aussichten zu verbessern, man geht von 132 inch (3.35 m) auf 144 inch (3.66 m), das erlaubt bis zu 6 Sitze pro Reihe.

Anfang 1955 meldet sich dann die Firma Douglas zurück und verkündet, sie wolle ein ähnliches Flugzeug bauen: die DC-8. Douglas hatte vor dem Krieg fast ein Monopol auf zivile Flugzeuge, es gab eine ganze Familie, angefangen bei der DC-1 bis hin zur DC-6. Nach dem Krieg gab es eine lange Pause bei Neuentwicklungen, erst 1952 wird die DC-6 zur DC-7 aufgepeppt und von den Airlines freudig begrüßt. An dem neuen Projekt eines strahlgetriebenen Passagierflugzeuges mit 900 km/h ergibt sich kein Interesse. So dümpelt das Projekt DC-8 dahin, bis 1955 Pan American erscheint und nach einem Besuch von Boeing nun bei Douglas anfragt, was sie denn so anzubieten hätten. Douglas hat wenig vorzuweisen außer Zeichnungen und theoretischen Leistungen. Aber sie haben Boeing aufmerksam beobachtet und einige Fehler erkannt. Zum Teil sind es Kleinigkeiten, die die DC-8 von der 707 unterscheiden: die Fenster sind größer und der Rumpfquerschnitt beträgt 147 inch (3.73 m). Ein großer Unterschied ist die Reichweite: die 707 soll nur inneramerikanische Strecken bedienen , die DC-8 ist auf dem Papier für Strecken von den USA nach Europa geeignet.

Als Pan Am dann als erste Airline die neue Generation von Strahlflugzeugen bestellt, ist Boeing geschockt. Pan Am will 25 Douglas DC-8 und 20 Boeing 707 kaufen. 12 Tage später bestellt United Airlines 30 DC-8. Jetzt ist Boeing im Zugzwang. Der Not gehorchend, nicht dem eigenen Triebe beginnt Boeing die schmerzliche Prozedur der flexiblen Reaktion auf Kundenwünsche. Sie variieren, was variiert werden kann: den Rumpfquerschnitt, die Rumpflänge,die Flügelfläche und die Triebwerke. Es entsteht eine ganze Flugzeugfamilie, jede Airline kann das Modell kaufen, das ihr am besten passt. Einziger Nachteil dieser Politik ist, dass sie sehr viel Geld kostet, so dass Boeing erst sehr spät mit der 707 Gewinn machen kann.

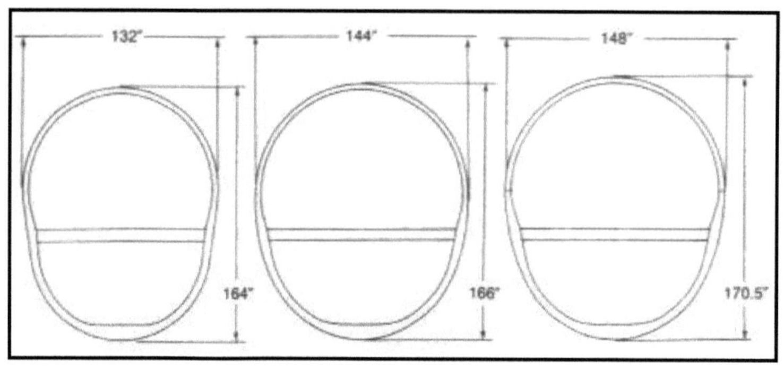

Rumpfquerschnitte

367-80   KC-135   707

Die erste Variation ergibt zwei Flugzeuge : zuerst die 707-120 mit dem etwas schwächeren JT3 Triebwerk, einer Sitzkapazität von bis zu 181 Plätzen und einer Reichweite von etwa 5200 km, die nicht ausreicht, Flüge über den Atlantik westwärts nonstop durchzuführen, es muss ein Tankstop eingelegt werden. Erstflug ist am 20.12.1957. Die fast wichtigste Änderung ist der Rumpfquerschnitt, der auf 148 inch (3.76 m) erhöht wird, das ist ein inch (2.5 cm) mehr als bei der DC-8. Die zweite Variation ist die 707-320 mit dem stärkeren JT4 Triebwerk, das ein höheres Startgewicht erlaubt und dadurch eine wirklich interkontinentale Reichweite von 7700 km ergibt, die Sitzkapazität beträgt maximal 189 Plätze. Als Pan Am die neuen Modelle vorgestellt bekommt, ändern sie ihre Bestellung, statt der ursprünglichen 20 des alten Typs 707 bestellen sie nunmehr 6 von der 707-120 und 17 von der 707-320.

Einen wirklichen Sprung vorwärts erlebt die 707 dann durch den Wechsel auf das Pratt&Whitney JT3D. Es ist der erste US Turbofan und sein Bypassverhältnis von 1.36 ergibt eine Verbesserung des spezifischen Kraftstoffverbrauchs von etwa 15%, was zu einer entsprechenden Erhöhung der Reichweite führt.

74

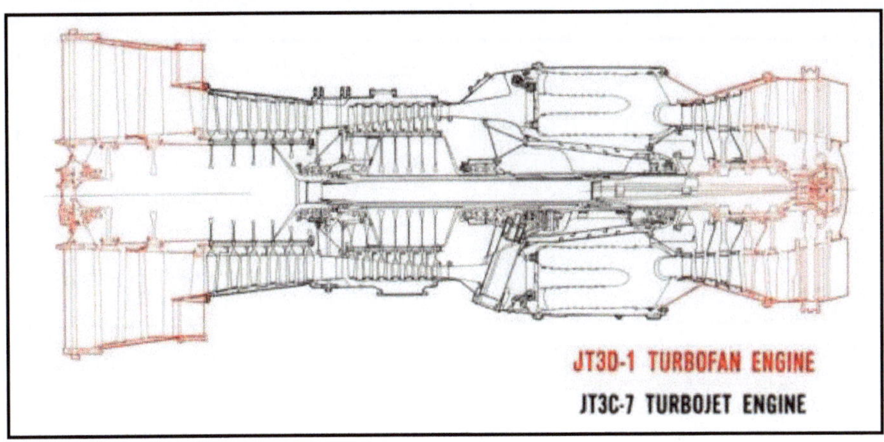

Die Idee, die zum JT3D führt, ist verblüffend einfach: das JT3C wird als Kerntriebwerk verwendet, an das vorn ein Frontfan mit größerem Durchmesser angebaut wird, der von einer zusätzlichen Niederdruckturbine am hinteren Ende angetrieben wird.

Eine Boeing 707 der American Airlines mit dem JT3D

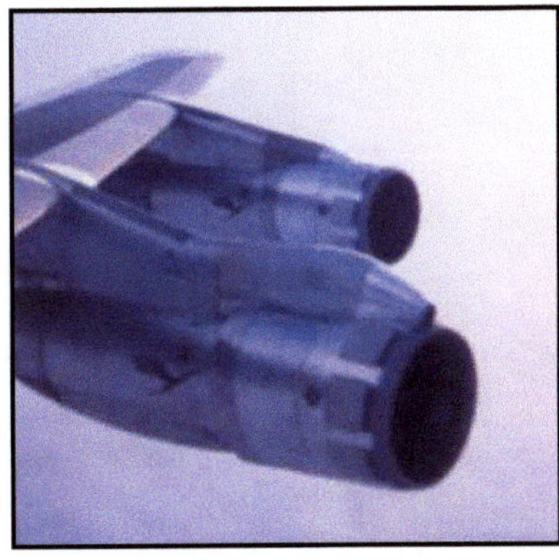

Eine 707 im Sonnenuntergang. Im Flug sind die seitlichen Klappen am Einlauf geschlossen, beim Start wird zusätzliche Luft angesaugt. Das vordere Triebwerk weist direkt über dem Einlauf am Beginn des Pylon eine Öffnung für die Klimaanlage auf. Das gilt für 3 Triebwerke, auf Position 1, also links außen, fehlt dieser kleine Einlauf, auf dem Foto hier das hintere Triebwerk.

Die DC-8 aber geht auch ihren Weg. Der erste Flug am 30.5.1958 liegt nur 5 ½ Monate nach dem Erstflug der Boeing 707-120 am 20.12.1957. Äußerlich sind die zwei Flugzeuge nur schwer zu unterscheiden. Die 707 hat eine Flügelpfeilung von 35°, die DC-8 hat 30°.

Erstflug der Douglas DC-8 am 30.5.1958. Die extreme Rauchentwicklung beim Start ist typisch für die erste Generation von JT3C Einkreis-Turbostrahl-Triebwerken.

Eine Douglas DC-8 im Landeanflug. Ihr Gesicht unterscheided sich von der Boeing 707 durch die 2 symmetrischen Einlassöffnungen für die Klimaanlage im Bug. Sie kann bis179 Passagiere 6000-9500 km weit fliegen, je nach Triebwerk und Konfiguration.

No	Firma	Flugzeug	Triebwerk	Passa-giere	Reich-weite km
1	Boeing	367-80	JT3P		
2		707-120	JT3C-6	bis 181	5177
3		707-138	JT3C-6	bis 179	8500
4		707-138B	JT3D-1	bis 179	9700
5		707-120B	JT3D-1	bis 181	6820
6			JT3D-3	bis 181	6820
7		707-220	JT4A-3	bis 181	5245
8		707-320	JT4A-3/5	bis 189	7700
9			JT4A-9	bis 189	7700
10			JT4A-11	bis 189	7700
11		707-320B	JT3D-3/3B	bis 189	9915
12		707-320C	JT3D-3/3B	bis 189	6317
13		707-420	ConwayMk508	bis 189	7830
14		720	JT3C-7	bis 165	5800
15			JT3C-12	bis 165	5800
16			JT3D-1	bis 165	6687
17			JT3D-3	bis 165	6687
18		KC135 A	J57-P-59W	bis 80	6500
19	Douglas	DC-8 Serie 10	JT3C-6	bis 179	6035
20		DC-8 Serie 20	JT4A-3	bis 179	7710
21		DC-8 Serie 30	JT4A-9	bis 179	9605
22			JT4A-11	bis 179	9605
23		DC-8 Serie 40	Conway RCo.12	bis 179	9817
24		DC-8 Serie 50	JT3D-1	bis 179	11260
25			JT3D-3	bis 179	11260

Die nebenstehende Tabelle zeigt alle zivilen Varianten der Boeing 707-Familie und der DC-8-Familie. Ausnahmsweise ist die militärische KC-135 dabei, da sie zur Geschichte der 707 untrennbar dazugehört. Alle Varianten, die nach der ersten KC-135 kamen, würden eine ähnlich lange Tabelle füllen.

Der daraus folgende Plot unten zeigt die Reichweiten der Flugzeuge aus obiger Tabelle (mit Ausnahme von No 1, dem Prototyp 767-80, von dem keine Reichweite bekannt wurde). Ab etwa 6500 km gelten Reichweiten als interkontinental und man erkennt, dass die meisten Modelle diese Reichweite besitzen, dank der Einführung des Turbofans mit seinem besseren spezifischen Kraft-stoffverbrauch. Eine Ausnahme ist die No 3 , die verkürzte 707-138 für Quantas in Australien, die trotz alter JT3C Triebwerke auf hohe Reichweite hin konstruiert worden war.

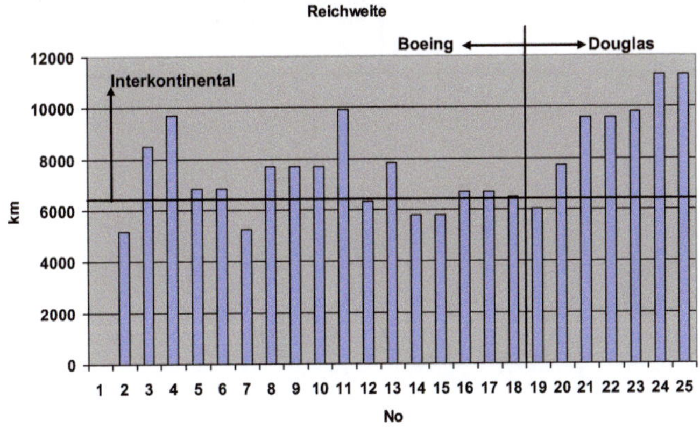

Die Reichweiten der Flugzeuge aus obiger Tabelle

Als im Oktober 1955 die ersten Bestellungen von Boeing 707 und Douglas DC-8 von den Airlines getätigt werden, sind diese zwei Konkurrenten allein auf dem Markt. Ein halbes Jahr später änderte sich das, als die Firma Convair aus San Diego verkündet, sie wolle auch ein vierstrahliges Passagierflugzeug bauen. Zur Unterscheidung von 707 und DC-8 soll der Convair Entwurf kleiner und leichter und schneller sein, weniger weit fliegen und ganz andere Triebwerke erhalten.

Das erste Modell bekommt die Bezeichnung CV-880, das soll eine Geschwindigkeit von 880 feet/sek (268.2 m/sek, 965 km/h , M=0.91) andeuten. Das größere Modell heißt CV-990, kann aber die damit angedeuteten 990 feet/sek (301.7 m/sek,1086 km/h, M=1.02) natürlich nicht erfliegen, denn das wäre Überschall. Immerhin wird als Höchstgeschwindigkeit 1030 km/h angegeben, das sind respektable M=0.97. Die wirtschaftliche Geschwindigkeit liegt bei M=0.87 und wird sicherlich öfter benutzt als die kraftstoffintensiven M=0.97, aber immerhin: sie kann so schnell fliegen, dank der größeren Flügelpfeilung von 39° und dank der anderen Triebwerke.

Für Convair ist dies ein großer Schritt, denn bis dato hat man in San Diego nur 2-motorige Propellermaschinen gebaut für maximal 44 Passagiere. Jetzt gehen sie auf 80-130 Sitze (je nach Bestuhlung) für die CV-880 und auf bis zu 140 Sitze bei der CV-990. Auch bei den Triebwerken will Convair sich von seinen Konkurrenten abheben, man hat sich für das Modell General Electric CJ805 entschieden, der zivilen Variante des J-79, das die Mach-2-fähigen Lockheed F104 Starfighter, die McDonnell F4 Phantom und die Convair B-58 Hustler antreibt. Ohne Nachbrenner ist das CJ805 ein sehr leichtes Triebwerk, sein Schub-zu-Gewichtsverhältnis beträgt 4.13, das ist deutlich besser als das JT3C mit 2.36 und das JT4 mit 3.43 und wird nur vom neuen Turbofan JT3D mit maximal 4.93 übertroffen. Dieses CJ 805 passt zur CV-880.

Für General Electric ist das CJ 805 der Versuch, in das zivile Geschäft einzudringen, das eindeutig von Pratt&Whitney dominiert wird. GE hatte mit dem J79 einen Riesenerfolg. Mit seinen verstellbaren Statorschaufeln war es ein technologischer Durchbruch und verhalf einer ganzen Generation von Hochleistungsflugzeugen zum Erfolg. Das militärische Standbein von GE war beeindruckend, das zivile Standbein war 1950 nicht vorhanden. So beginnt GE schon bei der Entwicklung des J79 ab 1952 die Airlines für eine zivile Variante dieses Triebwerks zu interessieren. Erfolg hat GE nur bei der Flugzeugfirma Convair. Mit dieser Firma hatte GE den Überschallbomber B-58 gebaut und Convair entscheided sich für das CJ805 für sein neues Projekt CV-880.

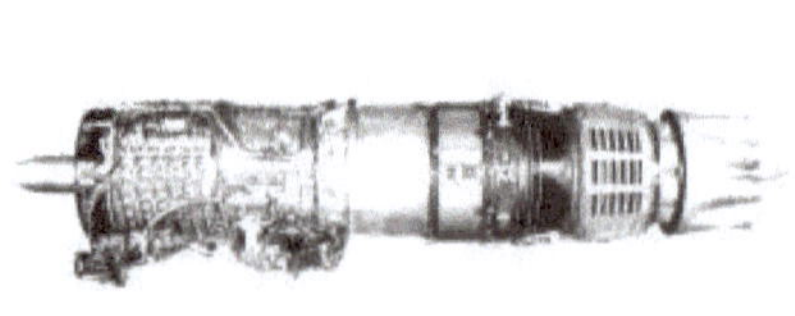

General Electric CJ 805-3
Erstlauf 20.5.1955
Einkreiser mit 1 Welle
Startschub 11650 lb (51.8 kN)
Gesamtdurchsatz 76 kg/sek
Verdichtergesamtdruckverhältnis 13.5
Turbineneintrittstemperatur 1260 °K
Die zivile Variante des J-79 , ohne Nachbrenner, aber mit Schubumkehrer und Schalldämpfer

Die Convair CV-880 mit den CJ805 Triebwerken, eine elegante Maschine mit schlanken Gondeln. Erstflug ist am 27.1.1959.

Und dann setzt GE noch einen drauf. Für die CV-990, die noch geringfügig größer und schneller werden soll als die CV-880 entwickelt GE das CJ805-23, einen Aftfan mit einem Bypassverhältnis von 1.5. Das ist prinzipiell recht einfach: man nimmt das Originaltriebwerk CJ805 und baut hinten eine Extraturbine an, an deren Schaufelspitzen Fanschaufeln sitzen, die in einem getrennten, äußeren Kreis einen zweiten Durchsatz von 1.5 facher Menge zur Schuberzeugung benutzen.

General Electric CJ 805-23
Turbofan mit 1 Welle, Erstlauf 26.12.1957
Startschub 16100 lb (71.6 kN)
Gesamtdurchsatz 193.2 kg/sek
Bypassverhältnis 1.54
Verdichtergesamtdruckverhältnis 13.5
Turbineneintrittstemperatur 1260 °K
Die Aftfan-Variante des CJ-805, ohne Schubumkehrer und ohne Schalldämpfer

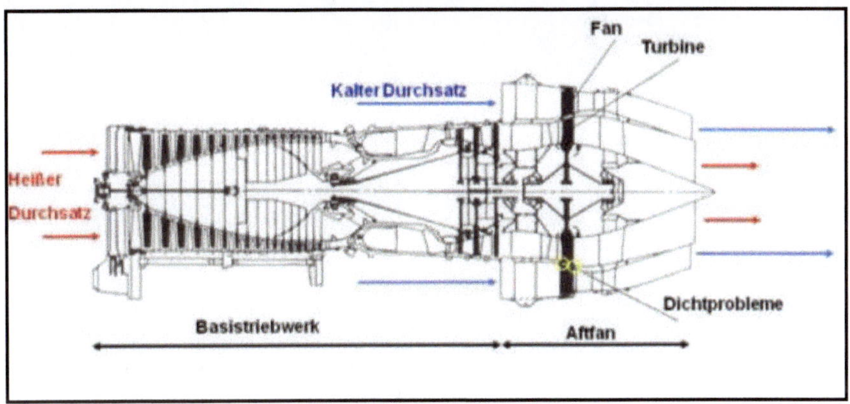

Das CJ805-23 im Querschnitt

Die Anordnung hat Vorteile und Nachteile. Der größte Vorteil ist die Einfachheit des Umbaus, das Basistriebwerk bleibt unverändert, es merkt nicht, was dahinter passiert. Die Nachteile aber sind zahlreicher: das Basistriebwerk erfährt keine Erhöhung des Druckverhältnisses, das es dringend braucht, um das Energieniveau zu erhöhen. Des weiteren ist die Anordnung der Fanschaufeln an den Spitzen der Turbinenschaufeln ein Albtraum für die Festigkeit und die thermische Dichtigkeit zwischen heißem Innenkreis und kaltem Fankreis. Und letzlich benötigt der Fan einen überlangen Ansaugkanal mit hohen Verlusten.

General Electric ist mit dem CJ805 und speziell mit dem Aftfan CJ805-23 nicht glücklich geworden. Beide Triebwerke sind teuer in der Wartung, denn sie müssen zivil 3000 Stunden im Jahr laufen, wo doch das militärische J79 auf 500-600 Stunden kommt. Die Turbinenschaufeln und Dichtungen des Aftfan sind eine Plage und kosteten viel Geld und Mühe. Allerdings hat General Electric bei der Betreuung dieser Triebwerke den Airlines bewiesen, dass sie ein verlässlicher Partner sind. Nach etwa 400 Triebwerken für die 102 Flugzeuge CV-880 und CV-990 ist die Produktion dann beendet.

Die Triebwerksgondeln der CV990 sind sichtbar dicker als bei der CV880. Besonders auffällig sind die Verdrängungskörper an den Flügelhinterkanten, die im Transschall (M=0.9 bis 1.1) für eine Einhaltung der Flächenregel sorgen. Sie werden „Küchemann Karotten" genannt nach dem deutschen Aerodynamiker Dietrich Küchemann, der ganz maßgeblich bei der Concorde mitgearbeitet hat.

Die Convair CV-990 mit den Aftfans General Electric CJ805-23. Erstflug ist am 24.1.1961.

Auf dem Flughafen von Palma de Mallorca 1981 rostet in einer Ecke eine CV-990 der Spantax still vor sich dahin, ein trauriges Ende des schnellsten amerikanischen Passagierflugzeuges (denn die Concorde war ja ein Europäer).

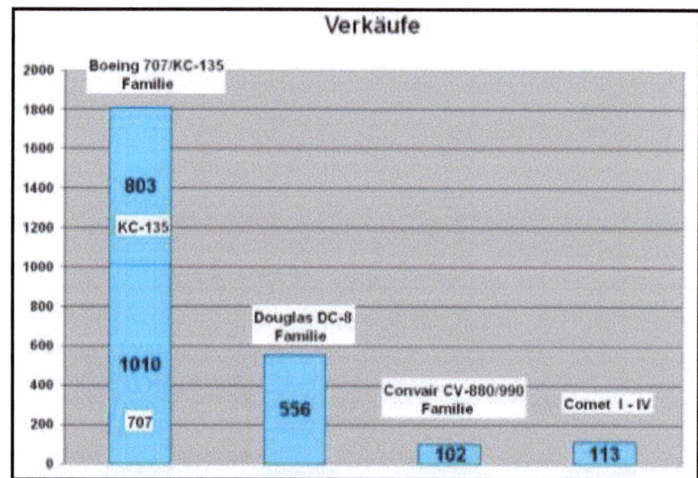

Die Verkäufe der vier Firmen

Fazit 2022: Mit der Indienststellung der CV990 Anfang 1963 ist die erste Generation der zivilen Strahlflugzeuge fertig. Technisch gesehen sind alle vier Flugzeugfamilien ein großer Erfolg, ihre Innovationen sind zukunftsweisend, wirtschaftlich gesehen aber sind nur die 707 und die DC-8 auf der Gewinnerseite, während die Verlierer Convair und De Havilland nie wieder Passagierflugzeuge bauen werden. Das obige Diagramm der Verkaufszahlen macht es überdeutlich.

80

3.2   Die zweite Generation

Mit der Indienststellung der Convair CV-990 Anfang 1963 ist die erste Generation der zivilen Strahlflugzeuge auf dem Markt. Die Comet hat teures Lehrgeld bezahlt, das allen späteren Generationen zugute kommt. Die unerbittliche Konkurrenz zwischen der Boeing 707 und der Douglas DC-8 hat erfolgreiche Flugzeuge entstehen lassen, die zu einer neuen Ära des Reisens führen, die CV-880 und CV-990 haben allerdings den Zeitvorsprung der Vorgänger nicht mit Geschwindigkeitsvorteilen von marginaler Größe wettmachen können.

Die großen Vierstrahler haben das Rennen eröffnet und es kommt zu einem Dominoeffekt. Nachdem das Strahltriebwerk sich auf der härtesten Strecke, der Langstrecke über Atlantik und Pazifik zu bewähren beginnt, denken die Konstrukteure in den USA, aber auch in Europa schon darüber nach, das Strahltriebwerk auch auf kürzeren Strecken zum Einsatz zu bringen.

Vorreiter auf dem Gebiet der Kurz- und Mittelstrecken-Strahlflugzeuge sind die Franzosen. Sie haben das Potential erkannt, das durch die Entwicklung der Comet offenbar geworden ist und wissen um die Arbeiten in den USA. Zur Vermeidung einer direkten Konkurrenz mit den mächtigen US Firmen konzentrieren sich die Franzosen auf ein kleines Flugzeug mit 52 Sitzen und einer Reichweite unter 2000 km. Die Spezifikation der französischen Regierung wird noch 1951 definiert und Anfang 1953 wird der Bauauftrag an die Firma SNCSAE (die ab 1957 Sud Aviation heißt und danach bei Aerospatiale landet) vergeben.

Die Maschine heißt SE210 Caravelle und ist das erste Strahlflugzeug mit Triebwerken am Heck. Es gibt eine enge Zusammenarbeit mit De Havilland in England, die soweit geht, dass die ersten 63 Cockpits der Caravelle von der Comet gekauft werden und die Ermüdungsversuche in den gleichen Wassertanks wie bei der Comet durchgeführt werden. Auch die Triebwerke werden übernommen: der Erstflug der Caravelle findet am 27.5.1955 mit zwei Rolls-Royce Avon RA.26 statt. Dieses Avon wird dann im Laufe der Jahre bis zum RA.29/6 MK 533 R weiterentwickelt.

Rolls-Royce Avon RA.29/6
Mk 533 R
Einkreiser mit 1 Welle, Erstlauf 1946
1 Axialverdichter , 1Axialturbine
Startschub 12600 lb (56.0 kN)
Durchsatz 84 kg/sek
Verdichtergesamtdruckverhältnis 10.33
Die schubstärkste Version des Avon

Die Caravelle mit den schlanken Avon Triebwerken am Heck.

Mit 12600 lb Schub ist das Avon nach über 10 Jahren wohl am Ende seiner Möglichkeiten angekommen und man sucht nach schubstärkeren Alternativen. Als Pratt&Whitney einen Tubofan für die Boeing 727 entwickelt, übernimmt die Caravelle dieses Triebwerk und fliegt ab 3.3.1964 mit mehreren Versionen des JT8D.

Pratt&Whitney JT8D-1
Turbofan mit 2 Wellen, Erstlauf 1961
Startschub 14000 lb (62.3 kN)
Durchsatz 143 kg/sek
Bypassverhältnis 1.1
Verdichtergesamtdruckverhältnis 16.2
Eine Neuentwicklung von P&W für die Boeing 727, dann auch für die Douglas DC-9 und die Caravelle

Eine Caravelle 1977 in Palma de Mallorca. Deutlich erkennbar der saubere Flügel, der von keinem Triebwerk, keiner Gondel gestört wird. Am Heck die dickeren Gondeln des JT8D. Mit der Version JT8D-9 kann die Caravelle am Ende ihre Kapazität auf 140 Passagiere steigern.

Als die amerikanische Airline TWA Caravelles bestellt, erprobt man den Aftfan General Electric CJ805-23, der vorher nur auf der Convair CV-990 zu finden war. Ein seltenes Foto zeigt die Installation: im Vordergrund ein unverkleidetes Triebwerk und dahinter die vollständige Version mit Gondel.

Einbau des CJ805-23 in einer Caravelle

Die Testmaschine der Caravelle mit dem GE CJ805-23 Aftfan trägt den Namen „Santa Monica" und fliegt am 29.12.1960. Als TWA den Auftrag storniert, bleibt diese Flugzeug-Triebwerk-Kombination ein Unikum.

Mit dem CFM56 ist die Caravelle dann aber wirklich nur eine Testmaschine, eine Serienversion dieser Kombination ist nie vorgesehen. Die detaillierte Geschichte dieses Triebwerks und dieser Testmaschine findet sich im Kapitel 4.4 CFM International.

Vom Datum des Erstfluges her gehört die Caravelle noch in die erste Generation der Strahl-flugzeuge, von der Größe und Reichweite her allerdings zur zweiten Generation, die sich Ende der 60er Jahre aufspaltet in Kurz-und Mittelstreckenmodelle, in Großraumflugzeuge und in die einzigartige Überschall-Concorde.

Die zeitlich nächsten Flugzeuge sind ebenfalls Europäer. Am 9.1.1962 startet erstmals die Hawker Siddeley Trident, sie ist 13 Monate vor ihrer Konkurrenz, der Boeing 727, in der Luft. Die Trident ist auf die Anforderungen der Airline BEA zugeschnitten und soll gut 100 Passagiere 1500 km weit befördern. Als Triebwerke gibt es eine Neuerung: das Rolls Royce Spey, ein Turbofan mit einem Bypassverhältnis von 1.0.

Rolls-Royce Spey Mk505
Turbofan mit 2 Wellen, Erstlauf Dez 1960
Startschub 9850 lb (43.8 kN)
Gesamturchsatz 92 kg/sek
Bypassverhältnis 1.0
Verdichtergesamtdruckverhältnis 16.8
**Der Spey wurde für die Trident
entwickelt, fand aber viele zivile und
auch militärische Anwendungen**

Eine Hawker Siddeley Trident in den Farben der BEA. Ihre äussere Konfiguration ist der Boeing 727 sehr ähnlich, ihr kommerzieller Erfolg beträgt 6.4 % der 727 (Verkäufe : Trident : 117 Stück , Boeing 727 : 1832 Stück).

Der nächste Erstflug findet am 29.6.1962 mit der VC10 statt. Die englische Firma Vickers hat sie gemäß den Anforderungen der BOAC entwickelt als Langstreckenflugzeug für das British Empire unter spezieller Berücksichtigung von Flughäfen der Kategorie „Hot and high" (also Flughäfen mit heißem Klima in größeren Höhen), sie soll 135 Passagiere über 6300 km tragen. Wegen der „Hot and high"- Forderung werden 4 starke Triebwerke Rolls-Royce Conway mit je 21800 lb (97.0 kN) am Heck installiert, eine derartige Installation ist neu und wird nur einmal noch bei der Iljuschuin Il-62 verwendet. In den Daten Flügelfläche und Abfluggewichte ähnelt die VC10 stark ihrer Konkurrentin der Boeing 707, sie ist aber deutlich langsamer : der Janes nennt eine Maximalgeschwindigkeit von 930 km/h (707 : 1010 km/h) und eine ökonomische Geschwindigkeit von 685 km/h (707 : 865-897 km/h). Das harte Urteil der Geschichte lautet : nur 64 VC10 werden verkauft, davon 28 an die Royal Air Force als Transporter und Tanker.

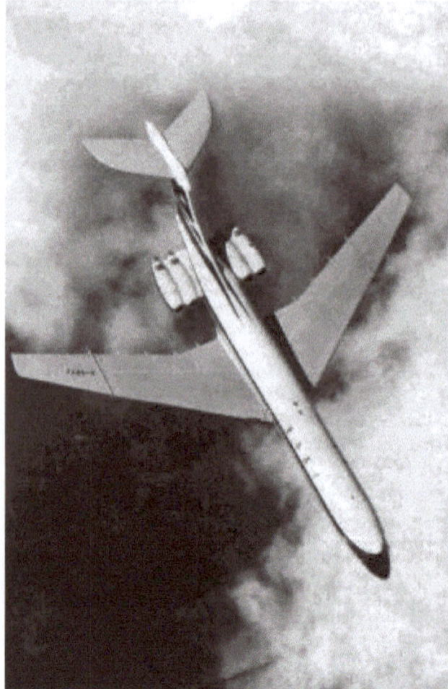

Vickers VC10

Die Vickers VC-10 in der Draufsicht links zeigt den sauberen Flügel und die Zwillingsgondeln am Heck. Das obige Foto aus der Sicht eines Flugzeuges, das auftanken will, zeigt den mächtigen Pylon zwischen dem Heck und den Zwillingsgondeln. Ob aus Sicherheitsüberlegungen heraus eine solche Installation von Triebwerken direkt nebeneinander heute noch zugelassen würde, ist fraglich. Wenn ein Triebwerk zerlegt, ist der Nachbar schnell mit betroffen.

Schon im Mai 1958 beginn Boeing über ein Strahlflugzeug nachzudenken, das kleiner als die 707 sein soll und die Kurz- und Mittelstrecken vor allem in den USA bedienen soll. Die Maschine erhält die Nummer 727, denn die 717 ist schon vergeben, wird dann aber zur (militärischen) KC-135 umbenannt. Die aus der 707 abgeleitete 720 ist mit 165 Sitzen und einer Reichweite von 6500 km den Airlines noch zu groß, so dass Boeing die Entwicklung der 727 mit einer verkleinerten (immer noch 4-motorigen) 720 beginnt. Die Forderungen der Airlines aber sind schwer zu erfüllen. United bevorzugt wegen der „Hot and high"-Bedingungen in Denver ein 4-motoriges Flugzeug, Eastern will aus ökonomischen Gründen ein 2-motoriges Modell. Der Kompromiss ist die 727 mit 3 Triebwerken des Typs Pratt&Whitney JT8D am Heck. Pratt hat diesen Turbofan zuerst für die 727 entwickelt, später wird das JT8D auf vielen anderen Flugzeugen installiert.

Die 727 übernimmt vom großen Bruder 707 den Rumpfquerschnitt und das Cockpit, der Flügel allerdings erhält das aufwändigste Klappensystem bis dato. Das erste Modell hat bis zu 125 Sitze und fliegt 2700 km weit. Die erste 727 fliegt am 9.2.1963 und wird am 24.12.1963 von der FAA zugelassen. Am 1.2.1964 beginnt Eastern Airlines mit dem Liniendienst. Lufthansa folgt wenig später am 16.4.1964.

Eine Boeing
707 erprobt das Heck-
triebwerk der 727.

Eine Boeing 727 der Lufthansa 1966 in Hamburg Fuhlsbüttel.

Diese Flugaufnahme einer 727 der American Airlines zeigt deutlich den sauberen Flügel und die 3 Triebwerke am Heck.

Die Boeing 727 wird ein großer Erfolg, es werden bis 1984 weltweit 1832 Flugzeuge verkauft. Es gibt in all den Jahren nur eine Verlängerung um etwa 6 m, was die Kapazität von 131 auf 189 Passagiere erhöht. Und es gibt bis 1984 nur das JT8D als Triebwerk, allerdings wird es im Schub verbessert, das erste JT8D-1 hat 14000 lb (62.3 kN) , das letzte JT8D-17R hat 16400 lb (73.0 kN), das ist eine Steigerung um 17 %.

Schon 1980 ergibt sich die Notwendigkeit, die Triebwerke zu ersetzen oder zumindest zu modernisieren, denn es zeichnet sich ab, dass die seit 1973 formulierten Lärmvorschriften alle 727 nach 2000 aus dem Verkehr ziehen würden. Die Maschine ist zu laut und gehört in die Kategorie FAR 36 Stage II und ab 2000 soll nur noch die leisere Stage III erlaubt sein.

Große Flotten der 727 fliegen bei den Paketfirmen United Parcel Service (UPS) und Federal Express (Fedex) und beide Firmen unternehmen große Anstrengungen, die drohende Ausmusterung ihrer 727 zu verhindern. Nach langwierigen Untersuchungen finden UPS und Fedex zwei völlig unterschiedliche Lösungen.

UPS gelingt die Umrüstung auf ein Triebwerk mit höherem Bypassverhältnis : es ist das Rolls-Royce Tay 651, eine Weiterentwicklung des Spey. Es hat mit 15100 lb (67.2 kN) mehr Schub als das JT8D-1 mit 14000 lb (62.3 kN)) und das Bypassverhältnis beträgt 2.92 statt 1.1, das senkt den Lärm. Der Durchmesser des Tay liegt nur um 5cm über dem JT8D, aber der Durchsatz ist 30% höher und verlangt eine Anpassung, die Einläufe des Tay müssen größer gestaltet werden. Die texanische Firma Dee Howard rüstet alle 44 Boeing 727-100 und 2 Boeing 727-200 um, die alle im Jahr 2006 noch in der Flotte von UPS fliegen.

Eine 727 mit dem JT8D mit dem graden Einlauf des Mitteltriebwerks

Eine 727 von UPS mit dem dickeren Einlauf des Mitteltriebwerks. QF heißt Quiet Freighter = Leiser Frachter.

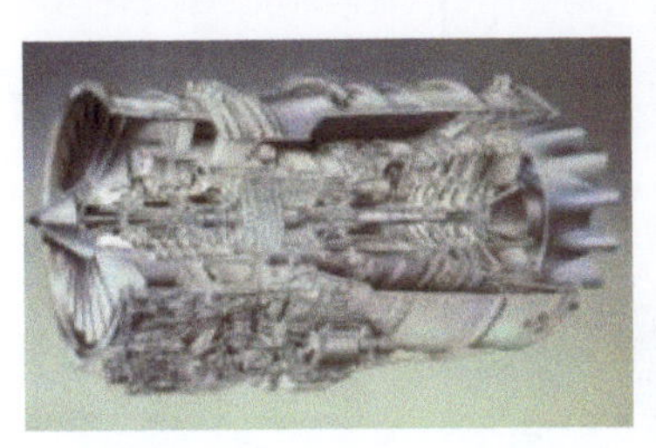

Rolls-Royce Tay 610-651
Turbofan mit 2 Wellen, Erstlauf Aug 1984
Startschub 12420-15400 lb (55.2-68.5 kN)
Gesamturchsatz 176-193 kg/sek
Bypassverhältnis 3.18-3.07
Fandurchmesser 1.12 -1.14 m
Verdichtergesamtdruckverhältnis 14.6-16.6
Turbineneintrittstemperatur : 1280-1413 °K
Der Tay war der Spey mit größerem Fan und höherem Bypassverhältnis

FedEx erfindet eine andere Lösung, die deutlich weniger kostet als neue Triebwerke: sie entwerfen einen „Hushkit", eine neue Gondel mit lärmdämpfenden Elementen,

Nach der Umrüstung sind die Gondeln der 727 erkennbar länger als vorher, was vor allem am Mitteltriebwerk auffällt. Die Firma FedEx hat ihre eigene Flotte von 85 Boeing 727-200 umgebaut und danach den Umbausatz anderen Airlines angeboten und seitdem fast 250 B727 ins 21. Jahrhundert gerettet.

Ein halbes Jahr nach der Boeing 727 folgt mal wieder ein Erstflug in Europa : in England startet am 20.8.1963 die BAC 1-11 (One Eleven). Die Studien haben schon 1956 begonnen, am Anfang ist als Nachfolge der Vickers Viscount eine Größe von 48 Passagieren und eine Reichweite von 1600 km angedacht. Die Diskussion mit den potentiellen Airlines (vor allem BEA) ergibt dann ein Flugzeug mit etwa 80 Sitzen und einer Reichweite von 1400 km. Die erste BAC 1-11 Serie 200 wird von 2 Rolls-Royce Spey-25 Mk 506 mit je 10410 lb (46.3 kN) angetrieben, die am Heck installiert sind. Das ergibt den kürzest möglichen Bodenabstand. Zwischen Erstflug und der Zulassung am 22.1.1965 liegen 18 Monate, eine lange Zeit, denn der Prototyp stürzt bei einem Testflug mit hohem Anstellwinkel ab, weil das Höhenleitwerk in den Windschatten des Flügels geraten ist und die Maschine daraufhin umkonstruiert werden muss.

Berlin auf dem Flughafen Tempelhof am Wochenende 13./14.Juli 1968 : BEA zeigt den Berlinern ihre neue One Eleven. Man beachte den geringen Bodenabstand.

Die erste Serie 200 der BAC 1-11 wird im Laufe der Jahre weiter entwickelt über die Serien 300, 400, 475 bis zur 500. Zum Schluß kann die Serie 500 bis zu 119 Passagiere über 2700 km befördern. Die Verkaufszahlen erreichen für ein europäisches Strahlflugzeug einen neuen Rekord : 244 Stück, wobei 10 Exemplare in Lizenz in Rumänien gefertigt werden. Das Rolls-Royce Spey 512DW für die Serie 500 erreicht 12550 lb Schub (55.8 kN). Dieser Spey macht die BAC 1-11 dann auch zu einem der lautesten Flugzeuge der Zeit.

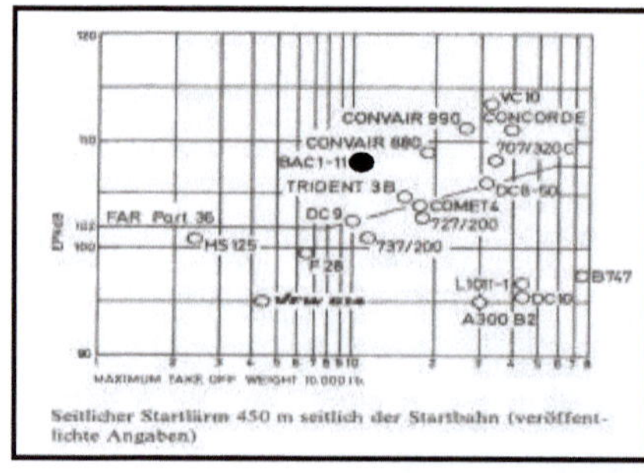

Seitlicher Startlärm 450 m seitlich der Startbahn (veröffentlichte Angaben)

Die BAC 1-11 ist beim Start so laut wie die Convair 880 oder die Boeing 707-320C und wird nur von Convair 990, Concorde und VC-10 übertroffen. In Bremen ist sie über viele Jahre der absolute Krachmacher.

Auf diesem Foto gut zu erkennen : das Heck der BAC 1-11 mit dem T-Leitwerk und den zwei Rolls-Royce Spey. Die schwarzen Flächen auf und unter der Gondel sind die Kaskaden der Schubumlenker.

So macht die texanische Firma Dee Howard , wie bei der Boeing 727, auch bei der BAC 1-11 den Versuch, durch die Umrüstung auf ein neueres Triebwerk den Lärm soweit zu reduzieren , dass die Lärmvorschriften FAR 36 Stage 3 erfüllt werden und das Modell wieder Zukunftschancen hat. Die Wahl fällt wieder auf den Rolls-Royce Tay, der Erstflug ist am 2.7.1990, aber es gibt nur 2 potentielle Verkäufe und das Projekt wird nach dem zweiten Exemplar beendet.

Oben der Prototyp der BAC 1-11 mit dem Rolls-Royce Tay 650 mit 15100 lb Schub (67.2 kN). Die Gondel ist deutlich dicker als beim Spey.

18 Monate nach der BAC-1-11 am 25.2.1965 startet die amerikanische Konkurrenz aus dem Hause Douglas. Es ist die DC-9, die mit 80-90 Passagieren die Kurz- und Mittelstrecken bedienen soll. Douglas hat wie Boeing mit einer verkleinerten DC-8 begonnen, ist dann aber aus Kostengründen zu einer 2-motorigen Auslegung mit T-Leitwerk übergegangen. Als Triebwerk wählt man das Pratt&-Whitney JT8D, das seit zwei Jahren auf der Boeing 727 fliegt.

Der Prototyp der DC-9 , eine kleine Maschine mit großer Zukunft. Der niedrige Bodenabstand ergibt beste Wartungsmöglichkeiten und ermöglichte das Beladen des Gepäcks ohne Hilfsmittel.

Schon 1965 ist die Firma Rohr berühmt für ihren Gondelbau. Hier auf dem Foto ein komplett ausgestattetes JT8D, die zweiteilige Gondel-verkleidung ist für Wartungsarbeiten aufgeklappt und arretiert. Der Einlauf links lässt sich nur als ganzes Teil nach vorne wegziehen. Der Schubumkehrer rechts hinten ist im ausgefahrenen Zustand.

Eine der ersten
DC-9 mit dem JT8D-5 in
Bremen 1971.

Eine große Zukunft liegt vor der DC-9, die Produktion geht bis zum Mai 2006, als die letzten MD-95 alias Boeing 717 ausgeliefert werden, läuft also über 41 Jahre. 3 verschiedene Turbofans und 2 Propfans fliegen an der DC-9, und sie wird unter 3 verschiedenen Firmennamen gebaut. Ein Geheimnis ihres Erfolges ist ihre einmalige Flexibilität, sie passt sich den vielfältigen Airline-wünschen an, wo es nur möglich ist. Die Heckinstallation der Triebwerke erlaubt dort, jede Alternative zu verwenden, vom Durchmesser her gibt es keine Beschränkungen, was dann auch die Testinstallation der Propfans ermöglicht.Das Foto unten zeigt eine MD-80 mit dem JT8D-209, einer Weiterentwicklung des Basis JT8D mit größerem Fan, höherem Bypassverhältnis und besserem Verbrauch.

MD-80 mit dem JT8D-209

Die MD-80 Familie besitzt eine ungewöhnliche Heckform. Dieses endete nicht in einer Spitze oder einem Konus, sondern in einer Art Schneide. Die spitzen Körper an der Düse des JT8D enthalten die Mechanik des Schubumkehrers.

Die nächste Abbildung zeigt für typische Reisebedingungen (M=0.80 in 30000 feet Höhe) den spezifischen Kraftstoffverbrauch in lb/h/lb. Wenn man bei typischem Reiseschub (der schraffierte Bereich) vom alten JT8D-9 übergeht zum neuen JT8D-209, spart man etwa 6 % Kraftstoff. Das ist eine Größenordnung, die nicht mehr vernachlässigt werden kann.

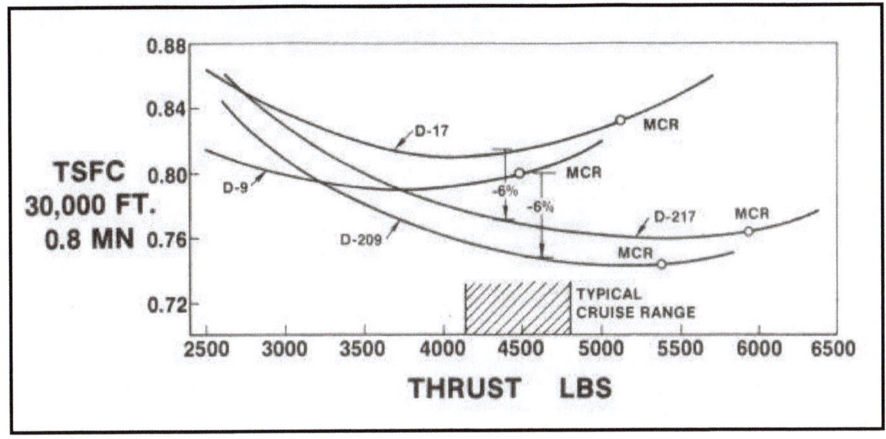

Spezifischer Kraftstoffverbrauch verschiedener JT8D

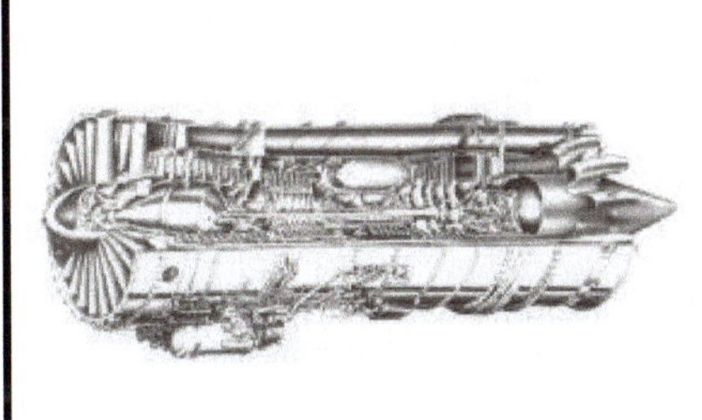

Pratt&Whitney JT8D-209/217/219
Turbofan mit 2 Wellen, Erstlauf Mai 1976
Startschub 18500-21000 lb (82.3-93.4 kN)
Durchsatz 213-219 kg/sek
Bypassverhältnis 1.78
Verdichtergesamtdruckverhältnis 17.1-19.4
Die Weiterentwicklung des JT8D mit größerem Fan und höherem Bypass-verhältnis

General Electric UDF

PW-Allison 578-DX

Die obigen Fotos zeigen die beiden Propfans, die von MDD an der MD-80 getestet werden, Die Akzeptanz dieses neuen Triebwerkstyps bei den Airlines ist skeptisch oder lauwarm. Als MDD verkündet, man könne auch das V2500 installieren, ist die Ära der Propfans vorerst beendet.

Oben die endgültige MD-90 mit dem Turbofan IAE V2500, das die Propfans 1989 aus dem Rennen geworfen hat. Es hat viele Gründe dafür gegeben, der Ölpreis ist langfristig sogar im Rückgang und die Airlines können sich mit diesen krummen Propfans nicht anfreunden. Erstflug der MD-90 ist am 22.2.1993.

IAE V2500
Turbofan mit 2 Wellen, Erstlauf 14.12.1985
Mit neuem HDV+Booster: 19.12.1987
Startschub 25000 lb (111.2 kN)
Gesamtdurchsatz 359 kg/sek
Bypassverhältnis 5.4
Verdichtergesamtdruckverhältnis 35.8
Turbineneintrittstemperatur 1537 °K
Fandurchmesser 63.5 in (1.61 m)
Das Konkurrenzmodell zum CFM56 auf der A320 Famile, auch auf der MD-90

Das zweite Modell der alten Familie, die DC-9-30, erlebt dann noch, völlig überarbeitet und mit dem nagelneuen BMW-Rolls-Royce BR715 Turbofan aus Berlin Dahlewitz den Sprung ins neue Jahrtausend. Erstflug ist am 2.9.1998 unter der Bezeichnung MD-95 (unten).

Nach dem Kauf von McDonnell-Douglas Anfang 1997 hat Boeing im gleichen Jahr die MD-90 Produktion beendet und verpasst der MD-95 einen neuen Namen, sie heißt jetzt Boeing 717. Bis Oktober 2004 werden davon immerhin noch 155 Exemplare verkauft (unten).

Ende 1964 beginnt Boeing mit steigender Sorge die Entwicklungen der Konkurrenz auf dem Sektor der kleineren Kurzstreckenflieger zu verfolgen. Die Reihe wird immer länger: Caravelle, BAC 1-11 und jüngst die DC-9. Da muss Boeing dagegenhalten und kehrt zu den Zeichenbrettern zurück. Die erste wichtige Entscheidung ist der Rumpfquerschnitt, der von der 727 übernommen wird, aber deutlich gekürzt wird. Damit kann eine Touristen Klasse mit 6 Sitzen pro Reihe angeboten werden. Die zweite Entscheidung betrifft die Lage der Triebwerke. Eine Anbringung am Heck, wie es die Konkurrenz vorführt, scheidet aus, da der Einlauf der Triebwerke zu nahe an die Flügelhinterkante und in ihren Nachlauf geraten würde. Eine Installation an einem Pylon unter dem Flügel hätte ein hohes Fahrwerk und gestörten Zugang zu den vorderen Türen bedeutet. Joe Sutter, der Vater der 747, findet dann den besten Kompromiss: ein direkter Kontakt zwischen Triebwerk und Flügelunterseite, ohne Zwischenraum und ohne Pylon. Die einzige Bedingung, die erfüllt werden muss, ist die Lage der Turbinenstufen hinter dem Hinterholm des Flügels, um bei einer Scheibenzerlegung in der Turbine den Holm nicht zu treffen. Die Länge des JT8D lässt dann den Einlauf noch komfortabel so weit vor dem Flügel liegen, dass völlig ungestörte Luft angesaugt werden kann. Der Nachteil der Kurzkopplung mit dem Flügel liegt in der Aerodynamik, denn die Flügelunterseite wird völlig zerstört und die Oberseite blieb auch nicht unbeeinflusst. Die Zusatzwiderstände des Flügels werden nie dokumentiert, dürften aber nicht unerheblich sein. Aber sie sind zweitrangig, die Gesamtkonfiguration ist gerettet.Und die 737 wird der größte Verkaufsschlager von Boeing, es werden bis April 2022 insgesamt über 10992 verkauft.

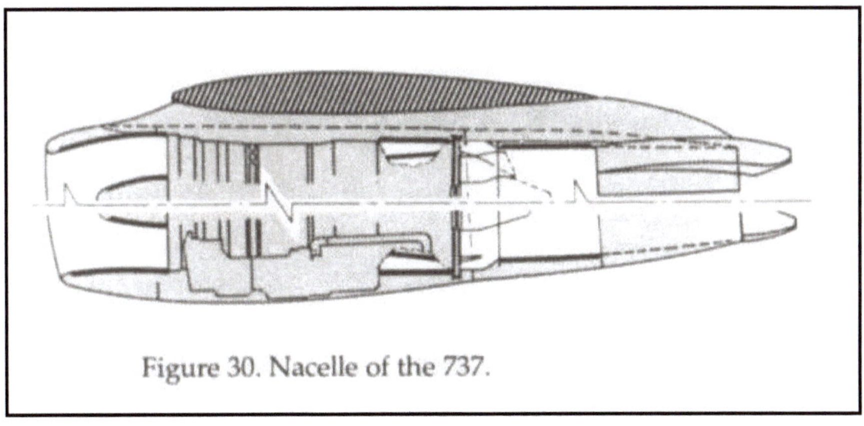

Figure 30. Nacelle of the 737.

Das Pratt&Whitney JT8D unter dem Flügel der Boeing 737.

Boeing 737 in der Halle   B737 Erstflug

Anfang 1967 steht der Prototyp der Boeing 737 fertig in der Montagehalle und am 9.4.1967 ist der Erstflug. Den letzten Ausschlag für den Bau hat die Lufthansa gegeben mit einem Auftrag über 22 Maschinen. Als 737-100 geht sie am 10.2.1968 bei der Lufthansa in den Liniendienst, wird aber schnell durch die längere 737-200 ersetzt. Bis 1984 bleibt das JT8D das einzige Triebwerk der 737.

So sieht das JT8D beim Erstflug der 737 aus, es besitzt eine relativ kurze Düse.

Nachdem Boeing bei der Schubumkehr und dem Widerstand Schwierigkeiten festgestellt hat, wird der hintere Teil der Gondel um 1 m verlängert.

Da die 737 mit dem JT8D nur die Lärmvorschriften gemäß FAR Part 36 Stage 2 erfüllt und dann ab 1999 verboten worden wäre, wird ein Hushkit erfunden, der als Ejektor mit zusätzlicher innerer Lärmdämpfung funktioniert. Diese Notlösung, sagt man, sei nicht sehr beliebt gewesen.

Am 27.11.1979 findet der Erststart einer Boeing 707 mit dem neuen CFM56 Hochbypass-Turbofan statt. Es ist für Boeing der Beginn eines neuen Zeitalters, obwohl diese zivile 707 nie in Serie geht. Die militärischen Versionen allerdings, vor allem die Tankerversionen, werden ein großer Erfolg. Da wundert es nicht, dass Boeing das CFM56 auch als Möglichkeit für die 737 untersucht.

Bei der 737 ist eine Umrüstung auf ein Triebwerk mit deutlich größerem Durchmesser allerdings nicht ganz so einfach wie bei der 707. Der Bodenabstand der 737 soll erhalten bleiben. Aber das CFM56 der 707 besitzt einen Fandurchmesser von 68.2 in (1.73 m) und passt mit Gondel knapp unter den 737 Flügel. Es müssen viele Kompromisse gemacht werden, um dieses Problem zu lösen. Als erstes erklärt sich CFM bereit, den Fan auf 60 in (1.52 m) zu kürzen und den Geräteträger von unten an die Seite zu verlegen, so dass die Gondel unten deutlich schlanker wird. Dann wird das Triebwerk an einem flachen Pylon weit nach vorne verlegt und schließlich noch um 5° gekippt, um den Einlauf etwas weiter vom Boden weg zu verlegen. Die Lösung funktioniert und bleibt bis heute rekordverdächtig mit 18 in (46 cm) Abstand zwischen dem untersten Punkt der Gondel und dem Boden.

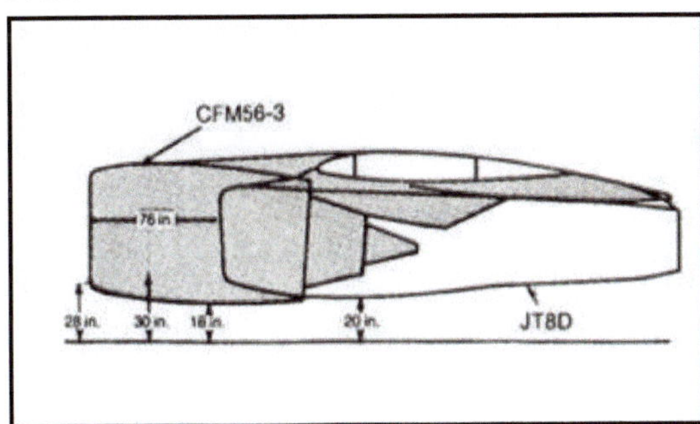

Seitenabsicht von JT8D und CFM56-3 unter dem Flügel der B737-300. Erstflug ist am 24.2.1984.

Weitere Einzelheiten der Geschichte des CFM56 an der 737 finden sich im Kapitel 4.4 CFM International.

Der nächste Erstflug findet mal wieder in Europa statt. Die holländische Flugzeugfirma Fokker wagt sich auf das Terrain der reinen Strahlflugzeuge, nachdem sie mit der F27 den größten Verkaufserfolg eines Turboprops in Europa erreicht haben. Nur einen Monat nach dem Erstflug der Boeing 737 am 9.4.1967 hebt am 9.5.1967 in Amsterdam die Fokker F28 zum ersten Mal ab, von der dann bis zum Ende der Firma Fokker im Januar 1996 in verschiedenen Versionen (einschließlich Fokker 100 und Fokker 70) 566 Exemplare verkauft werden. Die erste F28 kommt auf 241 Verkäufe.

Die F28 ist ein kleines Flugzeug mit 60-65 Sitzen in der ersten Version. Als Triebwerke hat Fokker ein Rolls-Royce Spey gewählt, der ja schon in der Trident und in der One-Eleven verwendet wird. Es ist eine abgespeckte Variante und erhält den Namen Spey Junior. Die nachfolgende Tabelle zeigt alle Spey Varianten und ihre Anwendungen, auch die militärischen.

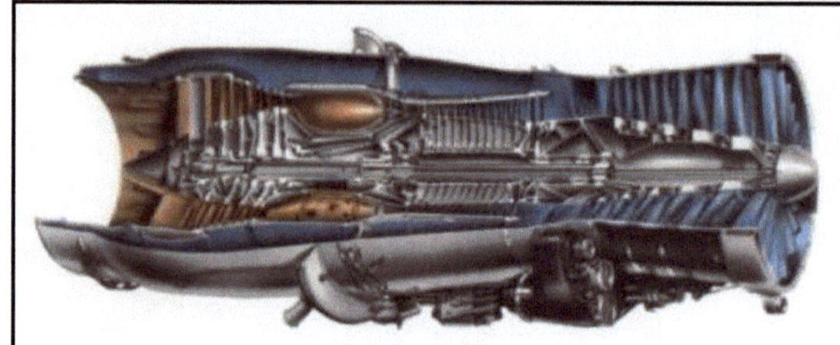

Die Spey Familie

THE SPEY TURBOFAN

TYPE	MARK NUMBER	AIRCRAFT INSTALLATION	MINIMUM TAKE-OFF THRUST	REMARKS
SPEY -1	505	HS Trident	9850 lb.	Basic Engine 4-stage L.P. compressor
SPEY -2	506	BAC One-Eleven	10.410 lb.	Similar to Spey -1, but with modified turbine
SPEY -25	510	HS Trident BAC One-Eleven	11,000 lb.	Similar to Spey -2, but with 5-stage L.P. compressor Available with water injection
SPEY -25	511	HS Trident BAC One-Eleven Grumman Gulfstream II	11,400 lb.	Similar to Spey -2, but with 5-stage L.P. compressor Available with water injection
SPEY -25	512	HS Trident	11,930 lb.	Similar to Spey Mark 511, but with detail aerodynamic improvements to the compressors
SPEY JUNIOR	550	Fokker F.28 Fellowship Lear Liner Model 40	8740 lb.	Lightened version of Spey -1
SPEY	101	HS Buccaneer S2		
SPEY	201	McDonnell Phantom II		CLASSIFIED
SPEY	250	HS 801		

Rolls-Royce Spey 555-15 Junior
Turbofan mit 2 Wellen, Erstlauf 1966
Startschub 9900 lb (44.0 kN)
Gesamturchsatz 90 kg/sek
Bypassverhältnis 1.0
Verdichtergesamtdruckverhältnis 15.4
**Der Spey Junior ist eine vereinfachte,
wartungsgünstige Version des Spey**

Das obige Foto zeigt eine der ersten F28 und lässt die am Heck installierten Spey Junior gut erkennen. Interessant ist das Fehlen von Schubumkehrern, die Fokker wegen der guten Start-und Landeeigenschaften der F28 meinte entbehren zu können. Beim Nachfolgemodell Fokker 100 allerdings werden Schubumkehrer wieder eingeführt.

Ein weiteres Unikum der F28 sind die Bremsklappen am Heck.Sie haben eine hohe Bremswirkung und tragen zu den guten Landestrecken bei.

Landung einer F28 mit Bremsklappen am Heck.

Den vorletzten Erstflug eines europäischen Verkehrsflugzeuges vor dem Airbus A300 macht die Dassault Mercure, die am 28.5.1971 erstmals abhebt. Spät ist die Firma Dassault-Breguet, die bis 1969 Geschäftsreiseflugzeuge vom Typ Falcon gebaut hat, auf die Idee gekommen, der Boeing 737 mit einem etwas größeren Modell Konkurrenz zu machen. Die 737-100 fasst bis 124 Sitze, die 737-200 kommt auf bis 136 Sitze und die Mercure wird für 150 Sitze ausgelegt. Sie besitzt eine deutlich größere Bodenfreiheit, die es ermöglicht, die Triebwerke vom Typ JT8D-15 an Pylons aufzuhängen, statt sie wie bei der 737 direkt mit dem Flügel zu integrieren. Das ergibt eine bessere Aerodynamik wegen deutlich reduzierter Interferenzwiderstände.

Auf dem obigen Foto eine Mercure der Air Inter, die 11 Maschinen dieses Typs bis 1995 besaß, einschließlich des Prototyps. Mehr wurden nicht verkauft, die Mercure ist ein gigantischer Flop. Interessant ist auch heute noch der Vergleich der Triebwerksinstallation zwischen der Mercure und der 737.

Das JT8D an der Mercure mit Pylon und großzügigem Abstand zur Flügelunterseite. Auffällig ist der lange Heckkonus. Der Kaskadenschubumkehrer ist in der silber-glänzenden Düsenverkleidung verborgen.

Das JT8D an der 737 : ohne Pylon direkt am Flügel mit hohem Extra-widerstand. Wegen des Schubumkehrers, der hinter dem Flügel schräg nach oben bläst, musste die Gondel so lang werden.

Der letzte Erstflug vor der A300 gehört der VFW614 aus Deutschland. Sie ist allerdings nicht das erste deutsche Strahlflugzeug, dieser Ruhm geht an die ostdeutsche Baade 152, die schon am 4.12.1958 erstmals fliegt und in der Basisversion 48 Passagiere fassen soll. Sie ist ein Unglücksvogel, nur drei Exemplare werden gebaut, eine Maschine stürzt ab und das Gesamtprogramm wird im März 1961 auf Druck der UdSSR eingestellt, die das Geschäft mit Passagierflugzeugen entgegen früheren Absichtserklärungen doch nicht aus der Hand geben wollen, die DDR muss gehorchen.

Die Baade 152 V1, der 1.Prototyp mit Tandemfahrwerk unter dem Rumpf und russischen Triebwerken vom Typ Tumanski RD-9B (ohne Nachbrenner), da das DDR Triebwerk Pirna 014 noch nicht verfügbar ist. Man beachte die verglaste Nase.

Die Prototypen V4 und V5 bekommen ein Fahrwerk, das in die Triebwerksgondeln einfährt und eine normale Nase mit Radar und erst V4 bekommt das Pirna 014, mit dem die V4 nur noch zweimal fliegt, letzter Flug ist am 4.9.1960.

Rechts die V4 mit dem Pirna 014, dessen Strahl an der Fahrwerksgondel entlangströmt. Das Innere der Gondel mit dem darin befindlichen Fahrwerk muss mit einer Schutzwand vor dem heißen Strahl geschützt werden. Der Zusatzwiderstand dürfte erheblich gewesen sein. Es war eine selten unglückliche Installation.

Kaum 2 Jahre später 1962 beginnt die westdeutsche Firma Weser Flugzeugbau mit den Arbeiten an einem einem 44-Sitzer, der für Kurzstrecken und wenig präparierte Flughäfen geeignet ist. Das Flugzeug heißt WFG 614 und wird bis 1966 mit dem Turbofan Lycoming PLF1B-2 gezeigt, schwenkt dann aber um auf das M45H, das von Rolls-Royce und SNECMA in Gemeinschaftsarbeit entwickelt wird. Nach der Fusion von Weserflug und Focke-Wulf 1963 zu den Vereinigten Flugtechnischen Werken VFW wird das Projekt umbenannt in VFW 614. Auffällig an der Konfiguration ist die Installation der Triebwerke über dem Flügel.

Der Erstflug der VFW 614 findet am 14.7.1971 in Bremen statt.

Die Lage der Triebwerke auf Pylons über dem Flügel hat zwei Vorteile: der Lärm wird durch den Flügel nach unten und zur Seite hin teilweise abgeschirmt und auf unbefestigten Flughäfen ist die Gefahr des Ansaugens von Fremdkörpern minimiert. Die Wartung und Kontrolle wird ebenfalls erleichtert, wie das rechte Foto zeigt.

Rolls-Royce/Snecma M45H
Turbofan mit 2 Wellen, Erstlauf Jan 1969
Startschub 7300 lb (32.5 kN)
Gesamtdurchsatz 106 kg/sek
Bypassverhältnis 2.85
Verdichtergesamtdruckverhältnis 18
Turbineneintrittstemperatur 1330 °K
Eine Spezialentwicklung nur für die VFW614

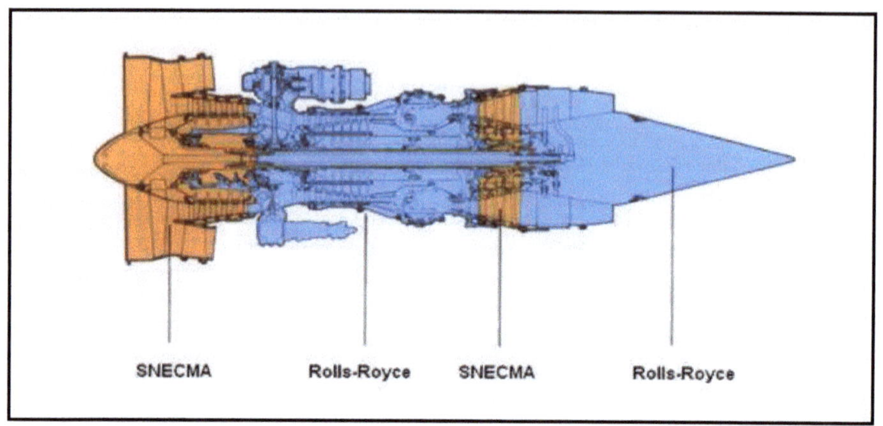

Das M45H ist eine Gemeinschaftsentwicklung von Roll-Royce und SNECMA und weist ein für die Zeit hohes Bypassverhältnis von 2.85 auf. Die Aufteilung der Komponenten ist auf der Darstellung oben zu sehen.

Wie die ostdeutsche Baade 152 findet die westdeutsche VFW 614 auch kein glückliches Ende. Ein Prototyp stürzt ab und nach der Fusion von VFW und Fokker zu VFW-Fokker erweist sich die Übertragung der Verkaufsaktivitäten der VFW 614 an die entsprechende Organisation bei Fokker als nachteilig, denn Fokker bietet bei Kundengesprächen immer erst ihre F27 und F28 an und erst dann die VFW 614. Ab 1977 werden 16 Maschinen ausgeliefert an die Airlines TAT, Cimber Air und Air Alsace, des weiteren an die Flugbereitschaft des BMVG und an die DFVLR. Als in den Jahren 1976 und 1977 keine nennenswerten Verkäufe stattfinden, wird das Programm VFW 614 Ende 1977 eingestellt. Nur mit massiver Hilfe durch die Regierung kann VFW-Fokker vor dem Bankrott gerettet werden. Die Ehe mit Fokker wird beendet und VFW fusioniert 1981 mit MBB.

Oben ein seltenes Bild: im Formationsflug die VFW 614, deren Produktion 1978 endet und der Prototyp der A300B, deren Produktion und Liniendienst im gleichen Jahr erst richtig loslegt.

Fazit 2022 : Auch auf den Kurz- und Mittelstreckenflugzeugen hat das Turbostrahltriebwerk in den 70er und 80er Jahren seinen Platz gefunden, kann aber die Propellerturbine bis heute nicht völlig verdrängen. Jede Airline kann jetzt wählen zwischen den etwas langsameren und wirtschaftlicheren PTL-Versionen und den etwas schnelleren Turbofan-Versionen.

3.3 Die drei großen Jets

Innerhalb von knapp 2 Jahren zwischen Februar 1969 und November 1970 erscheinen in den USA die ersten ganz großen Passagierflugzeuge. Den Reigen eröffnet Boeing mit der 747, die sich am 9.2.1969 erstmals in die Lüfte erhebt. Sie ist heute noch der unumstößliche Beweis dafür, dass man nicht aufgeben darf, auch wenn man ein Verlierer ist.

Neben Lockheed haben auch Boeing und Douglas an dem Wettbewerb um den militärischen Großtransporter CX-HLS (Experimental Cargo – Heavy Logistics System) teilgenommen. Boeing hat einen Doppeldecker (das ist die direkte Übersetzung des englischen Wortes double-decker, was 2 übereinander liegende Passagierdecks meint und nichts mit den Doppeldeckern aus der Frühzeit der Luftfahrt zu tun hat) konzipiert mit 4 Triebwerken vom Typ Pratt&Whitney JT9D mit einem Startgewicht von 227 to und einer Nutzlast von 82 to. Doch der US Verteidigungsminister Robert McNamara erklärt am 30.9.1965 Lockheeds Entwurf C5A Galaxy zum Gewinner, und Boeing und Douglas bleiben als Verlierer zurück.

Der Boeing Entwurf für den militärischen Großtransporter CX-HLS mit zwei Decks.

Da ist es ein großes Glück für Boeing, dass fast zeitgleich in der Welt der Airlines der Wunsch nach einem wirklich großen Flugzeug auftaucht. Es soll die grade sehr erfolgreich fliegenden Boeing 707 und Douglas DC8 mit ihren etwa 140 Sitzen deutlich übertreffen und am Ende wird das neue Flugzeug 2 ½ mal so groß mit seinen 350 Sitzen. Der größte Fürsprecher für diese Idee ist Juan Trippe, der große Boss von Pan American Airlines.

Schon vor der negativen CX-HLS Entscheidung hat Boeing mit ersten Studien zu einem neuen großen Flieger begonnen. Und vom Verliererentwurf wird dann letzlich nur das Triebwerk übernommen. Aus dem Hochdecker wird ein Tiefdecker und aus dem Doppeldecker ein Großraumflugzeug mit nur einem Deck, wobei allerdings im Vorderteil das Cockpit und ein kurzes Ersteklasseabteil auf das Hauptdeck aufgesetzt werden.

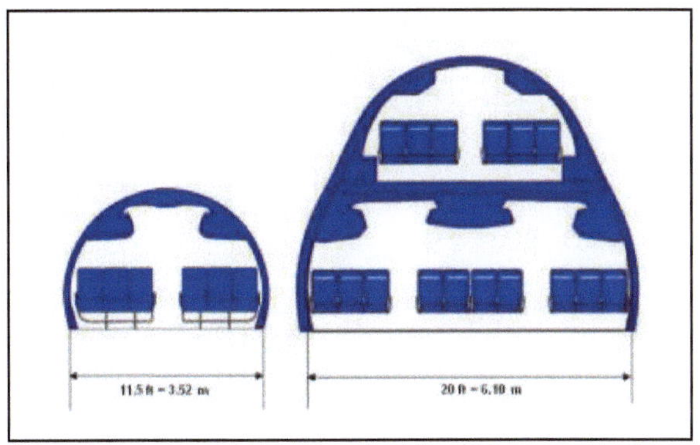

Rumpfquerschnitt   **707**   **747**

Von dieser Konfiguration müssen dann aber erst einmal PanAm und ihr Boss Juan Trippe überzeugt werden, was dann schließlich auch gelingt. Interessant ist dabei, dass alle Beteiligten, die bei der Besichtigung der Attrappe der Doppeldecker-Variante vom Oberdeck hinab schauen, der Meinung sind, dass es niemals gelingen würde, aus dieser Höhe Passagiere auf Notrutschen zu evakuieren. So wird für die Eindeck-Variante entschieden: im März 1966 ist Go-Ahead, also Start der Entwicklung. Im April 1966 bestellt PanAm 25 Boeing 747. 35 Jahre später steht übrigens die A380 vor demselben Problem mit den Notrutschen und hat die Evakuierung vom Oberdeck mit Bravour vorgeführt.

Nach der Wahl des Rumpfquerschnitts wird der Flügel der 747 entworfen. Die Airlines fordern eine hohe Geschwindigkeit, die mit einer Flügelpfeilung von 35° wie bei der 707 nicht mehr machbar ist. Man einigt sich auf einen Kompromiss: Pfeilung 37.5° für M=0.85. Die Flügelfläche beträgt unglaubliche 511m². Die Auswahl der Triebwerke ist technisch gesehen einfach. Das General Electric TF39, das Lockheed auf der C5A verwendet, ist gut für M=0.70, kann die 747 aber nicht auf M=0.85 bringen und scheidet aus. So bleibt nur das Pratt&Whitney JT9D, das gerade entwickelt wird.

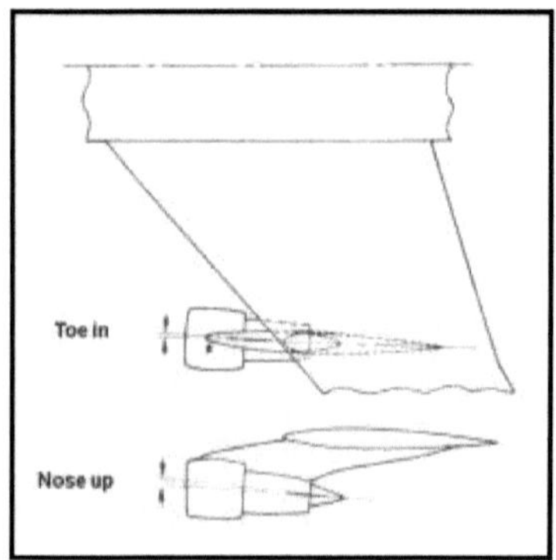

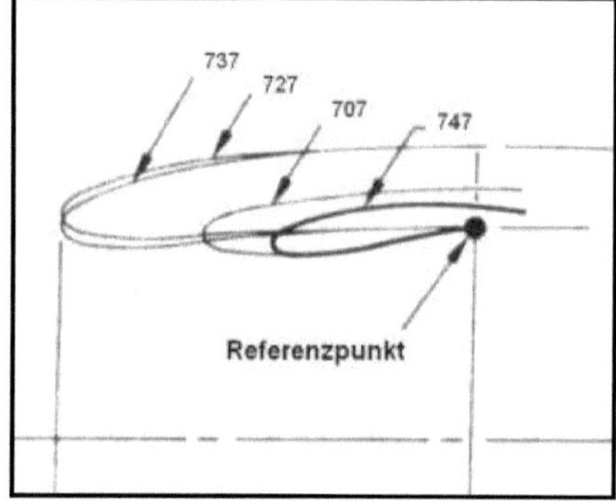

Die Installation der Triebwerke erfolgt keineswegs parallel zur Mittellinie des Rumpfes, sondern in bestimmten Winkeln dazu, die im englischen zu lustigen Namen geführt haben. „Toe in" heißt direkt übersetzt: Zeh-nach-innen und „Nose up" heißt direkt: Nase-nach-oben. Diese Winkel sind im Normalfall für die Innen- und die Außentriebwerke unterschiedlich. Schon die allerersten Bypasstriebwerke und erst recht die Hochbypasstriebwerke müssen sehr viel Sorgfalt auf die Gestaltung des Einlaufs verwenden. Die Rundungen der vorderen Lippen müssen sowohl im Standfall als auch im Reisefall minimale Verluste aufweisen. Diese Darstellung zeigt die unterschiedlichen Einläufe der verschiedenen Boeing Modelle. Offensichtlich weist die 747 den kürzesten Einlauf auf.

Dieses Foto der 747 mit ihrer kleinenSchwester 707 zeigt deutlich den Größenunterschied. Die Kapazität steigt auf das 2 ½ fache und man sieht es ! Die 747 kann bis 550 Pasagiere 9800 km weit fliegen.

Am 30.9.1968 ist Rollout, ein stolzer Tag für Boeing. Sie haben in 2 ½ Jahren das größte Passagierflugzeug der Welt fertig gestellt. 4 Monate später, am 9.2.1969 ist Erstflug.

Die 747 beim Erstflug, die Begleitmaschine ist eine F86.

Dieses Foto zeigt besonders deutlich die Installation der JT9D Turbofans. Auffällig ist der große Abstand der Gondel zur Flügelunterseite, was den Interferenzwiderstand zum Minimum macht. Auffällig ist auch der schwarze Heckkonus in der heißen Düse.

Auch die spannweitige Installation der Triebwerke verlangt viel Entwicklungsarbeit und muss diverse Kriterien erfüllen. Hier eine Frontansicht einer 747 der Lufthansa.

Die Lufthansa hat ihre 747 mit dem Turbofan General Electric CF6-50E2 ausgerüstet. Wie das Foto zeigt, sieht diese Gondel anders aus als beim JT9D, das Vorderteil um den Fan herum ist runder gestaltet, der Gasgenerator verjüngt sich deutlich nach hinten und der Abströmkonus in der heißen Düse ist sichtbar kleiner geraten. Näheres zum CF6-50 im Kapitel 4.2 General Electric.

Und wie nicht anders zu erwarten war, tendiert British Airways zur englischen Nobelmarke Rolls-Royce, zum RB211-524C2. Bei diesem Turbofan fällt die lange Fanverkleidung auf, die über 80% der gesamten Gondellänge geht. Die heiße Düse besitzt keinen Abströmkonus wie die Konkurrenten. Näheres zu diesem Turbofan im Kapitel 4.1 Rolls-Royce.

Das Oberdeck der 747 wird im Laufe der Jahre deutlich vergrößert. Was im allerersten Entwurf als Ruheabteil für die Piloten gedacht war, wird zur exklusiven Etage für Ersteklassepassagiere. In der 747-100 und -200 können hier 32 Sitze untergebracht werden, in der 747-300 kommt Boeing dank der 7-Meter-Verlängerung auf 69 Sitze und nennt das ganze „Big Top".

Die letzte Version 747-400 erhält als äusseres Kennzeichen Winglets von 1,80 Meter Höhe, die auf diesem Foto deutlich zu erkennen sind. Sie haben fast den gleichen Effekt wie eine Flügelverlängerung ohne jedoch die Spannweite entsprechend zu vergrößern. Man beachte die Krümmung des Flügels !

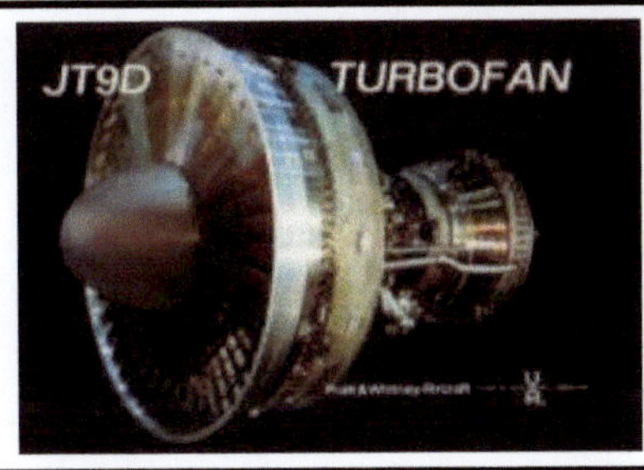

Pratt&Whitney JT9D-3
Turbofan mit 2 Wellen, Erstlauf Dezember 1966
Startschub 43500 lb (193.5 kN)
Gesamtdurchsatz 687 kg/sek
Bypassverhältnis 6
Verdichtergesamtdruckverhältnis 22
Turbineneintrittstemperatur 2150 °F (1450 °K)
Fandurchmesser 95.6 in (2.43 m)
Die erste Serienversion des JT9D für die 747

Der zweite Verlierer beim Wettbewerb um den militärischen Transporter CX-HLS ist die Firma Douglas. Sie hat allerdings wie Boeing parallel zu den militärischen Arbeiten eine zivile Variante auf den Zeichenbrettern und will ebenfalls ein großes Passagierflugzeug auf den Markt bringen. Eine direkte Konkurrenz in der Größenklasse der 747 steht aber nicht zur Debatte, man will in Sitzzahl und Reichweite unter der 747 bleiben. Die genaue Größenfindung mit Hilfe der Airlines dauert dann aber seine Zeit, was zum Teil an den Airlines liegt und zum Teil an der Triebwerkssituation. Vor allem die Triebwerksanzahl muss erst mal entschieden werden. Die Anzahl 2 scheidet aus, weil die Reichweite bei Ausfall eines Triebwerks über dem Meer bei Flügen über dem Atlantik oder gar dem Pazifik nicht ausreicht. 4 Triebwerke werden in Anschaffung und Wartung als zu teuer betrachtet. Die Schubklasse der neuen Turbofans spricht für ein Flugzeug mit 3 Triebwerken. Nach langen Diskussionen stimmen die Airlines dann Mitte 1967 dem Dreistrahler zu und Douglas kann mit der Entwicklung der DC-10 beginnen. Im April 1967 hat Douglas dann seine finanziellen Schwierigkeiten durch eine Fusion mit McDonnell gelöst.

Ein Entwurf der DC-10 von 1966, fast eine 747 mit 2 Decks und unverkennbar vier JT9D Turbofans.

Die Installation von 3 Triebwerken ist eigentlich kein unüberwindliches Problem, haben doch die 727 und die Trident bereits vorgemacht, wie man das dritte Triebwek im Heck unterbrigt. Bei den Hochbypasstriebwerken, die für die DC-10 in Frage kommen, ergibt sich aus dem größeren Durchmesser jedoch eine neue Schwierigkeit, die Integration mit dem Seitenleitwerk durchzuführen.

Es gibt prinzipiell 4 Möglichkeiten:

- Ein gegabelter Einlauf, der die Luft links und rechts vom Seitenleitwerk ansaugt, damit aber hoch empfindlich wird für Schräganströmung des Seitenleitwerks.
- Ein langer Einlauf, der die Luft noch vor dem Seitenleitwerk ansaugt. Diese Lösung ergibt höhere Einlaufdruckverluste.
- Eine lange Düse mit höheren Verlusten als beim langen Einlauf.
- Ein S-förmiger Einlauf, bei dem die Luft vor dem Seitenleitwerk angesaugt wird und das Triebwerk sich in der Heckspitze befindet.

Die DC-10 Ingenieure entscheiden sich für den langen Einlauf. Ihre Konkurrenten von Lockheed wählen für die Tristar den S-förmigen Einlauf. Ein Vergleich dieser beiden Lösungen hinsichtlich Leistung und Gewicht wird leider nie gemacht, so dass bis heute nicht entschieden werden kann, welche Installation denn nun die bessere ist.

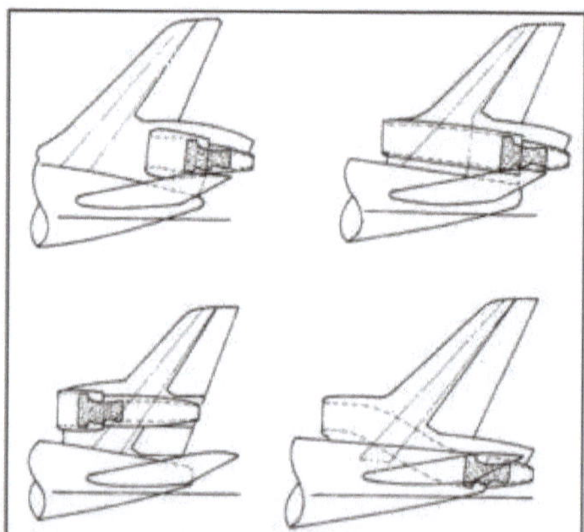

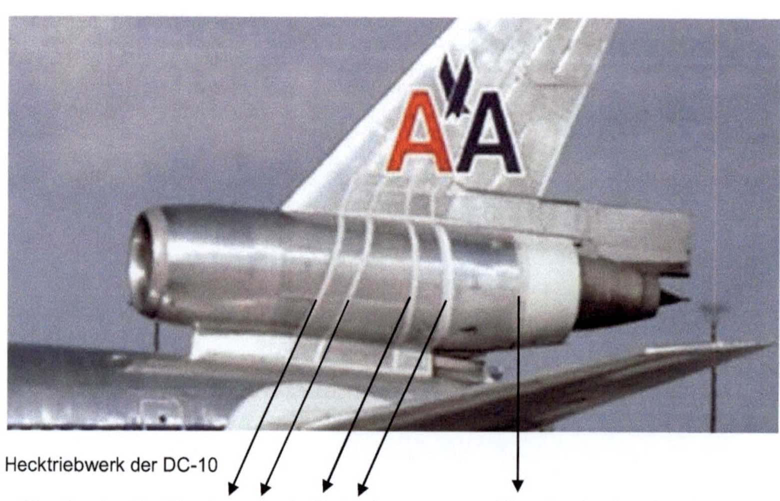

Das Hecktriebwerk der DC-10

Ringförmige Strukturelemente als Verbindung

Hier etwa beginnt das CF6

Die beiden Triebwerke unter dem Flügel der DC-10 werden über Pylons weit vor der Flügelvorderkante installiert.

Die DC-10 hat am 23.7.1970 Rollout. Sie fasst 265-380 Passagiere und kann bis 10000 km weit fliegen.

Sonnabend, am 29.8.1970, in Long Beach, California. Der Prototyp der DC-10 steht bereit zum Erstflug. Im Vordergrund eine McDonnell F4 Phantom, die als Begleitflugzeug fliegt.

Punkt 10 Uhr
Die DC-10 rollt an, hebt ab……..

…und fliegt.

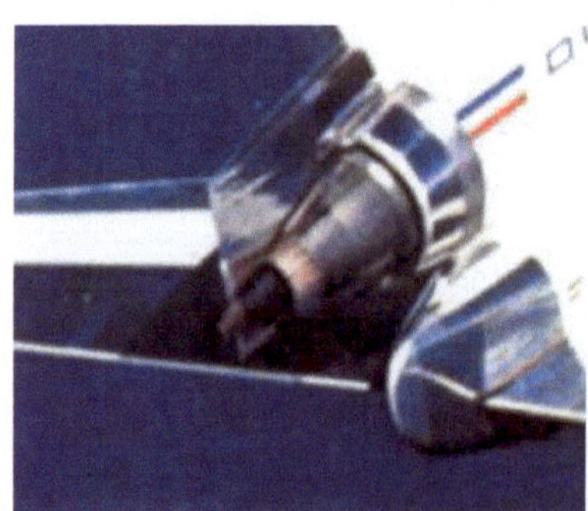

Die ersten DC-10 besitzen in der heißen Düse des CF6 noch ein ungewöhnliches Bauelement. Wie die Querschnittszeichnung unten zeigt, handelt es sich um ein ausfahrbares Gitter, um eine Kaskade, die den heißen Strahl zur Seite (sogar ein wenig nach vorne) lenkt, zusätzlich zur Schubumkehr des Fanstrahls. Dieses Element aus hochwarmfesten Material wird später aus Kostengründen wieder weggelassen.

Gitter eingefahren

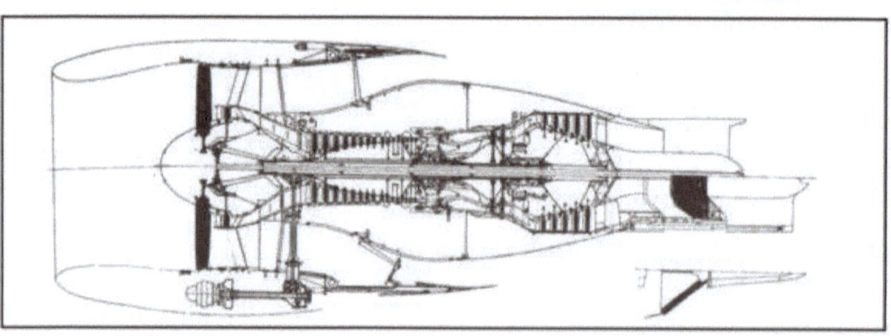

Querschnitt durch das CF6

Gitter ausgefahren

Airbus wählt für die A300B auch das CF6. Es ist sofort verfügbar und es ist das wirtschaftlichste Triebwerk der Zeit. General Electric hat diese Auswahl für Airbus leicht gemacht. Sie haben sich bereit erklärt, McDonnell Douglas 25 Mio $ für die Daten und Entwurfsrechte an der CF6 Installation an der DC-10 zu bezahlen. Und GE hat die Firma Rohr in San Diego überzeugt, mit Airbus zusammenzuarbeiten und in Toulouse eine Halle für die Aufrüstung der Gondeln zu errichten. Im Hintergrund steht dabei die Überlegung, dass eine Airline, die bereits DC-10 mit CF6 gekauft hat, einen großen Vorteil davon hat, wenn an der A300B ebenfalls ein CF6 vorhanden ist. Airbus hatte dann noch den Vorteil, das nagelneue Flugzeug mit einem erprobten Triebwerk zu fliegen, denn ein nagelneues Flugzeug mit einem nagelneuen Triebwerk ergibt nicht doppelten sondern dreifachen Aufwand bei der Flugerprobung und Zulassung.

Dieses Foto ist der Beweis dafür : die DC-10 und die A-300B haben dasselbe Triebwerk mit derselben Gondel.

Nach der Fusion von Douglas und McDonnell 1967 zur neuen Firma McDonnell Douglas wird die DC-10 umbenannt in MD-10. Eine verlängerte Version erhält die Bezeichnung MD-11. Sie erhält Winglets und stärkere Triebwerke aller 3 Hersteller. Ihr erster Flug ist am 10.1.1990.

Ein Unikum der Flugzeuggeschichte bleibt die DC-10 Twin. Sie wird als 2-motorige Variante der DC-10 konzipiert und unterscheidet sich zumindest äusserlich nur unwesentlich vom ersten Airbus A300. Mit den gleichen Triebwerken CF6-50C, und bei ähnlichen Passagierzahlen und bei fast gleicher Reichweite wiegt die DC-10 Twin allerdings 12% mehr als die A300 und ihre Flügelfläche liegt 29 % höher. Das lässt auf höhere Flugkosten schließen. Weshalb die DC-10 Twin aber letztendlich nie gebaut wird, besser: warum die DC-10 nie umgebaut wurde, bleibt bis heute ein Rätsel, sie wäre in den 70er Jahren eine echte, weil amerikanische Konkurrenz zur A300 gewesen. Das Foto oben ist eine Retusche, heute würde man sagen: ein Fake.

Eine Spezifikation der American Airlines von Anfang 1966 beschreibt ein Flugzeug, das kleiner als die 747 sein soll mit etwa 300 Sitzen und mit einer mittleren, also nicht interkontinentalen Reichweite. Obwohl Lockheed voll mit der Entwicklung des Großtransprters C5A beschäftigt ist, beginnt die Firma ebenfalls, parallel zu Douglas, mit den Arbeiten an diesem zivilen Großflugzeug mit der Bezeichnung L-1011 Tristar. Es wird einer der gnadenlosesten Konkurrenzkämpfe der Luftfahrtgeschichte und endet mit einem Sieger, einem Verlierer und einer Triebwerksfirma, die über den technischen und kommerziellen Schwierigkeiten in Konkurs geht. Der Sieger ist die DC-10, von der (einschließlich der MD-11) 646 Exemplare verkauft werden. Lockheed ist der Verlierer, von der Tristar werden nur 244 Exemplare verkauft.

Am Anfang stehen bei der Lockheed Tristar die gleichen technischen Herausforderungen wie bei der DC-10: das dritte Triebwerk muss mit dem Seitenleitwerk vereinigt werden: man entscheidet sich für den S-förmigen Einlauf, der im Vergleich mit der Boeing 727 noch kürzer ausfällt und um mehr als einen Triebwerksdurchmesser (DIA in der Skizze) näher am Rumpf liegt.

Das Hecktriebwerk der Tristar

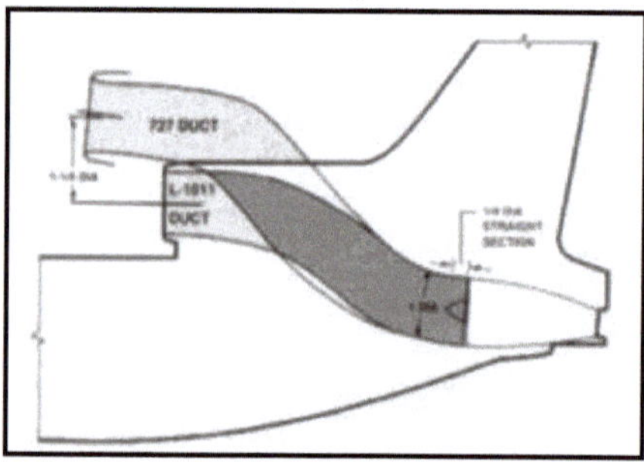

Die Auswahl des Triebwerks erweist sich als schicksalhaft. Die 747 hat ihr JT9D, die DC-10 ihr CF6 und Lockheed hat sich für das englische Rolls-Royce RB.211 entschieden. Es ist der dritte Turbofan in der Klasse 40000 lb (177.9 kN) Schub aufwärts und weist wegen technischer Innovationen vor allem ein niedriges Gewicht und einen günstigen Preis auf. Wie im Kapitel 4.1 Rolls-Royce näher beschrieben wird, hat sich Rolls-Royce mit den Versprechungen zum RB.211 und den daraus resultierenden Verträgen mit Lockheed völlig übernommen. Versprochen hat RR 1968 einen Startschub von 42000 lb (186.8 kN) und ein Gewicht von 6290 lb (2853 kg), die ersten Prototypen auf dem Prüfstand weisen 34000 lb Schub auf. Am Ende, nach dem Bankrott und nach einer ungeheuren Anstrengung, wird bei der Zulassung 1972 der versprochene Schub erreicht, das Gewicht ist allerdings auf 9195 lb (4171 kg) gestiegen und der Preis ist mit Lockheed auch neu verhandelt worden.

Hier steht der Prototyp der Lockheed L-1011 Tristar in der Halle und wartet auf den Erstflug. Die Triebwerke vom Typ Rolls-Royce RB.211 weisen je 34000 lb (151.2 dN) Schub auf, 19% weniger als mal versprochen.

Erstflug der Tristar ist am 16.11.1970 in Palmdale, California.

Die ersten RB.211 besitzen noch Schubumkehrer für den heißen Kreis, die man auf Fotos an den zwei Stacheln erkennt, die über und unter der heißen Düse installiert sind.

Diese Zeichnung zeigt ein RB.211 mit der ursprünglichen Version der Schubumkehr für den kalten Kreis mittels Kaskaden und für den heißen Kreis mittels zweier Halbschalen, die im ausgefahrenen Zustand den Strahl zur Seite ablenken. Diese Strahlablenkung des heißen Strahls ist wenig effektiv und wegen der Temperaturbeanspruchung der betroffenen Teile recht teuer und wird in späteren Jahren nicht mehr angewendet.

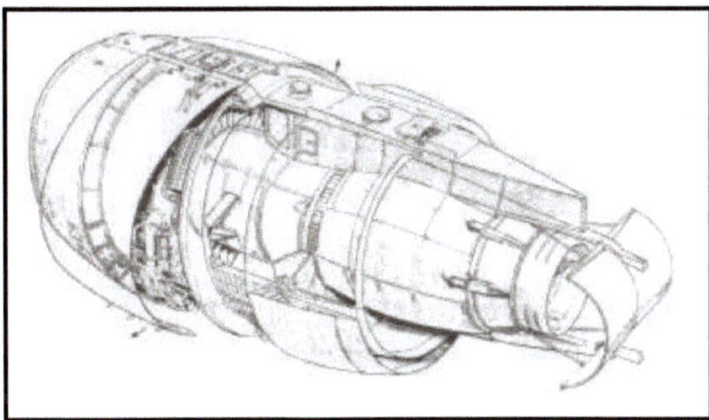

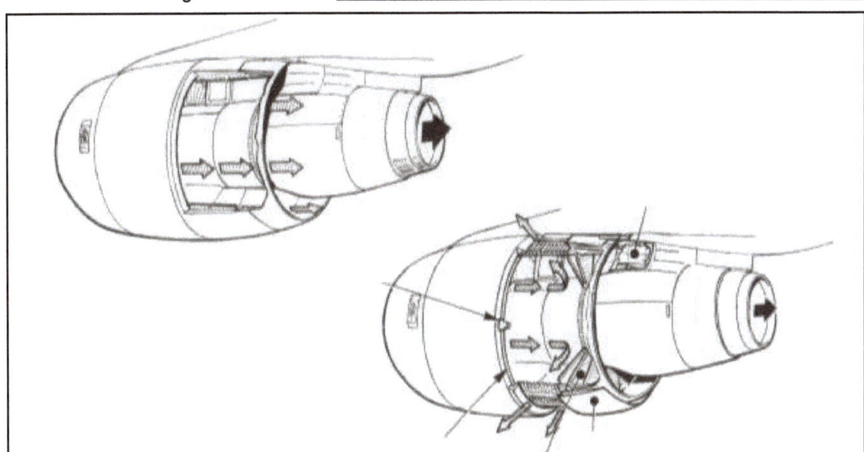

Das obere Bild zeigt ein RB.211 aus den 70er Jahren, bei dem nur der Fanstrahl über Kasakaden umgelenkt wird.

Die Gondelform des RB.211 wird mit den Jahren mehrmals überarbeitet und speziell hinsichtlich der heißen Düse und der hinteren Verkleidung des Kerntriebwerks deutlich verändert. Das obere Foto unten zeigt noch einmal die heiße Düse mit den zwei Stacheln, die für die Schubablenkung des heißen Strahls benötigt werden. Das mittlere Foto zeigt eine lange heiße Düse und das untere Foto die kurze Form. Man darf annehmen, dass Hunderte von Stunden

Windkanalversuche zur letzten Form geführt haben, die dann als typisch für eine ganze Generation von RB.211 in Serie geht. Der Hintergrund ist folgender: je kürzer die Verkleidung des Kerntriebwerks, desto kleiner die Fläche, die der Fanstrahl überstreicht und desto kleiner der daraus sich ergebende Widerstand, der gemäß üblicher Vereinbarungen als negativer Schub dem Triebwerk zugerechnet wird. Andererseits muss garantiert werden, dass der steilere Abströmwinkel der kürzeren Düse zu keinerlei Ablösungen führt. So ist auch hier die gefundene Lösung ein Kompromiss zwischen widerstrebenden Forderungen.

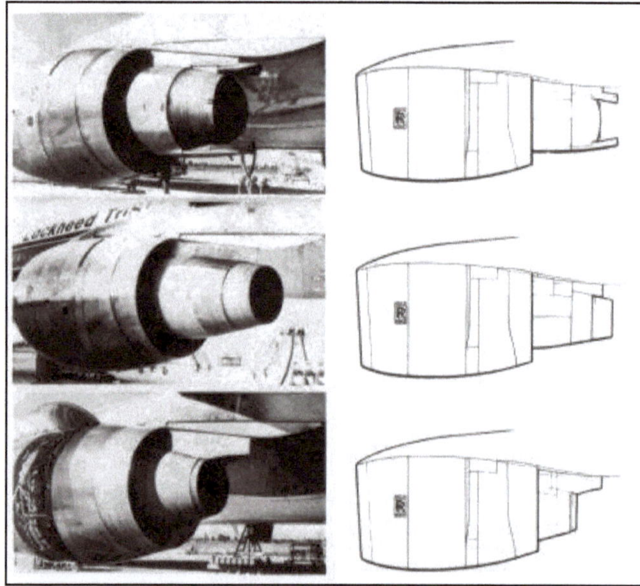

Untersuchte Düsenformen des RB211

Eine zivile Tristar hebt in Palma de Mallorca ab.

Eine militärische Tristar dient der Royal Air Force als Tanker.

Das Fazit 2022 der 3 großen zivilen Strahlflugzeuge lautet :

Boeing 747 :   **1573 bestellt und 1569 ausgeliefert,**
Produktion neigt sich dem Ende zu

Douglas DC-10 :   **386 zivile gebaut, etwa 39 noch im Einsatz**
und 60 Tanker gebaut, wohl noch alle im
Einsatz

Lockheed Tristar :   **250 zivile gebaut, nur noch 2 im Einsatz**
und 9 militärische Tanker, bis 2014 im Einsatz

4 Die Triebwerksfirmen

Die Erfindung des Turbostrahltriebwerks in den 30er und 40er Jahren führt zu einer gewaltigen Umstellung in der Triebwerksindustrie, die eigentlich noch Motorenindustrie heißt, und als Folge dann auch in der Flugzeugindustrie.

Dass Flugzeuge schneller fliegen können, wenn man die Flügel rückwärts pfeilt, hat schon Adolf Busemann auf dem Volta Kongress in Rom 1935 gezeigt. Allen Zuhörern aber war klar, dass die Kolbenmotoren der Zeit mit ihren Propellern nicht in der Lage waren, den Anforderungen solcher gepfeilter Flieger zu genügen. Alle Untersuchungen, die von diversen Zeitgenossen gemacht wurden, zeigten, dass für Geschwindigkeiten über 800 km/h ein neuer Antrieb erforderlich war.

Und dieser neue Antrieb wurde dann ab 1937 als Turbostrahltriebwerk erdacht und erfunden und in die Praxis umgesetzt. Am Ende des Krieges 1945 ist Entwicklung dieser neuen Triebwerke im vollem Gange, nach 1945 allerdings ohne Beteiligung der Deutschen, sie machen 10 Jahre Pause.

Den Anfang macht Rolls-Royce. Seit 1941 produzieren sie Teile für das Turbostrahltriebwerk des Frank Whittle und 1943 übernehmen sie die volle Entwicklung und Produktion. Noch 1944 läuft das Rolls-Royce Nene mit 5000lb Schub (**s.Kapitel 2.9 Frank Whittle**). Nach dem Kriegsende 1945 beginnt dann die Entwicklung der Strahlflugzeuge, zuerst auf militärischem Gebiet und dann auch zivil. Die ersten Turbostrahltriebwerke sind Einkreiser, es folgen die ersten Bypasstriebwerke und dann die heute aktuellen Hochbypasstriebwerke (**s.Kapitel 3 Die zivilen Turbostrahlflugzeuge und Kapitel 4.1 Rolls-Royce).**

General Electric beginnt den Einstieg ins Turbostrahlzeitalter mit dem Whittle Triebwerk W.1X, das im Oktober 1941 in den USA landet und von GE nachgebaut und verbessert wird. Aus eigenen Kräften entwickelt GE dann Axialtriebwerke und Varianten, die dann 1970 zu Hochbypasstriebwerken führen (**s.Kapitel 4.2 General Electric).**

Pratt&Whitney ist der Nachzügler. Sie beschließen erst 1947 den Kauf des Rolls-Royce Nene, den sie dann nachbauen und verbessern. Danach aber entwickeln sie eigene Entwürfe, unter anderem das J-57 in axialer Bauweise, das dann Generationen von Strahlflugzeugen antreibt und bald auch als Bypassversion gebaut wird (**s.Kapitel 3 Die zivilen Turbostrahlflugzeuge und Kapitel 4.3 Pratt&Whitney).**

Mit Rolls-Royce, General Electric und Pratt&Whitney ist die Riege der großen (westlichen) Einzelfirmen komplett. Nach 1970 entstehen dann Ableger und Allianzen.

1971 gründen General Electric und Snecma die Firma CFM International. Sie wollen das sogenannte 10-to Triebwerk für die zukünftigen 150-Sitzer gemeinsam bauen und das CFM56 wird das erfolgreichste Triebwerk aller Zeiten (**s.Kapitel 4.4 CFM International).**

Rolls-Royce fährt zweigleisig. 1983 verbünden sie sich mit Pratt&Whitney, einem japanischen Konsortiums JAEC, mit MTU und Fiat. Ziel sei die Entwicklung eines Turbofans für zukünftige Kurz- und Mittelstrecken-Flieger, um ebenfalls ein 10-to Triebwerk zu bauen. Die Firma erhält den Namen International Aero Engines und ihr Triebwerk V2500 wird dann der ärgste Konkurrent zum CFM56 (**s.Kapitel 4.5 International Aero Engines**).

1990 verbindet sich Rolls-Royce mit BMW und gründet die Firma BMW-Rolls-Royce. Aus Deutschland ist da noch Klöckner-Humboldt-Deutz dabei, heute heißt die Firma Rolls-Royce Deutschland (**s.Kapitel 4.6 Rolls-Royce Deutschland).**

Der letzte Zusammenschluss findet 1996 statt. Die großen Konkurrenten General Electric und Pratt&Whitney wollen zusammen eine Alternative zum RR Trent900 auf der A380 bauen. Dieses Triebwerk GP7200 und die Allianz sind wenig erfolgreich (**s.Kapitel 4.7 Engine Alliance).**

4.1 Rolls-Royce

Es ist ein höchst seltenes Ereignis: ein Paar tote Vögel können mit einem einzigen Schuss ein ganzes Triebwerksprogramm in den Abgrund schießen, Millionen von Entwicklungsgeldern stehen auf dem Spiel, eine Firma geht bankrott und ein Flugzeug wartet vergeblich auf ein Triebwerk.

So geschieht es im Mai 1970 : mehrere 4-Pfund-Suppenhühner (aufgetaut !) aus dem Supermarkt werden auf den Fan des neuen Rolls-Royce RB.211 Turbofan geschossen (das nennt man Vogelschlagversuch und es ist ein vorgeschriebener Test zur Erlangung der Zulassung) und der Fan zerplatzt in Tausend Teile und mit ihm zerplatzt der Traum der Firma vom innovativsten Turbofan der Geschichte und vom großen Geschäft.

Die Geschichte beginnt am Anfang der 60er Jahre. Rolls-Royce hat schon 1952 den ersten Turbofan namens Conway mit einem Bypassverhältnis von 0.56 entwickelt und hat dann 1960 beim Rolls-Royce Spey ein Bypassverhältnis von 1.0 erreicht. Pratt&Whitney hat 1958 mit dem JT3D gekontert, es besitzt ein Bypassverhältnis von 1.36. Anfang der 60er Jahre zeigen technische Studien, dass man noch höher gehen kann und Rolls-Royce beginnt mit Untersuchungen, die zu einem Bypassverhältnis von 3.7 führen sollen. Die direkten Konkurrenten sind spätestens seit 1965 das General Electric TF39, das für die C-5A entwickelt wird, und das Pratt&Whitney JT9D, das für die 747 gebaut wird.

Rolls-Royce nimmt den Kampf auf und hat dabei zwei Asse in Ärmel: sie haben den 3-Wellen-Turbofan erfunden und sie haben einen Fan aus Verbundkunststoff entwickelt, der extrem leicht und von höchster Güte ist. Das geringe Gewicht dieses Fans ergibt in der Folge ein extrem leichtes und damit konkurrenzfähiges Triebwerk.

Die drei Wellen sind neu in der Geschichte von Rolls-Royce, die dritte Welle ist nunmehr nur noch für den Fan zuständig, durch Variation der Düsenfäche kann die Fandrehzahl geregelt werden ohne Änderung der Betriebsbedingungen von Mitteldruckverdichter+Mitteldruckturbine und Hoch-druckverdichter+Hochdruckturbine. Das ergibt dann optimale Drehzahlen für alle drei Rotoren und obendrein ein äusserst kompaktes Triebwerk von steifer Bauweise, was Anlass zur Hoffnung gibt, die Abnutzung und damit verbundene Leistungsverschlechterung über den Jahren auf ein neues, bisher nicht gekanntes Mindestmaß zu senken.

Der Fan aber ist das Highlight des neuen 3-Wellers. Das Material heißt Hyfil und ist die erste Generation der Karbonfaserkunststoffe, die heute beim Airbus A380 einen Gewichtsanteil von 25 % und bei der Boeing 787 von 50 % erreicht haben. Der Lernprozess von 1965 bis heute aber ist mühsam und lang und voll unendlicher Schwierigkeiten und Rolls-Royce ist das erste Opfer, denn der Hyfil-Fan ist noch nicht reif für den Serieneinsatz.

Zuerst einmal beginnt Rolls-Royce mit Papier- und Testtriebwerken. Das erste Modell heißt RB.178 und wird 1964 mit 25000 lb (111.2 kN) Schub und einem BPV von 2.25 angeboten. Es ist gedacht für eine Reihe von Flugzeugprojekten der Zeit, u.a. für die Super VC10 und diverse Airbus Ideen. 1966 ist der Schub auf 41000 lb (182.4 kN) angestiegen und das BPV auf 6.0, in dieser Größe wird es als RB.178-51 Boeing vorgestellt. Zur Unterstüzung des Programms wird 1966 ein Demonstrator RB.178-61 gebaut, der als 3-Weller mit einem BPV von 2.3 und einem Schub von 28500 lb (126.8 kN) noch nicht ganz dem RB.178-51 entspricht. Aber er wird gebaut und hat seinen Erstlauf im Juni 1966, ist dann aber nach Pressenotizen nur 5 Stunden gelaufen. So ist sein Beitrag zum Großen und Ganzen äusserst gering.

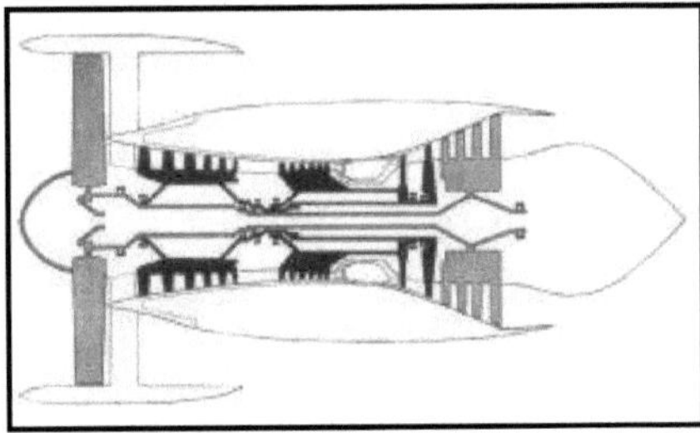

Das Querschnittsbild des RB.178 zeigt deutlich die 3 Wellen mit ihren Lagern. Diese vielen Lager waren der Nachteil der 3-Wellen Bauart und haben dann zu Schwierigkeiten bei der Kühlung und der Dichtigkeit geführt.

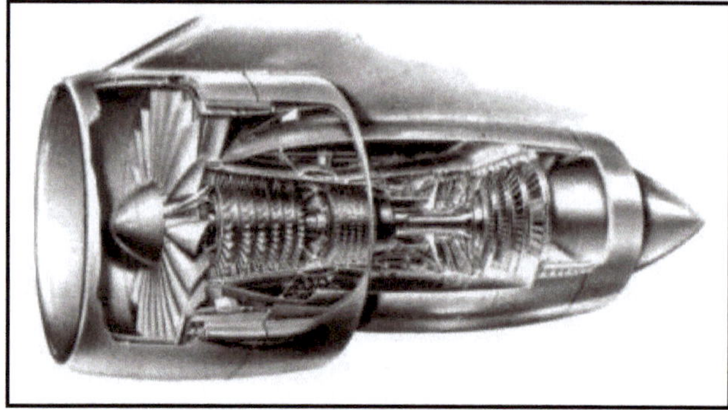

Das Foto zeigt das RB.178 in der 3-Wellen Bauart mit einem Schub von 44000 lb (196 kN) und einem BPV von 6.0. Man beachte den Fan mit seinen breiten Schaufeln aus faserverstärktem Kunststoff ohne Stützrippen zwischen den einzelnen Schaufeln.

Anfang 1967 gibt Rolls-Royce das RB.178 als Projekt auf, besser gesagt als 3-Weller in dieser Schubklasse mit dem Argument, dass es zu nahe am Pratt&Whitney JT9D liegt, auf das sich Boeing längst eingeschossen hat.

Eine andere Anwendung taucht Anfang 1967 auf. Die amerikaniische Flugzeugfirma Fairchild Hiller gibt die Absicht bekannt, die holländische Fokker F-28 für den US Markt zu überarbeiten und in Lizenz zu bauen. Die FH-228 soll kürzer als die F-28 werden und ein neues Triebwerk erhalten. Dieses nennt sich Rolls-Royce RB.203 und ist ein 3-Weller mit einem Bypassverhältnis BPV von 3.0 und einem Schub von 9730 lb (43.3 kN). Rolls-Royce hat das Kerntriebwerk des RB.172 Adour (des Triebwerks für den militärischen Jaguar) genommen und auf einer dritten Welle einen Fan von 98 cm Durchmesser draufgeschnallt.

Dieses RB.203 Trent wird tatsächlich gebaut und läuft im Dezember 1967 erstmals. Es ist der erste 3-Weller, der es soweit geschafft hat !

Hier eine Darstellung des RB.203, schon mit Gondel. Der Fanstrahl und der heiße Strahl werden nicht gemischt, sondern haben eigene Düsen. Der angedeutete Pylon lässt erkennen, dass bei diesem Bild noch nicht an die Heckinstallation bei der FH-228 gedacht worden ist.

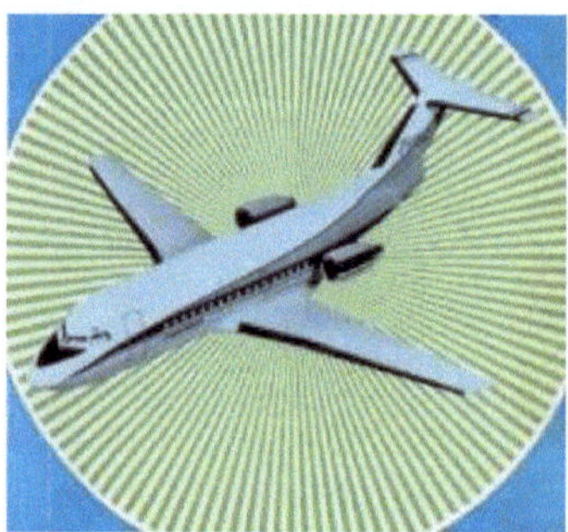

So hätte die Fairchild Hiller FH-228 mit 2 Rolls-Royce RB.203 Trent ausgesehen.

Es bleibt nicht bei der bildlichen Darstellung: die Gondel zum RB.203 wird ebenfalls gebaut und zeigt die 2 Düsen für den kalten und den heißen Strahl. Man sieht auch, dass es sich um kein großes Triebwerk handelt.

Im Juni 1968 gibt Fairchild Hiller die FH-228 wieder auf und kauft 10 originale F-28. Ob es Schwierigkeiten mit der Amerikanisierung gibt, ob es die Kosten nicht lohnt, wird nicht berichtet.

Das RB.203 wird noch eine Zeit lang weiter verfolgt. Ohne FH-228 suchte es nach einer anderen Verwendung und bleibt sogar in Wartestellung für zukünftige F-28 Weiterentwicklungen. Die 5 gebauten Exemplare des RB.203 dienen dann allerdings nur als Testobjekte für das RB.211.

Schon 1966 war das RB.178 als ein mögliches Triebwerk für den europäischen Airbus gehandelt worden, neben dem JT9D und einem zivilen TF39. 1967 taucht es unter der Bezeichnung RB.207 wieder auf und ist Ende des Jahres alleiniger Vorschlag für den Airbus. Mit einem Bypass-verhältnis von 5 und einem Gesamtdruckverhältnis von 27 liefert es 47000 lb (120 kN) Schub.

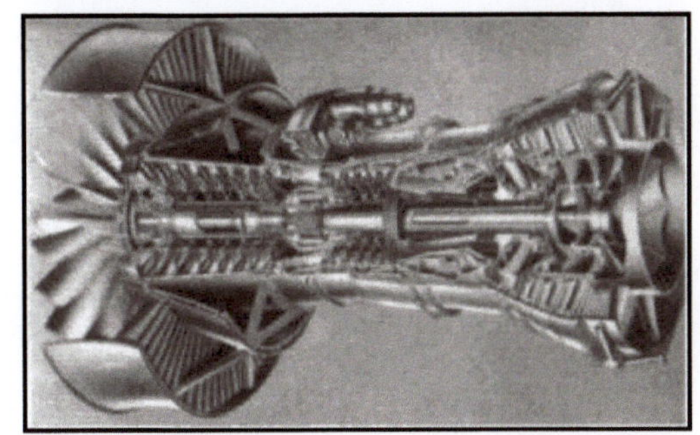

Das Rolls-Royce RB.207 für den Airbus.

Dann taucht im gleichen Jahr die 3-motorige Lockheed L-1011 Tristar auf, die pro Triebwerk naturgemäß weniger Schub benötigt als der 2-motorige Airbus A300. Die Rechnung ist denkbar einfach: statt 2x50000 lb werden 3x33000 lb Schub benötigt, da 1966 die 50000-lb-Triebwerke noch in der Zukunft liegen, hat American Airlines die Forderung nach 2-Motorigkeit für den neuen Flieger aufgegeben und ist mit 3 Motoren zufrieden. Rolls-Royce reagiert auf diese Anforderung mit einem runterskalierten RB.207, das die neue Bezeichnung RB.211 erhält. Unter dieser Bezeichnung und mit 30000 lb Schub erscheint dieser 3-Weller im Frühjahr 1967 und zwar für die Tristar und gleicher-maßen für die BAC Two-Eleven, einer Neuauflage der BAC One Eleven. Im November 1967 wird das RB.211-06 der Firma Lockheed mit folgenden Leistungsdaten angeboten : 3 Wellen, Schub 33260 lb (148 kN), Gewicht 6290 lb (2853 kg), Gesamtdruckverhältnis 27, Preis 511000 $ fix bis Ende 1971 und 15 % mehr Schub 3 Jahre nach Indienststellung und weitere 10 % nach 6 Jahren.

Das ergibt ein äusserst attraktives Flugzeug: Anfang April 1968 liegen Kaufverträge über 124 Tristar und 20 Optionen vor und die Tristar und das RB.211 erhalten das Go Ahead (die englische Bezeichnung für den Beginn der Konstruktion mit allen möglichen Resourcen). Im Kontrakt zwischen Rolls-Royce und Lockheed wird dabei ein Schub bei der Zulassung von 42000 lb (186.8 kN) versprochen.

Es ist ein großer Tag für Rolls-Royce, sie haben den grössten Exportauftrag unterschrieben, den England je erlebt hat. Und die Konkurrenz DC-10 ist weit abgehängt, dort liegen nur 25 Bestel-lungen vor. Doch das Blatt wendet sich bald. General Electric bietet nach dem CF6-6 mit 40000 lb Schub das stärkere CF6-50 mit 50000 lb Schub und damit kann die DC-10 an der Tristar in Leistung, Gewicht und Reichweite vorbeiziehen.

Rolls-Royce ist stolz auf seine exklusive Beteiligung an der Tristar, wie dieses Bild zeigt (etwa 1970).

Inzwischen wird das erste RB.211 gebaut und hängt schon Ende August 1968 im Prüfstand, der erste Lauf ist am 31.8.1968. Bei den nun folgenden Tests ergibt sich die bittere Erkenntnis, dass Rolls-Royce sich mit der Größe und vor allem der Technik des RB.211 deutlich übernommen hat. Die Drücke und Temperaturen liegen jenseits der Werte, die Rolls-Royce bis dato kennt, die Größe mancher Komponenten macht Probleme, die Lager der 3 Wellen müssen erstmal beherrscht werden, das größte Problem aber ist der Fan. Seine leichte Bauweise aus karbonfaserverstärktem Komposit ist ausschlaggebend für das leichte Gewicht des Gesamttriebwerks. Dieser Fan besteht alle Leistungstests ohne Beanstandung bis zu einem Tag im Mai 1970, als der obligatorische, von der FAR verlangte Vogelschlagversuch stattfindet. Mehrere Hühner von 4 Pfund aus dem Supermarkt werden mit hoher Geschwindigkeit von vorn auf den Fan geschossen und er zerplatzt in 1000 Teile.

Links eine Darstellung des Hyfil Fans mit Bauweise und Materialien.

Hier ein Hyfil Fan mit 25 Schaufeln auf einem Komponentenprüfstand. Man erkennt die Größe der Schaufelblätter, vor allem ihre Profiltiefe, und das Fehlen jeglicher Stützelemente zwischen den Schaufeln.

Der fehlgeschlagene Vogelschlagtest ist aber nicht das einzige Problem, das Rolls-Royce mit dem RB.211 hat. Auch die Leistungswerte sind eine Katastrophe. Die geschmiedeten Turbinen- schaufeln mit Innenkühlung sind unzuverlässig, der Schub der Testtriebwerke liegt bei 34000 lb statt der versprochenen 42000 lb. Die Situation ist schließlich so verzweifelt, dass Stanley Hooker, der lange Jahre Rolls-Royce und Bristol Engines in höchster Position gedient hatte und mit 60 in den Ruhestand gegangen war, zurückgeholt wird, um das RB.211 und die Firma zu retten. Hooker ist Vollblut-Thermodynamiker und erfahrener Triebwerkskenner und nimmt den neuerlichen Dienst Ende 1970 auf. Seine ersten Erkenntnisse sind: die geschmiedeten Turbinenschaufeln aus Derby sind ungeeignet und durch gegossene Schaufeln aus Bristol zu ersetzen. Und dann ist das Zusammen- spiel der Komponenten durch falsche Wahl einiger interner Flächen gestört und bedarf einer Korrektur. Mitte Februar 1971 wird das erste korrigierte RB.211 getestet und ergibt bei gleicher Turbineneintrittstemperatur auf Anhieb über 40000 lb Schub, wie vorausgesagt.

Unglücklicherweise hat sich die finanzielle Situation von Rolls-Royce in der Zwischenzeit soweit verschlechtert, dass am 4.2.1971 die Firma für bankrott erklärt wird. Was folgt, ist ein großes Durcheinander, RB.211 und Tristar blicken in den Abgrund, aber die absolute Katastrophe kann abgewehrt werden. Der englische Staat übernimmt die Firma, die danach Rolls-Royce (1971) Ltd heißt. Und mit Lockheed werden neue Verträge ausgehandelt, mit altem Schub (42000 lb), aber neuem Gewicht (9195 lb, das sind 46 % mehr als 1968) und sicherlich neuen Preisen.

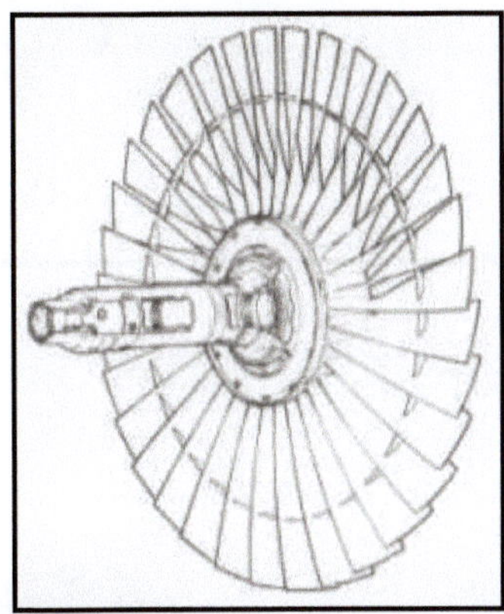

Die 25 untauglichen Hyfil Schaufeln werden durch 33 schmalere Titanschaufeln mit Stützrippen ersetzt. Sie sind erheblich schwerer, aber auch widerstandsfähiger gegenüber Suppenhühnern. Das Bild rechts zeigt einen solchen Fan.

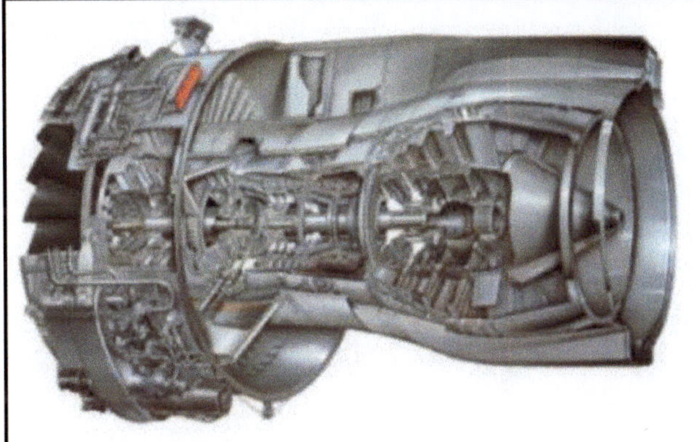

Das linke Bild zeigt das RB.211 mit den Hyfil Fanschaufeln, das untere Bild hingegen die Version mit den Titanschaufeln. Diese sind schmaler und besitzen Stützrippen (die im englischen *snubber* heißen, ein Fan ohne Stützrippen heißt dann *snubberless*)

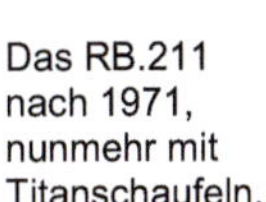

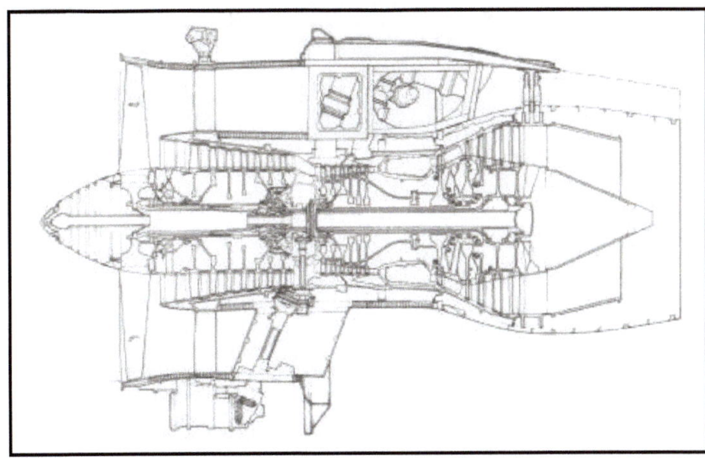

Das RB.211 nach 1971, nunmehr mit Titanschaufeln.

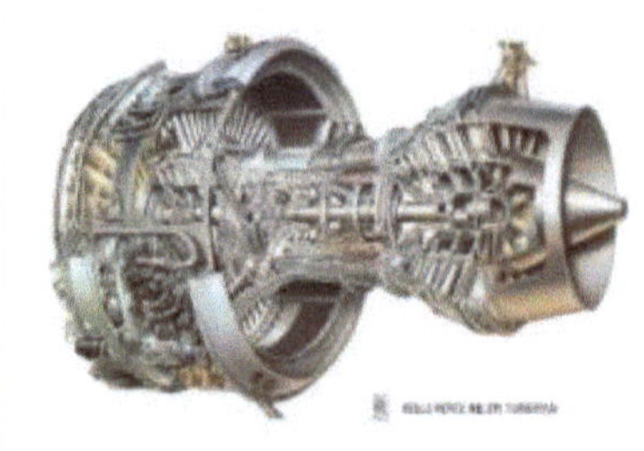

Auch das RB.211 wird vor der Installation im endgültigen Flugzeug auf anderem Fluggerät getestet. Links ein Foto einer Vickers VC10, bei der man am Heck 2 Rolls-Royce Conway durch ein RB.211 ersetzt hat. Erstflug ist am 6.5.1970.

Am 16.11.1970 folgt dann der erste Prototyp der Tristar auf seinem Jungfernflug. Die drei RB.211 leisten je 34000 lb (151.2 kN) statt der vertraglich versprochenen 42000 lb (186.8 kN), da fehlen 19%. Erst nach dem Eingreifen des Sir Stanley Hooker (er wurde zur Belohnung für die Rettung des RB.211 geadelt) konnte dieses Defizit bis zur Zulassung im Februar 1972 zu Null gemacht werden.

Auch die folgenden Jahre sind mit harter Arbeit gefüllt. Zum ersten muss das RB.211 von seinen Kinderkrankheiten befreit werden, um im täglichen Dienst bei den Airlines zu bestehen. Und dann hat Stanley Hooker nicht vergessen, dass es da noch die Absicht gab, das Triebwerk von 42000 lb Schub weiter zu entwickeln bis 45000 lb und dann bis 50000 lb. Das ist aber in einer Firma, die nach dem Bankrott kein Geld hat, äusserst schwierig. Mit großer Hingabe, Geduld und Fachkenntnis schafft es Hooker. Sein Fanspezialist entwirft einen Fan, der 20% mehr Durchsatz bei gleichem Durchmesser passieren lässt und der Rest des Triebwerks kann dem erhöhten Durchsatz angepasst werden. So folgt dem ersten RB.211-22 mit 42000 lb das neue RB.211-524 mit 50000 lb. Es ist mit seinem Kraftstoffverbrauch das ideale Triebwerk für Langstreckenflieger und findet seinen Weg auch auf die Boeing 747 und dann auch auf die 767, für die als 2-motorige Modelle besonders hohe Anforderungen bezüglich der Zuverlässigkeit der Triebwerke gilt.

Triebwerk	Schub (lb)	Tristar	747	767	757	Tu204
RB211-22B	42000	x				
RB211-524B2	50000		x			
RB211-524B4	50000	x				
RB211-524C2	51500		x			
RB211-524D4	53000		x			
RB211-524D4-B	53000		x			
RB211-524G	58000		x			
RB211-524H	60600		x	x		
RB211-524G-T	58000		x			
RB211-524H-T	60600		x	x		
RB211-535C	37400				x	
RB211-535E4	40100				x	
RB211-535E4B	43100				x	x

Alle RB211 mit den dazugehörigen Flugzeugen

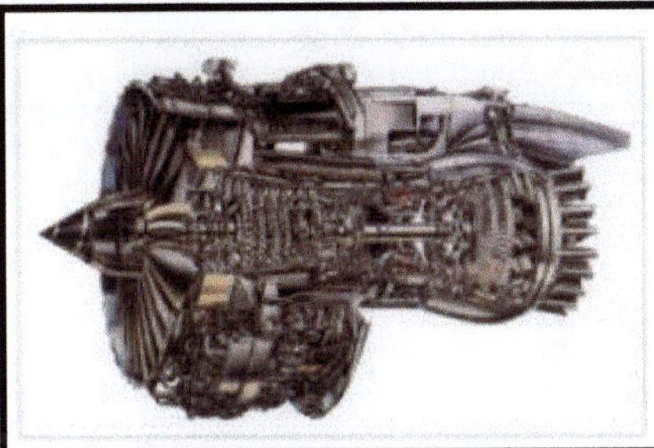

Rolls-Royce RB.211-524H
Turbofan mit 3 Wellen, Erstlauf Feb 1971
Startschub 60600 lb (269.6 kN)
Gesamtdurchsatz 738 kg/sek
Bypassverhältnis 4.3
Verdichtergesamtdruckverhältnis 32.9
Turbineneintrittstemperatur >1500 °K
Fandurchmesser 86.3 in (2.19 m)
Das schubstärkste RB.211 für die Boeing 767

Alle diese Verbesserungen und Schuberhöhungen werden mit ähnlichem Fandurchmesser erreicht, er steigt lediglich um knapp 4 cm vom RB.211-22 bis zum RB.211-524H. Eine größere Änderung des Fandurchmessers gibt es dann aber doch: Für die Boeing 757 entwirft Rolls-Royce ein spezielles RB.211, das der 757 auf den Leib geschneidert wird. Da das RB.211 schon in die Jahre gekommen ist und auch mit Schub und Durchmesser zu groß ist, wird es verkleinert: der Fan wird von 84.8 in (2.15 m) auf 73.2 in (1.86 m) gekürzt.

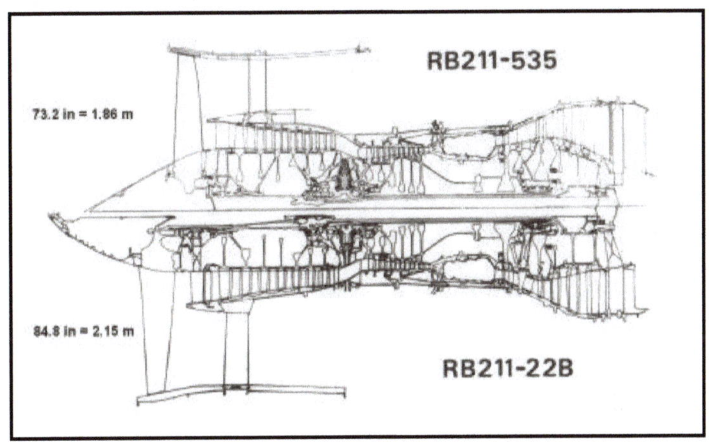

Die iden Varianten RB.211-22B und RB.211-535 im Vergleich

Rolls-Royce RB.211-535-C/E4/E4B
Turbofan mit 3 Wellen, Erstlauf Ende 1979
Startschub 37400-43100 lb (166.4-191.7 kN)
Gesamtdurchsatz 518-522 kg/sek
Bypassverhältnis 4.4/4.3
Verdichtergesamtdruckverhältnis 21.1-27.1
Fandurchmesser 73.2/74.1 in (1.86/1.88 m)
**Das spezielle RB.211 für die Boeing 757,
später für die Tu204**

Hier ein Foto der Boeing 757 mit dem Rolls-Royce RB.211-535. Es weist eine gemischte Düse auf, in der der heiße Strahl, der aus der Turbine austritt, mit dem Fanstrahl gemischt wird. In der Düsenebene existieren dann drei verschiedene Durchsätze: ganz innen der heiße, ganz außen der kalte und dazwischen der gemischte. Eine vollständige Mischung findet also gar nicht statt.

Auf diesen Anblick hat die Luftfahrtwelt lange gewartet: ein russisches Flugzeug mit einem westlichen Triebwerk, eine Tu-204 mit dem RB.211-535. Erstflug der allerersten Tu-204 mit dem russischen Triebwerk Awiadwigatel PS-90A ist am 2.1.1989 und Erstflug mit dem britischen Triebwerk ist am 14. August 1992. Von allen Tu-204 werden bis 2015 etwa 76 Stück gebaut und von der Version mit dem RB.211-235 nur etwa 11 Exemplare, die meisten gehen an die Airlines Cairo Aviation und Air China. Ein großer Erfolg ist diese Kombination also wahrlich nicht.

Im Juni 1987 Ist Go Ahead des Airbus A330 und es liegen die ersten Schubforderungen vor: 64000-68000 lb (285-302 kN). Bei dieser Ausschreibung will Rolls-Royce unbedingt mitmachen, sie wollen zum ersten Mal mit einem vollständigen Triebwerk auf einen Airbus, denn am V2500 der A320 ist RR ja nur zur Hälfte beteiligt. Doch es gibt Konkurrenz, es stehen gleich drei Kandidaten Schlange: General Electric mit dem CF6-80E1, Pratt&Whitney mit dem PW4168 und Rolls-Royce mit einem noch zu entwickelnden RB.211.

Das RB.211-524H kann nur 60600 lb (270 kN) Startschub liefern, das ist zu wenig für die A330. Also muss Rolls-Royce dieses Triebwerk weiter entwickeln. Das Dreiwellenprinzip macht es etwas leichter als bei den Zweiwellern. Das RB.211-524L bekommt zu allererst einen größeren Fan, 97.5 in statt 86.3 in (2.48 m statt 2.19 m). Dieser Fan benötigt mehr Leistung, also bekommt die Niederdruckturbine eine Stufe mehr und der Mitteldruckverdichter auch eine Stufe mehr, um das Gesamtdruckverhältnis zu erhöhen. Mit diesen Umbauten steigt der Schub auf 71100 lb (316 kN) und das Bypassverhältnis von 4.1 auf 5.1. Die Länge nimmt deutlich zu.Eine fundamentale Entscheidung wird noch gefällt : das Triebwerk wird umbenannt. Da es so aussieht, dass hier eine neue Triebwerksfamilie entsteht wird, entscheidet Rolls-Royce :

aus dem RB.211-524L wird das Trent 700.

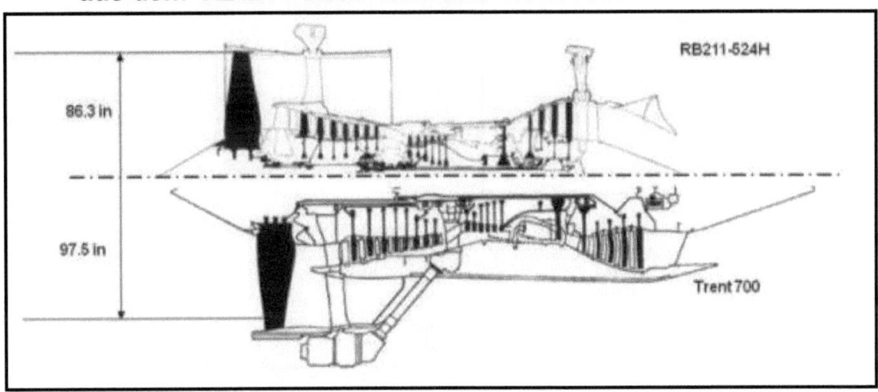

Das RB.211-524H und das Trent 700

Das ist das dritte Mal, dass Rolls-Royce einem Triebwerk den Namen Trent gibt. Das erste Trent ist ein umgebautes Derwent II, das ist das Triebwerk der Gloster Meteor, die als erstes Strahlflugzeug Englands in die Serie ging und im Einsatz ab Mitte 1944 die deutschen V1 vom Himmel schubste.

Links eine Gloster Meteor mit einem Strahltriebwerk Rolls-Royce Derwent II und rechts eine Meteor mit dem daraus entwickelten Turboprop, der den Namen Rolls-Royce RB50 Trent bekommt. Es ist das erste Turboproptriebwerk der Welt, das fliegt. Erstflug ist am 20.9.1945, der 5-Blatt Propeller hat eine Durchmesser von 2.41 m und eine Leistung von 750 shp, das Resttriebwerk liefert 1000 lb (44.5 kN) Schub. Die Regelung mit zwei Hebeln für Gasgenerator und Propeller erweist sich als zu schwierig, RR baut um auf eine Regelung mit einem Hebel und der Propeller wird auf 1.49 m Durchmessser gestutzt. Die Tests enden im Oktober 1948 und liefern wichtige Erkenntnisse für die Konstruktion weitere Turboprops.

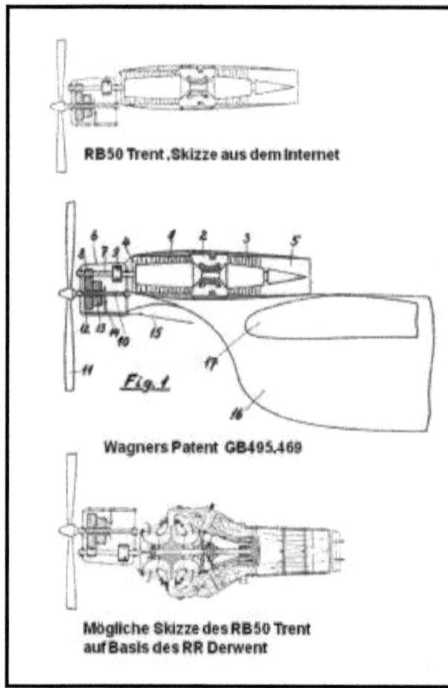

RB50 Trent ,Skizze aus dem Internet

Wagners Patent GB495,469

Fig.1

Mögliche Skizze des RB50 Trent
auf Basis des RR Derwent

Das RB 50 Trent

Links oben ein schematischer Querschnitt durch das RB50 Trent, diese Ansicht ist im Internet mehrfach zu finden und ist sicher falsch. In der Mitte findet sich die Fig. 1 aus dem Patent des Herbert Wagner GB495,469 von 1936, das die Idee eines Turboprops zeigt, allerdings mit einem Basistriebwerk, das einen Axialverdichter und eine genauso lange Axialturbine aufweist. Möglich fürs RB50 könnte der schematische Querschnitt wie die Abbildung links unten aussehen, auf der Basis des RR Derwent mit einem doppelflutigen Radialverdichter und einer einstufige Axialturbine.

Das zweite Triebwerk aus dem Haus Rolls-Royce mit dem Namen RB.203 Trent wird am Anfang dieses Kapitels bereits erwähnt. Von diesem ersten 3-Weller werden allerdings nur 5 Exemplare gebaut, die aber wichtige Erkenntnisse für das RB.211 liefern.

Aus der RB.211-Familie geht dann das dritte Trent hevor, das speziell für die A330 entwickelt wird und die Bezeichnung Trent 700 erhält. Die Namensgebung geht zurück auf Sir Ralph Robins, dem damaligen obersten Direktor (CEO) von Rolls-Royce, der gesagt haben soll: Wir haben dem RB.211-524L den Namen Trent gegeben, weil der Trent ein großer, mächtiger Fluss ist und ebenso ein großes, mächtiges Triebwerk (dies war alte Tradition, besondere Triebwerke nach englischen Flüssen zu benennen). Außerdem wolle man von den alten Bezeichnungen weg, mit den vielen Zahlen, die an Telefonnummern erinnern.

Ganz am Anfang der Trent Entwicklung um 1989 hat Rolls-Royce mehrere Flugzeuge im Visier: die McDonnell-Douglas MD11, die Boeing 767-X und die A330. Alle diese Flugzeuge benötigen Triebwerke mit 65000-85000 lb (289-378 kN) Startschub. Das aber ist mit einem Fandurchmesser nicht machbar und Rolls-Royce entscheidet sich beim ersten Trent Prototyp, der für die MD11 vorgesehen ist, erst einmal für einen Fandurchmesser von 94.5 in = 2.40 m. Der Erstflauf ist am 27.8.1990 und man erreicht in der ersten Testphase 70000 lb (311 kN). Mit 65000 lb (289 kN) soll dieser Trent 600 dann in den Liniendienst gehen.

Aber es kommt anders. Die MD-11 kann fast keine Version mit dem Rolls-Royce Triebwerk verkaufen und macht ihren Erstflug am 10.1.1990 mit einem General Electric CF6-80C2. Später fliegt sie alternativ mit dem Pratt&Whitney PW 4460. Damit ist das Trent 600 als Projekt gestorben und wird nur noch als Demonstrator benutzt.

Es bleiben also noch die A330 und die 767-X für eine Trent Anwendung. Die 767-X ist mittlerweile völlig neu konzipiert worden, hat auf Anraten der Airlines einen größeren Rumpfdurchmesser erhalten und heißt nunmehr Boeing 777. Ihr Schubbedarf liegt bei 75000-85000 lb (334-378 kN) und in der Zukunft soll es bis 95000 lb (423 kN) gehen. Das Triebwerk auf der A330 bekommt die Bezeichnung Trent 700. Es ist das einzige Trent mit langer Gondel, in der der kalte und der heiße Durchsatz nebeneinander die gemeinsame Düse verlassen. Nur die Grenzschichtwirkung der zwei Kreise führt zur Vermischung, die allerdings nur Teile der zwei Kreise erfasst. Rechnerisch verlassen drei verschiedene Durchsätze die Düse.

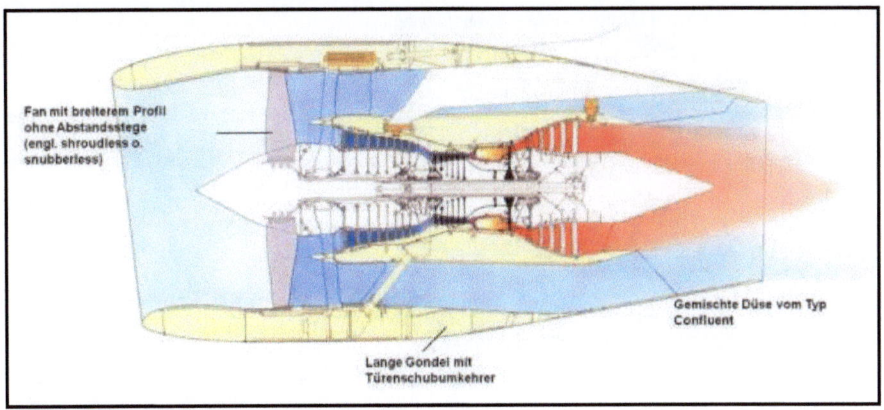

Oben ein Querschnitt durch das Trent 700 mit langer Düse.

Links eine A330 der Cathay Pacific mit dem Trent 700, sofort erkennbar an der langen Gondel.

Rolls-Royce Trent 700
Turbofan mit 3 Wellen, Erstlauf Aug 1990
Startschub 58000-71000 lb
      (258-316 kN)
Gesamtdurchsatz 898-919 kg/s
Bypassverhältnis 5.1-5.0
Fandurchmesser 97.5 in = 2.47 m
Verdichtergesamtdruckverhältnis 33.7-35.5
Speziell für die A330 entwickelt

Nach der A330 kommt die Boeing 777 dran. Ihr Schubbedarf, der zuweilen bis 100000 lb (445 kN) geht, erfordert einen deutlich größeren Fan als die 97.5 in des Trent 700. Jetzt erweist sich die 3-Wellenbauart als großer Vorteil, eine Änderung des Fans hat keinen Einfluss auf den Core (Mittel- und Hochdruckteil), lediglich die Anzahl der Niederdruckturbinenstufen muss angepasst werden. Zwei weitere Fähigkeiten aber perfektioniert Rolls-Royce immer weiter: zum einen die Kunst des Skalierens, vor allem des Cores, und dann die Kunst der ständigen Verbesserung des Fans (s.später).

Beim Trent 800 für die Boeing 777 geht Rolls-Royce auf 110 in (2.79 m) Fandurchmesser. Der Core des Trent 700 wird hingegen nur leicht verbessert übernommen. Und fertig ist ein Turbofan, dessen Startschub bis 104000 lb (463 kN) reicht. Erstlauf ist im September 1993. Bei der Gondel des Trent 800 mit getrennten Düsen wird 2002 mit einer Erfindung experimentiert, die sich Chevron Düse nennt. Die sägezahnähnliche Hinterkante vermischt in kleinem Maßstab die innere Düsenluft mit der äußeren Umströmung und führt zu einer gewissen Lärmminderung..

Die Einflüsse der Chevron Düse beim Trent 800 werden detailliert vermessen, aber für die 777 wird diese Düse doch nicht eingeführt. Bei der Boeing 787 aber wird sie zur Standarddüse für den Trent 1000.

Rechts ein Foto des Trent 800 wie er dann Standard an der Boeing 777 wird. British Airways hat sich für seine 777 natürlich für die Triebwerke aus dem Mutterland entschieden.

Das Trent 500 ist das vierte Modell aus der Trent Familie und wird speziell für die A340 entwickelt. Das Trent 500 übernimmt die Fangröße des Trent 700 und auf 80% herunterskalierte Verdichter, Brennkammern und Turbinen des Trent 800. Der Fan ist dabei eine verbesserte Version vom Trent 700.

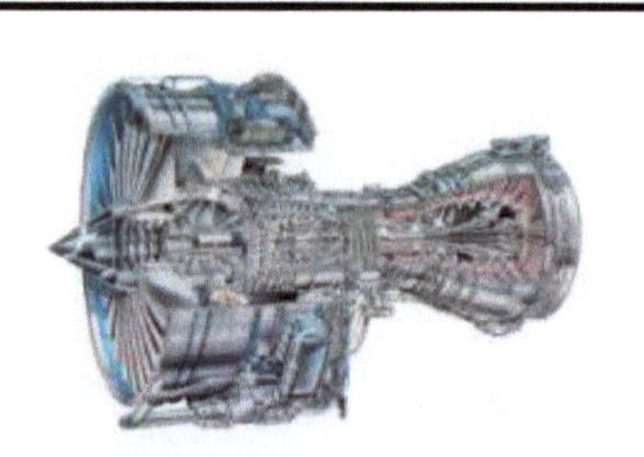

Rolls-Royce Trent 553/556/560
Turbofan mit 3 Wellen, Erstlauf 29.5.1999
Startschub 53000/56000/60000 lb
     (236/249/267 kN)
Gesamtdurchsatz 838/858/880 kg/sek
Bypassverhältnis 8.7/8.5
Fandurchmesser 116 in = 2.96 m
Verdichtergesamtdruckverhältnis 35-37
Das RR Triebwerk für die A340-500/600
Zertifiziert bis 60000 lb, anfangs aber mit
weniger Schub eingesetzt

Links ein Foto der A340-600 auf der ILA 2002. Das Trent 500 besitzt kurze Gondeln mit getrennten Düsen für den kalten und den heißen Kreis.

Auch das Trent für die A3XX, der späteren A380, ist keine Neuentwicklung. Hier nimmt RR den Fan vom Trent 800, dessen Durchmesser 110 inch = 2,79 m beträgt. Der Niederdruckverdichter stammt vom Trent 500 und wird um 13% hochskaliert. Der Hochdruckverdichter stammt ebenfalls vom Trent 500 und wird um 10% höherskaliert. Alle drei Turbinen entsprechen der Größe beim Trent 800. Die Verkleinerung des Mittel- und Hochdruckteils (zumindest in den Verdichtern) ergibt dann automatisch eine Vergrößerung des Bypassverhältnisses von 6.34 beim Trent 892 auf 7.84 beim Trent 900-9. Diese Fangröße und die dazugehörigen Leistungsdaten bleiben bis zum Jahr 2000 erhalten, werden dann aber wegen der Lärmfrage noch einmal revidiert (wie beim Engine Alliance GP7200).

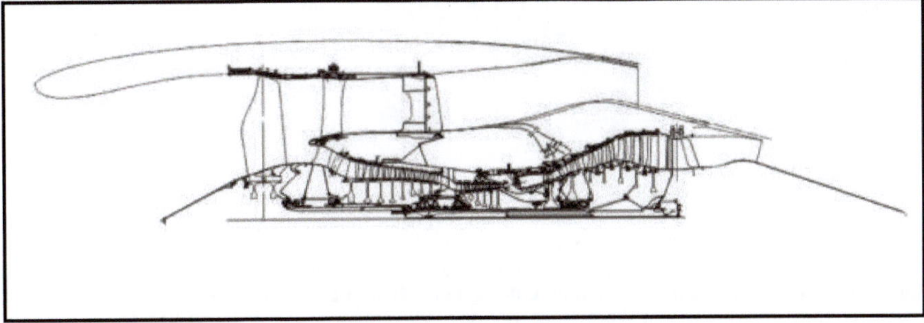

Das Rolls-Royce Trent 900 mit dem (alten) 110 inch Fan (2.79 m).

Rolls-Royce Trent 900
Turbofan mit 3 Wellen, Erstlauf Mai 2004
Startschub 70000-80000 lb (311.4-355.9 kN)
Gesamtdurchsatz 1204-1245 kg/s
Bypassverhältnis 8.7/8.5
Fandurchmesser 116 in = 2.96 m
Verdichtergesamtdruckverhältnis 37-39
Das RR Triebwerk für die A380 in der endgültigen Konfiguration mit dem größeren Fan

Für die A380 geht Rolls-Royce zurück zum Durchmesser 110 in (2.79 m) und stellt dann fest, dass die Lärmwerte dem Erstkunden Singapore Airlines noch nicht gefallen. Rolls-Royce muss bis 116 in (2.95 m) Fandurchmesser gehen, um das Lärmproblem zu lösen.

Das Trent 900 auf der A380

Beim Trent 1000 für die Boeing 787 taucht die Chevron Düse wieder auf und wird in die Serie übernommen. Der Sägezahn findet sich aber nur an der kalten Düse.

Eine große Neuigkeit beim Trent 1000 ist der Verzicht auf Abzapfluft für die Klimaanlage. Jahrzehnte lang wurde und wird bei allen zivilen Strahlflugzeugen die Luft für die Klimaanlage aus den Triebwerken als Zapfluft entnommen. Die Vorschrift verlangt 10,7 Kubikfuß Frischluft pro Minute pro Passagier. Am Triebwerk sind zu diesem Zweck in der Mitte und am Ende des Verdichters Zapfstellen vorgesehen. Die entnommene Luft hat bei höherem Schub des Triebwerks meist zu hohe Temperatur und muss in einem Wärmetauscher gekühlt werden, bevor sie in die Klimaanlage eintritt. Dieses System ergibt eine Erhöhung des spezifischen Kraftstoffverbrauchs von etwa 2 - 4 %. Ein großer Nachteil besteht in der Gefahr von Kontaminierung durch Öldämpfe, die im Triebwerk durch fehlerhafte Wellenlager passieren können und zu ernsthaften Störungen bei den Passagieren und Piloten führen. Nur einmal in der Geschichte hat die Douglas DC-8 es anders gemacht und die Klimaluft der Umgebung entnommen und in speziellen Kompressoren verdichtet und dann in die Klimaanage geliefert. Bei Trent 1000 für die Boeing 787 wird die Luft ebenfalls der Umgebung entnommen und mit elektrischen Kompressoren verdichtet.   Diese erhalten die Energie von Generatoren, von denen zwei pro Triebwerk je 250 kVA liefern und gleichzeitig als Starter dienen.

Das Trent XWB ist das einzige Triebwerk für die A350 und mit einem Fandurchmesser von 118 in (3.00 m) das größte Trent bisher. Er kann bis 97000 lb (431 kN) Startschub produzieren. Am 14.6.2013 fliegt die A350 zum ersten Mal mit diesem Trent.

Rolls-Royce Trent XWB
Turbofan mit 3 Wellen, Erstlauf 14.Juni 2010
Startschub 84000-97000 lb (374-431 kN)
Durchsatz 1440 kg/s
Bypassverhältnis 9.6
Fandurchmesser 118 in = 3.00 m
Gesamtdruckverhältnis 50
Der RR Turbofan für die A350 XWB

Das Trent 7000 für die A330neo ist das neueste Mitglied in der Trent Familie und ist im November 2015 erstmals gelaufen. Es kombiniert alle Erkenntnisse seiner Vorgänger und erreicht mit seinem Bypassverhältnis 10 und seinem Gesamtdruckverhältnis von 50 neue Rekordwerte.

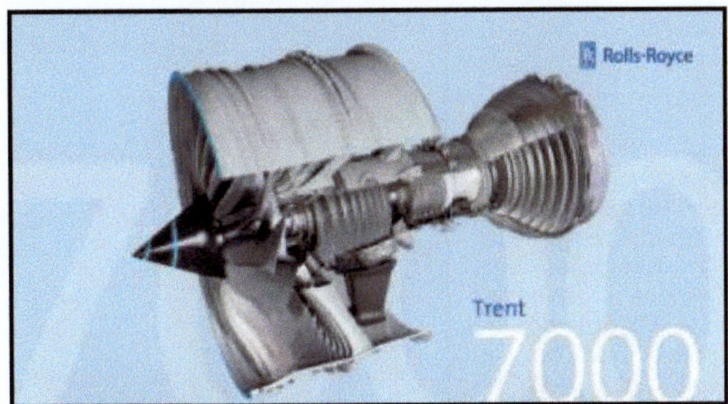

RB.211

Trent500

Trent XWB

Oben einige Frontansichten der einzelnen Fans, diesmal mit dem größten Trent XWB. Er besitzt am Außenradius der Schaufel eine kleine Spitze, die in die Drehrichtung zeigt. Was sie bedeutet, weiß nur Rolls-Royce.

Die wohl offensichtigste Entwicklung innerhalb der Trent Familie seit der Umbenennung des RB.211-524L findet auf dem Gebiet der Fantechnologie statt. Langjährige Forschung mit Hilfe der fortschreitenden Computerfähigkeiten und aufwändige Tests im Windkanal führen zu immer komplizierteren Formen der Fanschaufeln. Vor allem der Übergang von den schmalen Schaufeln mit geringer Profiltiefe zu den sogenannten Wide Chord Fans (also mit weiter Profiltiefe) lässt zum einen die Abstandshalter (clapper oder snubber) verschwinden und den Wirkungsgrad um etwa 4 % steigen.

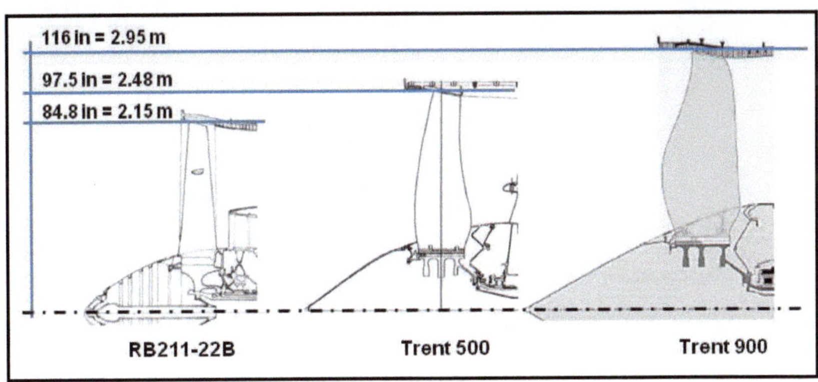

Oben eine Darstellung der Fanentwicklung bei Rolls-Royce: Ganz links der erste RB.211 Fan aus Titan, der nach der Katastrophe mit dem Kunststoff-Fan in die Serie geht. Er besitzt ein kurzes Profil mit grader Vorder-und Hinterkante und Abstandshalter, die ein Schwingen der Schaufeln verhindern sollen. Der Fan des Trent 500 besitzt ein tiefes Profil und gekrümmte Vorder- und Hinterkante und braucht keine Abstandshalter mehr. Ganz rechts der Fan des Trent 900, dessen Vorderkante noch stärker gekrümmt ist. Vom noch größeren Fan des Trent XWB (mit 118 in) existiert noch kein Seitenriss.

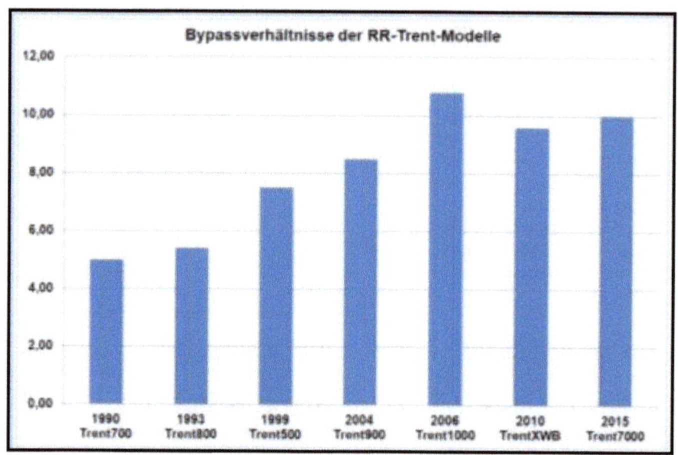

Ein Plot des Bypassverhältnisses der einzelnen Trent Mitglieder zeigt, dass für Turbofans ohne Getriebe eventuell eine Grenze bei 11 erreicht wird. Da wird auch die 3-Wellen Bauart an ihre Grenze stoßen.

Ab 2008 läuft ein gigantisches Technologie Programm Clean Sky der EU, mit 5.6 Milliarden € wird die Zukunft der Luftfahrt gefördert. Unter der Überschrift SAGE (Sustainable and Green Engines) entwickelt Rolls-Royce den Turbofan der Zukunft. Sie gehen in mehreren Schritten vor. Zuerst wird ein neuer Fan entwickelt, er heißt CTI (Composite Titan) und wird auf einem Trent1000 installiert und im Oktober 2014 im Flug getestet. Parallel wird ein neuer Core ALPS entwickelt, der eine völlig neue Anordnung der einzelnen Verdichter und Turbinen aufweist. Und als letzten Schritt wird der ALPS Core mit dem CTI Fan und einem Getriebe zum UltraFan vereinigt. Es soll das größte Triebwerk der Welt werden mit 140in (3.56m) Durchmesser, einem Bypassverhältnis von 15 und einem Gesamtdruckverhältnis von 70. Baubeginn des UltraFan ist im März 2021.

Mit dem UltraFan verlässt Rolls-Royce einige Prinzipien der Vergangenheit. 50 Jahre nach dem Desaster mit dem Hylfil Fan wagen sie wieder einen Fan aus Komposit Material. Der Fan besteht aus 500 Lagen und erhält eine Vorderkante aus Titan. Der größte Schritt ist das Getriebe, das als Planetengetriebe um 100000 PS überträgt.

Links der Rolls-Royce UltraFan

Fazit 2022 : 51 Jahre nach dem Bankrott von 1971 ist die Firma Rolls-Royce auf Erfolgskurs. Die Trent Familie ist auf vielen Boeing und Airbus Modellen zu finden und wächst fast jedes Jahr um ein neues Familienmitglied. Das alles verdankt Rolls-Royce vor allem der der 3-Wellen-Bauart, der Kunst des Skalierens und der Technologie der Fans. Mit dem UltraFan wagt RR einen gewaltigen Schritt in die Zukunft.

4.2 General Electric

Die Entwicklung eines Triebwerks ist keine Standardprozedur. Viele Wege führen nach Rom, viele Wege führen zu einem Triebwerk. Die ersten Erfinder hatten es da einfach, ihnen genügte ein leeres Blatt Papier, zuweilen eine Vorlage als Inspiration, ein Anmeldeformular fürs Patentamt und dann brauchten sie noch viel Geduld, viel Durchhaltevermögen und auch viel Glück. In der Folge entstand langsam und mühevoll ein Triebwerk, das Schub produzierte. Und wenn dieses Triebwerk dann gar ein Flugzeug zum Fliegen brachte, war es ein großer Erfolg.

Später wird alles komplizierter. Weil das nächste Triebwerk besser sein soll als sein Vorgänger oder als das Modell der Konkurrenz, liegen Forderungen oder Spezifikationen auf dem Tisch, die als Zielvorgabe die Entwicklungsarbeiten bestimmen. Noch im Krieg lauten gängige Forderungen: mehr Schub, kleinerer Durchmesser, längere Nutzungsdauer, stabiles Verhalten und weniger Kraftstoffverbrauch. Die Triebwerke, die am Ende des Krieges in der Serienproduktion stehen, erfüllen zumeist diese Forderungen.

Ähnlich wie in England ist auch in den USA schon in den 20er Jahren und im Juni 1940 die Gasturbine für Flugzeuge studiert worden und für untauglich erklärt worden. Anfang 1941 allerdings muss diese Einstellung korrigiert werden. Am 12.4.1941 fliegt General Henry H. Arnold, Chief of the Army Air Corps nach England, zu einem Treffen mit Ministern und der RAF. Die englische Seite ist bereit, ihm das Whittle Triebwerk zu zeigen, aber nicht gleich und so fliegt Arnold zurück, ohne das Whittle Triebwerk gesehen zu haben. Als Arnold dann am 15.5.1941 vom Erstflug der E28/39 erfährt, teilt er der englischen Regierung mit, die Strahltriebwerksentwicklung müsse auf beiden Seiten des Atlantik stattfinden. Am Ende langer Verhandlungen wird dann beschlosen: die USA erhalten das W.1X als komplettes Triebwerk und die gesamten Unterlagen über das W.1X und die Weiterentwicklung W.2B.

Frank Whittle hat ja zwei Triebwerke im Bau für sein erstes Strahlflugzeug, einmal das W.1 , das dann auch den Erstflug durchführt und dann ein W.1X, das Teile enthält, die doppelt produziert worden sind oder die das W.1 nicht braucht. Dieses nicht flugtaugliche W.1X wird am 1.Oktober 1941 in handliche Kisten verpackt und in einer B-24 in die USA geflogen und dort der Firma GE übergeben. General Arnold hat GE ausgewählt und präsentiert Anfang September vor der GE Mannschaft die Unterlagen mit dem berühmt gewordenen Satz: „Gentlemen, ich gebe Ihnen das Whittle Triebwerk".

In Lynn, Massachusetts wird das W.1X getestet und dann ein Nachbau gebaut mit einigen Abänderungen und Verbesserungen, es läuft am 18.April 1942 unter der Bezeichnung „Type I" und führt nach weiteren Korrekturen zum I-A , das am 18.5.1942 läuft mit einem Schub von 1250 lb und einem Druckverhältnis von 3:1. Zwei Exemplare des I-A werden dann in das erste Strahlflugzeug der USA, in die Bell XP-59A eingebaut und am 2.Oktober 1942 erfolgt der Erstflug.

Dieser Weg der Triebwerksentwicklung kann die Bezeichnung „Kopieren und Verbessern" erhalten und ist sehr oft gegangen worden. Immer wieder ergibt es sich, dass ein Land oder eine Firma im Hintertreffen ist und nur durch erlaubtes oder auch unerlaubtes Kopieren und Verbessern den Anschluss wieder gewinnen kann.

Eine geradezu ideale Form der Triebwerksentwicklung liegt dann vor, wenn eine Triebwerksfirma den Anforderungen der Flugzeugfirmen nicht hinterher rennt, sondern genügend Zeit hat, sich auf möglichst viele Herausforderungen durch Vorarbeiten vorzubereiten. Als 1962 die US Luftwaffe die Industrie um eine Vorhersage möglicher zukünftiger Technologien bittet, werden auch bei GE wahre Berge von Unterlagen erzeugt, sicherlich meist nur von theoretischer Natur, unter denen sich auch ein Hubgebläse befindet. Diese Flachtriebwerk für Senkrechtstarter besteht aus einem einfachen Axialtriebwerk, wie es z.B. das General Electric J85 darstellt, bei dem der Strahl nicht ins Freie strömt, sondern in die Spitzenturbine eines gegenläufigen Fans von großem Durchmesser. Mittels eines Umschaltventils kann dabei vom Vorwärtsschub zum Senkrechtschub umgeschaltet werden. Der Schub eines reinen J85 beträgt 2660 lb, der eines Hubgebäses 7380 lb , das ist eine Steigerung auf das 2.8 fache. Das Verhältnis der Luftdurchsätze beträgt 13. GE hat schon länger an einem derartigen Liftfansystem gearbeitet, der Auftrag ist im November 1961 erteilt worden, das dazugehörige Flugzeug heißt Ryan XV-5A und hat am 25.5.1964 seinen Erstflug mit dem Liftfan von GE.

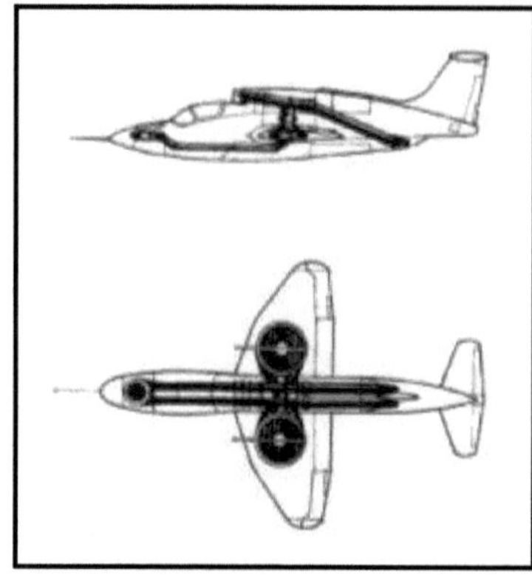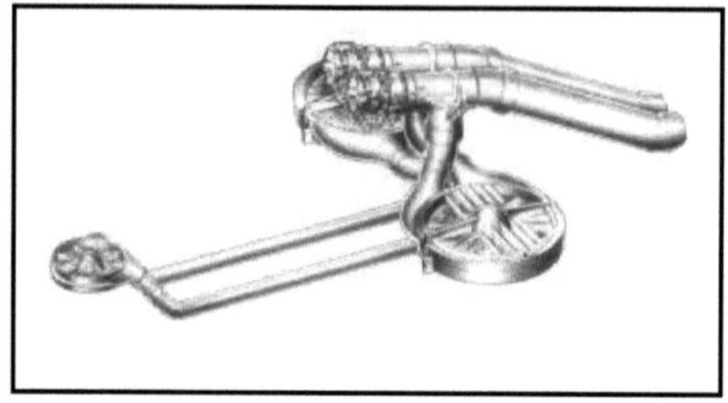

Die Ryan XV-5 mit ihrem Antriebssystem. Zwei J85 können entweder Vorwärtsschub erzeugen oder mittels dreier Hubgebläse Senkrechtschub.

Alternativ zum Antrieb eines Hubgebläses kann aber auch ein Reisegebläse (Cruisefan) mit einem Kerntriebwerk angetrieben werden, dann erhält man einen Reisefan, der dann seinen Schub nicht nach oben, sondern nach vorne richtet.

Mit diesen Unterlagen kommt die USAF zu der Erkenntnis, dass für ihren zukünftigen Großtransporter (CX-HLS , später die C5A Galaxy von Lockheed) die Verwendung von Triebwerken mit hohem Nebenstromverhältnis (High Bypass Ratio = HBPR) möglich sei, und fordert GE auf, ein solches Demonstrationstriebwerk zu bauen.

GE´s Entwicklungsingenieure sind vorbereitet. Sie haben schon 1961 begonnen, über ein neues Triebwerk als Kern einer ganzen Familie nachzudenken. Das Motto lautet: ist der Kern gut, ist das Triebwerk gut. Das Prinzip nennt sich „Building block" , was übersetzt „Baukasten" bedeutet. Man will ein Kerntriebwerk mit Verdichter, Brennkammer und Turbine nach neuestem Stand des Wissens bauen und dann mit Hilfe von passenden Komponenten zu komplizierteren Gesamttriebwerken zusammensetzen. Als Komponenten kommen in Frage : Nachbrenner, Frontfans mit unterschiedlichem Bypassverhältnis, Ablenkdüsen, Liftfans, und schließlich Zusatzturbinen zur Leistungserzeugung.

Das Programm erhält den Namen GE1 und läuft über viele Jahre. Am Ende 1970 hat General Electric im ganzen 36 Versionen von Triebwerken entworfen und 15 Versionen getestet. Die allererste Version heißt GE1/J1B und hat ihren Erstlauf 1963, es ist ein kleines Triebwerk mit 14-stufigem Verdichter, einer Ringbrennkammer und einer einstufigen Turbine. Der Standschub beträgt etwa 5200 lb (23.13 kN).

Vor dieses Kerntriebwerk setzt GE einen großen Fan mit 1 ½ Stufen, der mit einer 2. Welle von einer 3-stufigen Turbine angetrieben wird. Das Bypassverhältnis beträgt 8.0, ein für die Zeit gradezu futuristischer Wert, der dann zu einem spezifischen Kraftstoffverbrauch von 0.336 lb/h/lb führt, das ist die Hälfte damals üblicher Werte. Der Schub dieses GE1/6 beträgt 16230 lb (72.2 kN), das 3.1 fache des Kerntriebwerks.

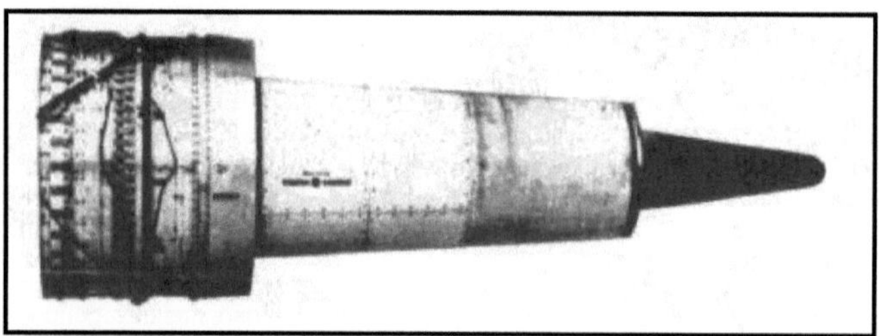

Oben das Versuchstriebwerk GE1/6 mit seiner einmaligen Form : Kerntriebwerk und Abströmkonus sind extrem lang.

132

Der Erstlauf des GE1/6 ist im Dezember 1964, die Abgabe des Gesamtangebotes im April 1965. Im Oktober 1965 entscheidet die US Air Force sich für die Großversion dieses Hochbypasstrieb-werks, das TF39 getauft wird. Der Erstlauf ist im Dezember 1965, der erste Flug auf einer Boeing B-52 am 9.6.1967.

Parallel zu den Triebwerken findet der Wettbewerb um den zukünftigen Großtransporter statt. Boeing, Douglas und Lockheed haben teilgenommen und Angebote abgegeben und der Gewinner heißt : Lockheed. Der Erstflug des Flugzeuggewinners Lockheed C-5A mit dem Triebwerksgewinner TF39 findet am 30.6.1968 statt.

Links das TF39 im Prüfstand mit Versuchseinlauf (engl.: bellmouth inlet = Glockeneinlauf). Der Versuchsingenieur verdeutlicht die riesigen Abmaße. Die ungewöhnliche Form ist geblieben und bis heute einmalig.

Rechts und unten : hier wird das TF39 auf einer Boeing B52 getestet.

Das TF39 im Prüfstand, diesmal ohne Bellmouth und tiefer hängend. Besonders gut erkennbar der gewaltige Abströmkonus.

Die Lockheed C-5A mit 4 General Electric TF39 in Paris beim Aerosalon im Juni 1971.

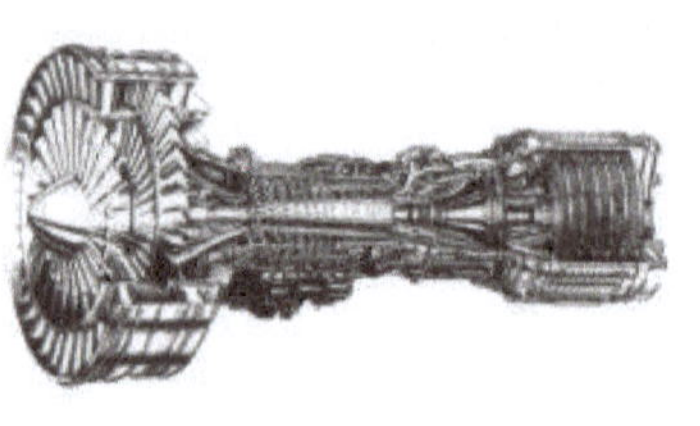

Die Verlierer des Großtransporter-Wettbewerbs heißen Douglas und Boeing auf der Flugzeugseite und Pratt&Whitney auf der Triebwerksseite. Boeing aber gibt nicht auf und arbeitet seinen Entwurf um in ein Großraum-Passagierflugzeug, das die Nummer 747 bekommt. Boeings erste Triebwerkswahl ist das P&W JT9D, aber sie bitten auch GE, aus dem TF39 eine zivile Variante zu entwickeln.

Für die viermotorige 747 und für die zweimotorigen Großraumflugzeugprojekte der Firmen Lockheed und Douglas reicht aber der Schub des ersten CTF39 Entwurfs, der in CF6 umbenannt wird, nicht aus. 32000 lb (142.3 kN) oder 36000 lb (160.1 kN) Schub sind einfach zu wenig. Erst als die Flugzeugentwürfe dreimotorig werden und das CF6 auf dem Papier 40000 lb (177.9 kN) erreicht, passen das Triebwerk und die Flugzeuge wieder zusammen.

Das CF6 baut auf dem TF39 auf, weist aber Unterschiede auf . Der Fan wird völlig über-arbeitet, statt des 1 ½ stufigen TF39 Fans von 93.5 inch (2.37 m) Durchmesser erhält das CF6 einen einstufigen Fan von 86.4 inch (2.19 m) Durchmesser und eine einstufige Boosterstufe nur für den inneren Kreis. Das Bypassverhältnis geht auf 5.9 zurück. Wie die nachfolgende Abbildung zeigt, wird das CF6 durch den Umbau erkennbar kürzer und der Niederdruckteil wird kompakter, leider auch schwerer, und damit besser geeignet für die zivile Nutzungsdauer von mindestens 3000 Stunden pro Jahr, wohingegen ein militärischer Transporter wie die C-5A nur etwa 1000 Stunden im Jahr fliegt.

TF39 und CF-6

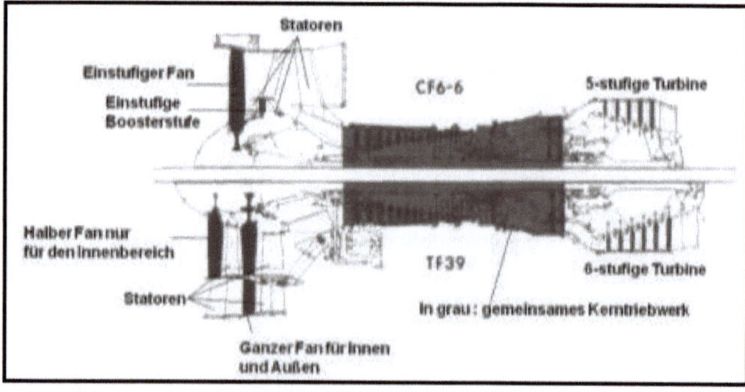

Auch für das CF6-6 dient die B52 als Testflugzeug. Die zivile Variante CF6 ist deutlich kürzer als die militärische Variante TF39 und hat eine andere Form, der Abströmkonus fehlt völlig.

Der erfolgreichen, technischen Entwicklung und Erprobung des CF6-6 folgt die Vermarktung dieses Triebwerks: es muss ein dazu passendes Flugzeug gefunden werden. Bei der 747 scheint sich Boeing auf das JT9D von P&W zu konzentrieren, Lockheed neigt bei der dreistrahligen L-1011 Tristar dem Angebot von Rolls-Royce zu, die ein besonders kompaktes Triebwerk mit 3 Wellen vorschlagen, das einen ultramodernen, ultraleichten Kunststoff-Fan besitzt. So intensiviert GE die Zusammenarbeit mit Douglas an der DC-10, kann aber erst erfolgreich sein, als sie ein Gesamtpaket geschnürt haben mit Triebwerk, Gondel und Wartung aus einer Hand. Der Bau der äußeren Gondel soll dabei von der Firma Rohr in San Diego übernommen werden.

Douglas akzeptiert das Gesamtpaket und die erste Variante der neuen Triebwerksfamilie CF6-6D wird auf der DC-10 installiert. Die Anbringung der zwei Triebwerke unter den Flügeln ist sicher keine leichte Aufgabe, die Installation des dritten Triebwerks im Heck aber ist diffizil. Man entscheidet sich für eine durchgehende Gondel in der Wurzel des Seitenleitwerks mit einem Einlauf vor dem Seitenleitwerk und der Triebwerkslage sehr weit hinten, um die Auswirkung einer Schaufelzerlegung möglichst klein zu halten.

Dieses Flugzeug wird dann den Airlines angeboten und es bedarf einer gewaltigen Anstrengung von General Electric und McDonnell Douglas (McDonnell hat inzwischen Douglas übernommen), um die Welt der Airlines davon zu überzeugen, dass diese DC-10 besser ist als die Lockheed L-1011 Tristar. Als American Airlines und United Airlines die DC-10 kaufen, ist das CF6 Programm gerettet und die DC-10 ist es auch.

Ein weiterer entscheidender Schritt ist die Verkaufskampagne in Europa. Hier ergibt sich das Problem, dass für die europäischen Airlines die DC-10-10 etwas zu klein und die Reichweite etwas zu kurz ist. McDonnell Douglas reagiert sofort mit der Variante DC-10-30, die größer ist als die DC-10-10 und auch weiter fliegt, aber auch mehr Schub braucht, nämlich drei mal 50000 lb (222.4 kN). GE muss also in kurzer Zeit das CF6-6D um 10000 lb Schub verbessern.

Die DC-10-10 macht ihren Erstflug, am 29.8.1970 in Long Beach, angetrieben von 3 Triebwerken General Electric CF6-6D mit je 40000 lb (177.9 kN). Zur Luftfahrtshow in Le Bourget im Juni 1971 besitzt diese Testmaschine dreieckige Wirbelerzeuger auf der Oberseite der Gondeln, die mit einem (meist unsichtbaren) Wirbel die Strömung auf der Oberseite des Flügels stabilisieren. Auf diesem Foto besonders deutlich sichtbar : das Hecktriebwerk, dessen Gondel von den anderen Triebwerken abweicht. Die Fanebene des Hecktriebwerks befindet sich etwa da, wo auf der Gondel außen die Buchstaben DC aufgemalt sind. Alles davor ist ein sehr langer Einlauf.

Die DC-10 1971 in Le Bourget.

Die erste Idee zur Schuberhöhung des CF6-6D sieht fast einfach aus: Der Fan bleibt unverändert, dreht aber schneller, danach folgen 3 Boosterstufen (to boost = verstärken, erhöhen) im Verbindungskanal zum Hochdruckverdichter (hier hatte man in weiser Voraussicht hinter der einen Stufe des -6D genug Platz für weitere Stufen gelassen). Am Ende des Hochdruckverdichters will man 2 Stufen entfernen, um den Durchsatz zu erhöhen. Mit wenig mehr Turbineneintrittstemperatur hofft GE auf die geforderten 50000 lb Schub zu kommen. Aber so einfach ist es dann doch nicht, der neue Kompressor verliert alle Schaufeln, die dann alle erst mal verstärkt werden müssen, um den erhöhten Belastungen Stand zu halten. Am Ende hat GE mehr geändert als ihr Chef Gerhard Neumann wollte, aber es wird ein gutes Triebwerk und bekommt die neue Bezeichnung CF6-50. Als Konsequenz der Erhöhung des heißen Durchsatzes bei gleichbleibendem kalten Durchsatz reduziert sich das Bypassverhältnis von 5.9 auf 4.4.

CF6-6 und
CF6-50

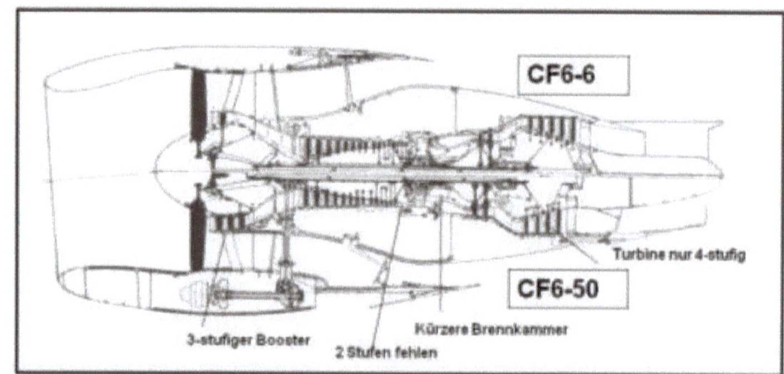

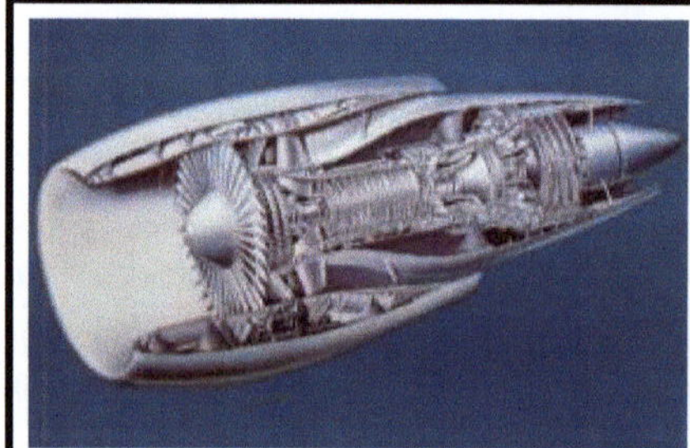

General Electric CF6-50A
Turbofan mit 2 Wellen, Erstlauf Januar 1969
Startschub 49000 lb (218 kN)
Gesamtdurchsatz 653 kg/sek
Bypassverhältnis 4.4
Verdichtergesamtdruckverhältnis 28.6
Turbineneintrittstemperatur 2425°F (1603 °K)
Fandurchmesser 86.4 in (2.19 m)
Der schubverstärkte Nachfolger des CF6-6.

Mit diesem CF6-50A gelingt dann der Durchbruch in Europa. Die KSSU Gruppe (KLM, Swissair, SAS, UTA) kaufen die DC-10-30 und die Airlines der Atlas Gruppe (Air France, Alitalia, Lufthansa, Sabena und Iberia) folgen bald darauf.

Von entscheidender Bedeutung wird dann die Schlacht um die Triebwerke des neuen europäischen Großraumjets A300B. Als Ergebnis werden die Triebwerke der DC-10-30 (die unter dem Flügel installierten) mit Gondel unverändert für die A300B übernommen. Es ist eine weise Entscheidung, für das neue Flugzeug wird ein erprobtes Triebwerk genommen, das halbiert in etwa die Probleme der Flugerprobung und Zertifizierung.

Ende der 70er Jahre entwickelt Airbus die A310 und Boeing folgt mit der 767. Beide Flugzeuge benötigen weniger Schub als das CF6-50 liefert. Wohl hat GE für die Sondermodelle 747 SP (Special Performance, eine 14 m kürzere Version mit großer Reichweite) und die 747 SR (Short Range, eine Kurzstreckenversion für die Japaner) ein schubreduziertes CF6-45 A/B gebaut, aber das ist eigentlich ein CF6-50, bei dem der Schubhebel nach oben hin eine Sperre besitzt. Boeing aber will für die 767 ein neues CF6-50, und GE entwickelt das CF6-80. Es ist eine verkürzte Version des älteren Bruders CF6-50 mit ähnlichen, leicht reduzierten Leistungen. Die Verkürzung beginnt im Hochdruckverdichter und setzt sich in der Brennkammer und vor allem in der Turbine fort.

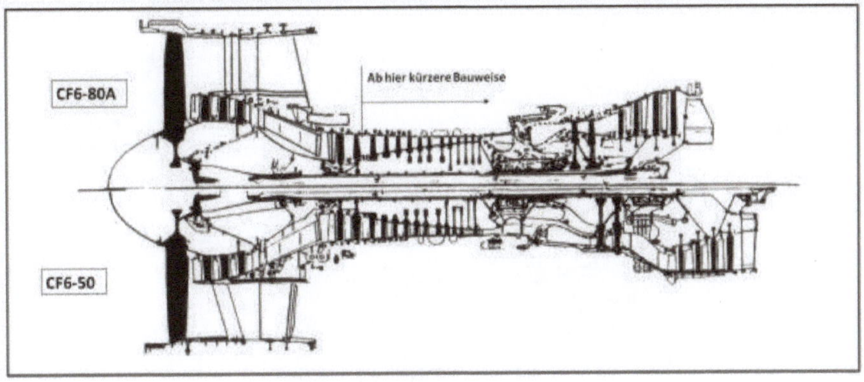

Das CF6-50 und das CF6-80A im Vergleich.

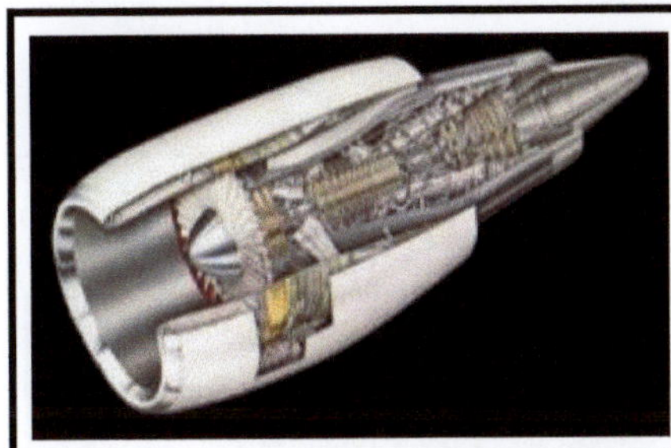

General Electric CF6-80A1
Turbofan mit 2 Wellen, Erstlauf Okt 1979
Startschub 48000 lb (218 kN)
Gesamtdurchsatz 651 kg/sek
Bypassverhältnis 4.7
Verdichtergesamtdruckverhältnis 28.4
Turbineneintrittstemperatur 2425°F (1603 °K)
Fandurchmesser 86.4 in (2.19 m)
Das vereinfachte CF6-50.

Das CF6-80A aber genügt nicht lange den Schubforderungen von Airbus für die A300-600 und von Boeing für die verlängerte Version der 747 und muss weiterentwickelt werden. Das CF6-80C besitzt einen größeren Fan (93 inch statt 86.4 inch, 2.36 m statt 2.19 m) und steigert seinen Schub von anfänglich 52000 lb (231.3 kN) im Laufe der Jahre auf 63500 lb (282.5 kN).

1999 plant GE dann eine verbesserte Version des CF6-80C2 und baut hinein, was Stand der Technik ist: einen Hybrid Fan mit großer Profiltiefe und weit geschwungener Vorderkante und knapp 2 cm mehr Durchmesser (93.8 in = 2.38 m), eine fortschrittliche Hochdruckturbine mit neuen Materialien und eine Brennkammer mit reduzierten Werten für HC, CO und NOx. Die Auslegung der gesamten Beschaufelung mit Computern führte zu dreidimensionalen Formen. Besonders bemerkenswert ist die erstmalige Verwendung der sogenannten Chevron Düse, die mit ihrer zackigen Austrittskante zu einer deutlichen Lärmreduzierung führt. Diese Chevrondüse ist in der Serie des CF6-80C2 aber nicht eingebaut worden, sie muss bis zum GEnx warten, das erst 2008 läuft (s. später).

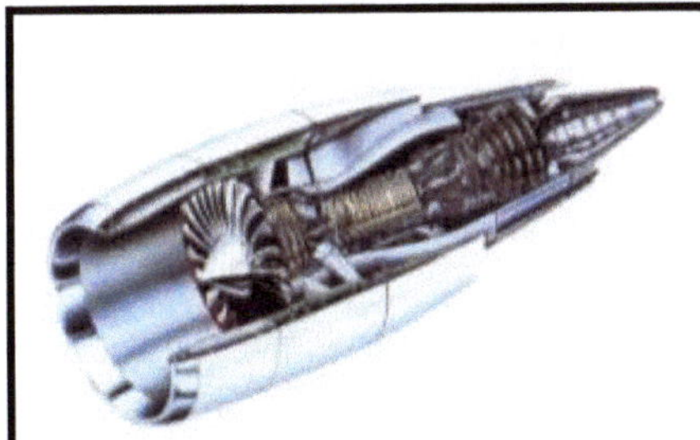

General Electric CF6-80C2A1
Turbofan mit 2 Wellen, Erstlauf Mai 1982
Startschub 57860 lb (257.4 kN)
Gesamtdurchsatz 802 kg/sek
Bypassverhältnis 5
Verdichtergesamtdruckverhältnis 30.4
Fandurchmesser 93. 8in (2.38 m)
Das CF6-80A mit größerem Fan.

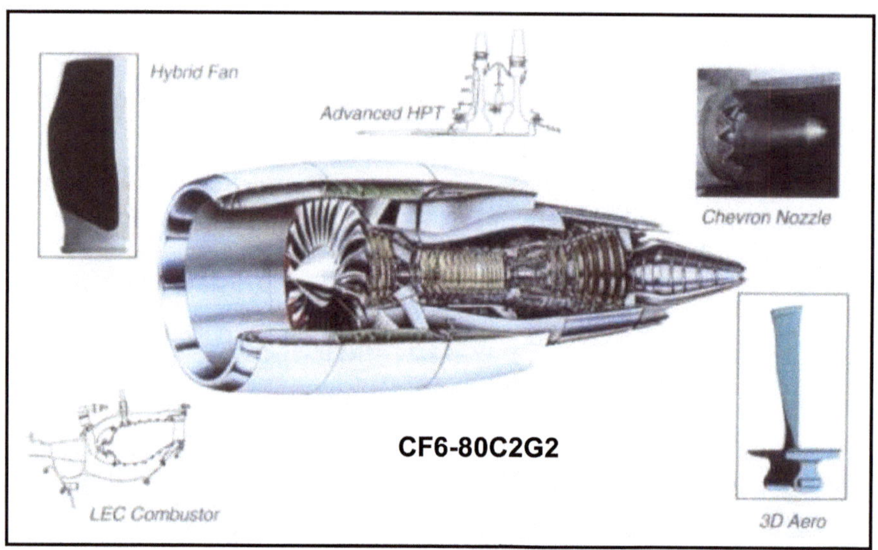

Nach dem CF6-80C2 folgt das CF6-80E1, das mit einem nochmals vergrößertem Fan dann das schubstärkste CF6 aller Zeiten wird.

General Electric CF6-80E1A3
Turbofan mit 2 Wellen, Erstlauf 2000
Startschub 72000 lb (320.3 kN)
Gesamtdurchsatz 874 kg/sek
Bypassverhältnis 5.3
Verdichtergesamtdruckverhältnis 32.6
Fandurchmesser 96 in (2.44 m)
Das stärkste CF6 aller Zeiten.

Das CF6-80E1 ist gleichzeitig das Ende einer langen Entwicklung, die 1968 mit dem CF6-6D und 40000 lb Schub begonnen hat und 2001 nach 33 Jahren beim CF6-80E1 mit 72000 lb Schub endet. Eine Schubsteigerung von 80 % ! Bezogen auf die erste Idee mit 32000 lb war es sogar eine Steigerung um 125 %. Der große Erfolg des CF6 lässt sich mit einem Satz dokumentieren: Im Jahr 2005 ist das CF6 immer noch in der Produktion und es sind 6500 Stück verkauft worden.

1986 beginnt Boeing mit dem Entwurf einer größeren 767 mit längerem Rumpf, stärkeren Triebwerken und Winglets. Im Oktober 1988, nach über zwei Jahren Arbeit, gibt Boeing die 767-X auf und konzipiert das Flugzeug völlig neu. Auf Anraten der Airlines hat es einen größeren Rumpfdurchmesser erhalten und heißt nunmehr Boeing 777. Ihr Schubbedarf liegt bei 75000-85000 lb (334-378 kN) und in der Zukunft soll es bis 95000 lb (423 kN) gehen.

Wenn General Electric ein Triebwerk für die 777 anbieten will, muss es ein neues Triebwerk werden, denn das CF6-80E1 mit seinen 72000 lb reicht bei weitem nicht und kann vor allem mit diesem Fandurchmesser nicht zu diesen Schubwerten gesteigert werden.1990 startet GE daher mit einem blanken Blatt Papier, verwendet aber bei jeder Komponente, bei jedem Detail die Erfahrungen der Vergangenheit. Bis 1979 wird zurückgegriffen, als GE mit der NASA eine Studie durchführte mit der Bezeichnung QCSEE (Quiet Clean Short-Haul Experimental Engine). Dabei wurden Turbofans untersucht, die ihrer Zeit weit voraus waren: mit einem Bypassverhältnis von fast 12 und Fans aus Kohlefaserverbundwerkstoff. Sogar eine Verstellung der Fanschaufeln wurde entwickelt, die dann aber bis heute in zivilen Tiebwerken nie zum Einsatz kam.

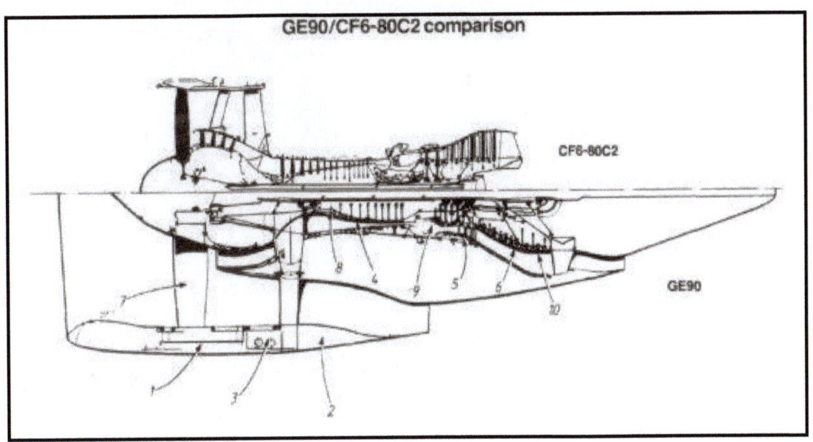

Oben das CF6-80C2 und das neue GE90 im Vergleich, man sieht, dass hier eine neue Größenordnung erreicht wird. In Klammern findet sich die Herkunft der entsprechenden Technologien.

1+2+3	Gondel (QCSEE)
4	Scheiben (CT7/F110)
5	Schaufeln+Scheiben (CF6-80E)
6	Schaufeln (CF6/CFM56/F110)
7	Fan (GE36/CFM56)
8	Kompressor (E³ engine)
9	Brennkammer (F404/E³ engine)
10	Turbine (CF6-80C2)

Das GE90-Programm wird von GE 1989 gestartet und am 16.1.1990 offiziell verkündet. Angepeilt wird eine Schubklasse von 75000 bis 100000 lb (334 – 445 kN). Der Fan besitzt einen Durchmesser von 123 in (3.12 m) und die Schaufeln bestehen aus Kohlefaserverbundwerkstoff. Der erste Lauf findet am 3.4.1993 statt und schon bald kann ein Schub von 105400 lb (445 kN) gemessen werden. Links ein Foto des GE90 im Prüfstand im April 1993.

Im Dezember 1993 wird ein GE90 auf einer Boeing 747 im Flug getestet.

Das Foto rechts zeigt die gewaltige Größe des GE90 (max 115000 lb) verglichen mit dem allerersten flugfähigen Turbostrahltriebwerk Heinkel He S 3 B von 1939 (ca. 1000 lb).

Das GE90 entwickelt sich schnell zu einer großen Familie, jede Version erhält einen Zusatz, der den Schub in 1000 lb enthält. Das kleinste GE90-76B besitzt einen Startschub von 76400 lb (339.9 kN) und das stärkste GE90-115B besitzt einen Startschub von 115300 lb (512.9 kN), dazwischen liegen 4 weitere Versionen. Beim GE90-115B geht GE dann auf einen Fandurchmesser von 128.2 in (3.26 m), die 123 in (3.12 m) der Vorgänger reichen nicht, um diesen Schub zu produzieren.Der erste Lauf des GE90-115B erfolgt am 16.11.2001 und schon beim 2. Lauf wird ein Schub von 123000 lb (547.1 kN) erreicht. Später wird bei einem Prüfstandslauf ein Weltrekord von 127,900 lb (568,9 kN) erreicht.

General Electric GE90-115B
Turbofan mit 2 Wellen, Erstlauf 16.11.2001
Startschub 115300 lb (512.9 kN)
Gesamtdurchsatz 1641 kg/sek
Bypassverhältnis 9.0
Verdichtergesamtdruckverhältnis 42
Fandurchmesser 128.2 in (3.25 m)
Der stärkste GE Turbofan bislang, der größte Fandurchmesser, der Weltrekord an Schub.

Der erste Flug eines GE90-115B auf einer Boeing 747 erfolgt am 18.9.2002.

Das Foto links zeigt ein GE90-115B so wie es auf der 747 Testmaschine neben einem JT9D installiert ist. Es hat etwa doppelt so viel Schub und es könnten theoretisch zwei GE90-115B diese 747 antreiben.

Eine Boeing 777-200LR mit GE90-115B Triebwerken führt am 10.11.2005 einen Flug von Hong-Kong nach London durch, das sind 11664 nm (21601 km) in 22 h 40 min, das ist neuer Weltrekord.

Mit den Erfahrungen aus dem GE90 Programm beginnt General Electric 2005 mit einem neuen Turbofan, der für die A350 von Airbus und für die 787 und 747-8 von Boeing vorgesehen ist. Alle Komponenten des GEnx sind skalierte Versionen des GE90. Auf der 747 tritt das GEnx die Nachfolge der CF6-Familie an und will 15% weniger Kraftstoff verbrauchen. Auf der 787 ist das GEnx anfangs das exklusive Triebwerk. Auf der A350 wird es lange als Alternative zum Trent 1000 untersucht, dann aber fallen gelassen.

Von Anfang an werden 2 Versionen des GEnx entwickelt. Die kleinere Version GEnx-1B mit einem Fandurchmesser von 105 in (2.67 m) für die 747-8 besitzt die konventionelle Form der Bleedluftentnahme zur Versorgung der Klimaanlage. Für die 787 wird ein größerer Fan mit 111.2 in (2.67 m) verwendet und auf die Bleedluftentnahme verzichtet. An seine Stelle tritt ein neues elektrisches System, das an jedem Triebwerk zwei Generatoren mit einer Leistung von je 250 kW vorsieht, die zum einen über Verdichter die Druckluft für die Klimaanlage liefern und als Motoren die Triebwerke starten können. Die Enteisung der Flügel erfolgt mit elektrischen Heizmatten, lediglich die Vorderkanten der Triebwerkseinläufe werden noch mit heißer Zapfluft enteist. Dieses elektrische System ist ein Novum in der Triebwerkstechnik, GE und Boeing haben 2-4% Kraftstoffersparnis ausgerechnet und meinen, dass Gewicht und Lebenskosten geringer werden und die Zuverlässigkeit steigt.

<table>
<tr><td></td><td>

General Electric GEnx-2B67
Turbofan mit 2 Wellen, Erstlauf 29.2.2008
Startschub 67400 lb (299.8 kN)
Bypassverhältnis 8.6
Verdichtergesamtdruckverhältnis 43
Fandurchmesser 105 in (2.67 m)
Ein neues Triebwerk auf der Boeing 747-8, noch mit Bleedluftentnahme

</td></tr>
</table>

Ein weiteres Novum am GEnx ist die Chevrondüse mit ihrem Sägezahn. Diese Form ist seit 1980 von der NASA entwickelt worden, anfangs nur, um die Mischung zu verbessern, dann als Element der Lärmdämpfung. Groß ist der Effekt nicht : etwa 2 dB weniger Lärm bei einem Schubverlust von 0.25 %. Rechts zwei GEnx-2B67 unter dem Flügel einer 747-8.

General Electric GEnx-1B70
Turbofan mit 2 Wellen, Erstlauf 19.3.2006
Startschub 72300 lb (321.6 kN)
Bypassverhältnis 9.6
Verdichtergesamtdruckverhältnis 43
Fandurchmesser 111.2 in (2.82 m)
Das anfangs exklusive Triebwerk auf der Boeing 787 Dreamliner, bis dann das Trent 1000 kam. Ohne Bleedluft für Klimaanlage und Flügelenteisung

Fazit 2022 : General Electric gehört zu den 3 großen Triebwerksfirmen der Welt. Die Bandbreite ihrer zivilen Triebwerke ist groß, auch Dank der Beteiligung an CFM International. Das erste Turbostrahltriebwerk der USA war ein GE und das schubstärkste ist auch ein GE. Die Entwicklung auf allen Gebieten der Triebwerkstechnologie geht ungebremst weiter.

4.3 Pratt&Whitney
4.3.1   Pratt&Whitney JT9D und PW4000

Die Geschichte des Pratt&Whitney JT9D ist in den ersten Jahren untrennbar mit der Boeing 747 verbunden, es ist das erste zivile Hochbypasstriebwerk, das in den Liniendienst geht, der erste Flug einer 747 der PanAm auf der Route New York – London findet am 22.1. 1970 statt.

10 Jahre zuvor hat Boeing die Ära der zivilen Bypasstriebwerke eingeläutet. 1960 fliegt die Boeing 707-420 mit dem Rolls-Royce Conway (Bypassverhältnis 0.6) und 1961 die 707-120B mit dem Pratt&Whitney JT3D (Bypassverhältnis 1.36). Pratt&Whitney hat nach dem JT3D ohne Unterbrechung seine Turbofans weiter entwickelt. Die Richtung ist klar: es gilt zu noch höheren Bypassverhältnissen zu gelangen, denn je höher es ist, desto geringer der Kraftstoffverbrauch und der Lärm.

Pratt&Whitney geht dabei in drei Schritten vor. Der erste Schritt ist ein Demonstrationstriebwerk, in das nicht nur ein höheres Bypassverhältnis eingebaut wird, sondern jede neue Technologie, die gerade verfügbar ist. Dazu gehören kompaktere Verdichter und Turbinen, eine kleinere Brennkammer und das Auskommen mit nur zwei Lagern pro Rotor, also mit 4 Lagern insgesamt.

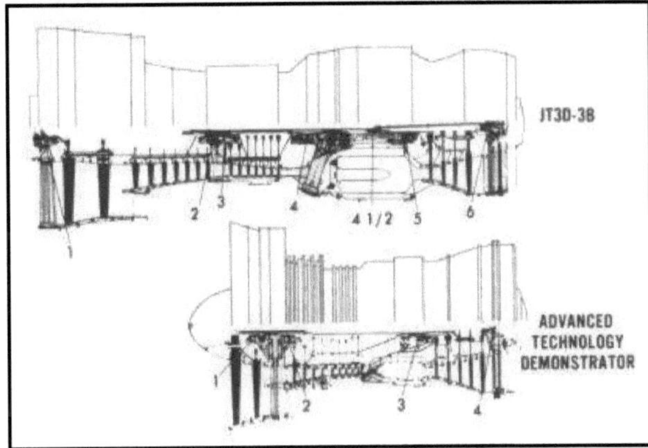

Dieses Bild links zeigt den Demonstrator STF200 im Vergleich mit einem JT3D. Beide Triebwerke sind auf 30000 lb Schub skaliert. Die Zahlen geben die Lager an. Die neue Technologie ist deutlich kürzer.

Das Foto rechts zeigt das STF200 fertig gebaut und bereit für einen Testlauf. Es besitzt ein Bypassverhältnis von 2.0 und zwei Fanstufen, der Erstlauf ist 1964.

Als Vorschlag für den Großtransporter, der späteren C-5A, hat dieser STF200 Turbofan keine Chance, denn GE tritt mit dem TF39 und einem Bypassverhältnis von 8.0 an und der Schub des STF200 ist zu gering. Also macht Pratt&Whitney den zweiten Schritt und baut einen Commercial Demonstrator STF14. Er ersetzt den zweistufigen Fan des STF200 durch einen einstufigen Fan, erhöht das Bypassverhältnis auf 3.4 und den Schub auf 41000 lb (82.4 kN). Das ist dann schon fast das JT9D.

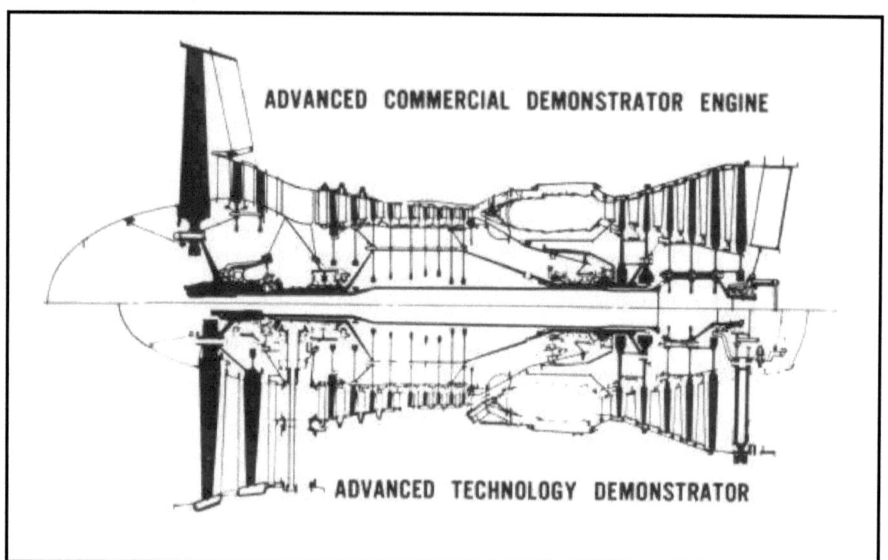

Oben ein Foto des Commercial Demonstrator STF14.Der STF14 besitzt einen einstufigen Fan mit 2 Abstandsrippen (snubber), die bei derart schmalen Schaufeln einfach notwendig sind, um unerwünschte Schwingungen zu vermeiden.

Rechts ein Foto des Advanced Commercial Demonstrator Engine.

Der dritte Schritt zum JT9D beinhaltet dann die Einführung gekühlter Turbinenschaufeln, die höhere Turbineneintrittstemperaturen TET erlauben und den ganzen Kreisprozess zu einem Bypassverhältnis von 5.0 verschieben. Dabei bleibt der Startschub unverändert bei 41000 lb (182.4 kN) bei einer TET= 2085°F (1414°K). Man kann vorausberechnen, dass sich der Schub mit einer TET=2300°F (1533°K) auf 47000 lb (209.1 kN) steigern würde.

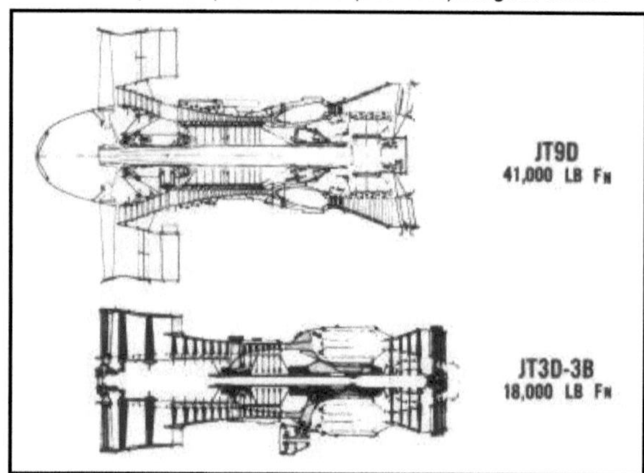

Das neue JT9D im Vergleich zum alten JT3D .

Wichtiger als der Startschub ist aber der Schub im Reiseflug bei Mach 0.90 in 35000 feet Flughöhe (10668 m). Hier wird für die 747 ein Schub von 9500 lb (42.3 kN) gefordert, der bis ISA+8°C konstant bleiben soll (durch sogenanntes flatrating) und später sogar bis ISA+15°C.Oberhalb dieser Außentemperatur fällt der Schub bei konstanter Turbineneintrittstemperatur dann über der Außentemperatur ab.

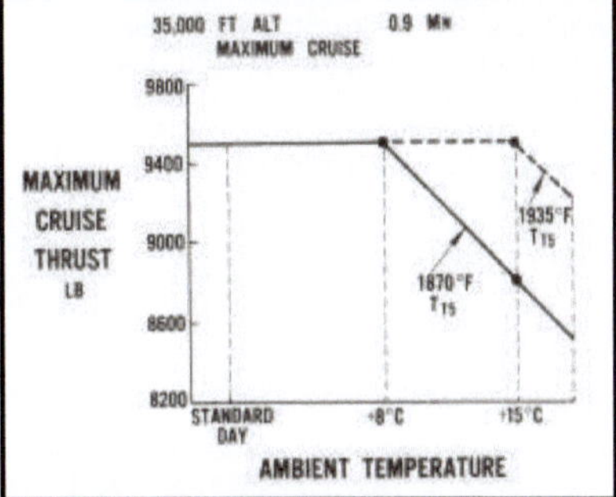

Ohne Flatrating würde der Schub über der Außentemperatur bei gleichbleibender TET von 1935°F bis 15°C konstant bleiben, mit abgesenktem TET von 1870°F geht das nur bis 8°C,danach fällt der Schub wieder ab. Flatrating spart TET und damit Lebensdauer.

So sieht das JT9D im Jahre 1967 aus: ein äusserst kompakter Turbofan mit einem Fandurchmesser von 95.6 inch (2.43 m). Der Konus in der heißen Düse ist noch kurz und abgerundet, später wird er dann lang und spitz

In der Serienausführung des JT9D ist der Abströmkonus relativ lang und spitz und schwarz.

145

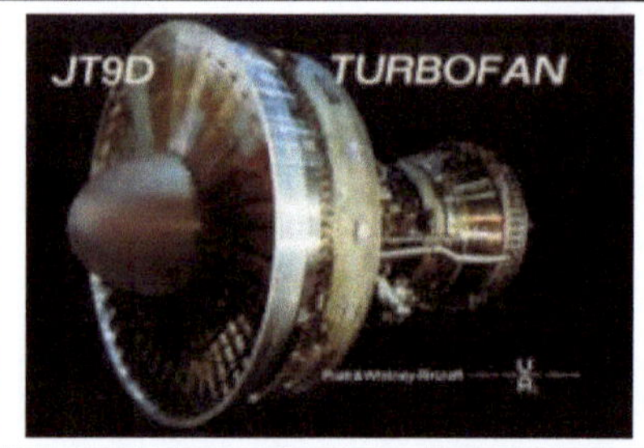

Pratt&Whitney JT9D-3
Turbofan mit 2 Wellen,Erstlauf Dez 1966
Startschub 43500 lb (193.5 kN)
Gesamtdurchsatz 687 kg/sek
Bypassverhältnis 6
Verdichtergesamtdruckverhältnis 22
Turbineneintrittstemperatur 2150°F (1450 °K)
Fandurchmesser 95.6 in (2.43 m)
Die erste Serienversion des JT9D für die 747

Die Entscheidung, das JT9D für die 747 als erstes Triebwerk zu nehmen, ist technisch gesehen einfach, denn das modifizierte TF39 von GE kann die Schubforderungen der 747 in mehreren Flugpunkten nicht erfüllen, und das JT9D kann es. Trotzdem gibt es Querelen, denn ein Vorstandsmitglied von Boeing sitzt auch im Vorstand von GE (und keiner weiß das) und er favorisiert natürlich das GE Produkt.

So wird das JT9D ausgewählt und die 747 damit entwickelt vom Go Ahead im März 1966 bis zum Erstflug am 9.2.1969. Von Schwierigkeiten während dieser Zeit ist nichts mehr überliefert, aber während der Flugerprobung beginnen ernste Probleme. Am nervigsten ist das Pumpen der Verdichter, bei Strömungsabrissen irgendwo in den Tiefen der Verdichter beginnt das Triebwerk zu pumpen, was sich wie knallen anhört und es besteht die Gefahr von mechanischen Schäden oder von Flammabrissen in der Brennkammer. Pratt&Whitney nimmt diese Probleme nicht richtig ernst bis Boeings Testpilot Jack Waddell die P&W Delegation auf einen Testflug mitnimmt und dann das Pumpen der Triebwerke vorführt. Danach habe P&W deutlich härter an dem Problem gearbeitet.

Die Ursache für das Problem kann dann auch gefunden werden: die äußere Triebwerkshülle ist zu weich und beginnt unter der Einfluss innerer und äußerer Lasten und gewisser Drehmomente sich zu verformen. An manchen Stellen des Umfangs wird der Abstand zwischen den rotierenden Teilen und der fixen Außenhaut vergrößert, an manchen Stellen auf Null verringert, so dass die Schaufeln zu schleifen beginnen. Das Phänomen wird Ovalisation genannt und kann nur in engster Zusammenarbeit zwischen Boeing und Pratt&Whitney behoben werden.

Nach der Zulassung im Mai 1969 muss das JT9D zuerst einmal von seinen Kinderkrankheiten befreit werden und seine Zuverlässigkeit muss verbessert werden. Sehr viel Zeit bleibt dafür nicht, denn schon bald kommen vom Flugzeughersteller Boeing Forderungen nach mehr Schub. Das Startgewicht der 747 steigt von 322 to für die 747-100 mit den Jahren auf 378 to für die 747-200 und 747-300. Da muss das Triebwerk mitziehen und es entsteht eine ganze JT9D Familie, dessen letztes Mitglied mit 56000 lb gegenüber dem Basismodell mit 43500 lb immerhin 29 % mehr Schub liefert.

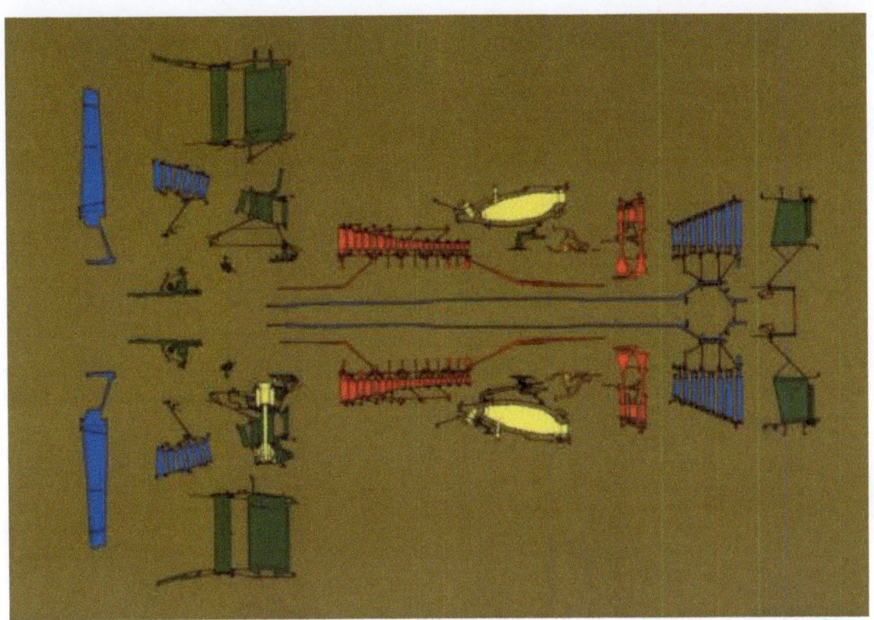

Das obige Bild zeigt die einzelnen Module eines JT9D mit dem roten Hochdruckrotor, dem blauen Niederdruckrotor, den grünen Statoren (die nicht drehen) und der gelben Brennkammer. Der Spinner vor dem Fan und der Abströmkonus sind weggelassen worden.

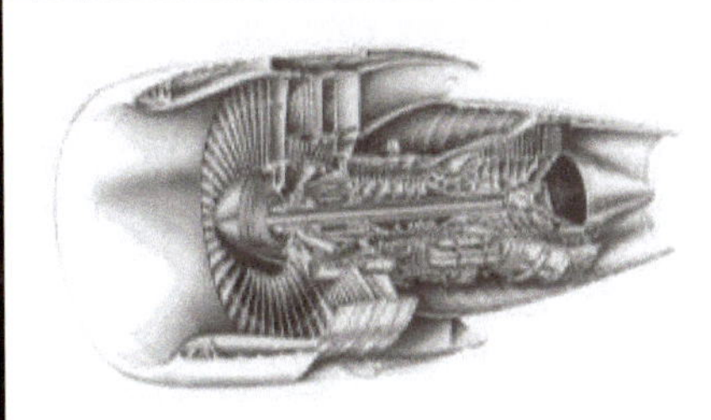

Pratt&Whitney JT9D-7R4H
Turbofan mit 2 Wellen, Erstlauf 1981
Startschub 56000 lb (249.1 kN)
Gesamtdurchsatz 769 kg/sek
Bypassverhältnis 4.8
Verdichtergesamtdruckverhältnis 26.7
Turbineneintrittstemperatur 1473°K
Fandurchmesser 95.6 in (2.43 m)
Die stärkste Version des JT9D

Am 8.7.1983 macht die A300-600 ihren Erstflug mit dem Pratt&Whitney JT9D-7R4H1.

Zu diesem Zeitpunkt arbeitet Pratt bereits am Nachfolgetriebwerk, das folgende Zielsetzung hat:

- Der Schub soll erst mal gleich dem JT9D-7R4H1 sein, also 56000 lb (249.1 kN)
- Die Anzahl der Einzelteile soll um 50% gesenkt werden (vor allem bei den Schaufeln)
- Die Wartungskosten sollen dadurch um 25% sinken
- Die Anschlussmaße sollen konstant bleiben, um einen Austausch am Flügel zu ermöglichen.

Es wird ein wirklich neues Triebwerk und es bekommt einen neuen Namen: die ganze Familie, die danach folgen wird, heißt PW4000 und die vier Ziffern werden benutzt, um zu spezifizieren, wer das Triebwerk bekommt und welchen Schub es besitzt.

- 40   bedeutet: für Boeing
- 41   bedeutet: für Airbus
- 44   bedeutet: für McDonnell-Douglas

Die weiteren zwei Ziffern geben den Startschub in 1000 lb an. Eine 56 bedeutet 56000 lb. So verrät die Bezeichnung PW4168, dass es sich um ein Triebwerk von 68000 lb für die Firma Airbus handelt.

Das erste PW4000, noch ohne weitere Spezifizierung, läuft erstmals im April 1984 und erreicht im Laufe der Erprobung 61800 lb (275 kN). Danach folgen dann mit den Jahren die zahlreichen Mitglieder der PW4000 Familie:

Mit 93.6 in (2.38 m) Fan : die Modelle PW4050 bis PW4462 für die Boeing 767,747,757; für die A300-600, A310-300 und dann für die MD-11

Mit 99.8 in (2,53 m) Fan : die Modelle PW4164/4168/4173 für die A330
Mit 112 in (2.84 m) Fan : die Modelle PW4084/4090/4098/40102 für die Boeing 777

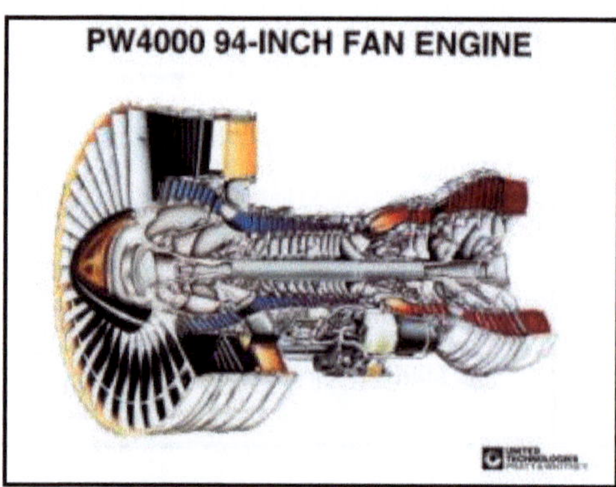

Links eine Abbildung eines PW4000 mit 93.6 in Fan. Man beachte, dass dieser Fan noch sehr schlank ist mit grader Vorder- und Hinterkante und im äusseren Drittel Abstandsstege aufweist, die dann erst beim 112 in Fan wegfallen

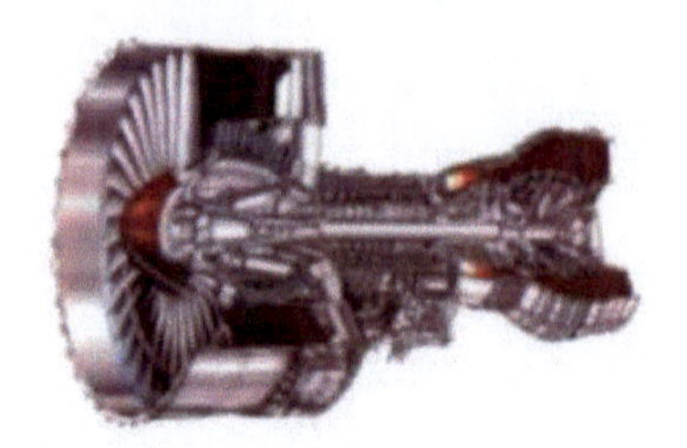

Pratt&Whitney PW4168
Turbofan mit 2 Wellen, Erstlauf Ende 1991
Startschub 68000 lb (302.5 kN)
Bypassverhältnis 5.1
Fandurchmesser 99.8 in = 2.53 m
Verdichtergesamtdruckverhältnis 32
Speziell für die A330 entwickelt

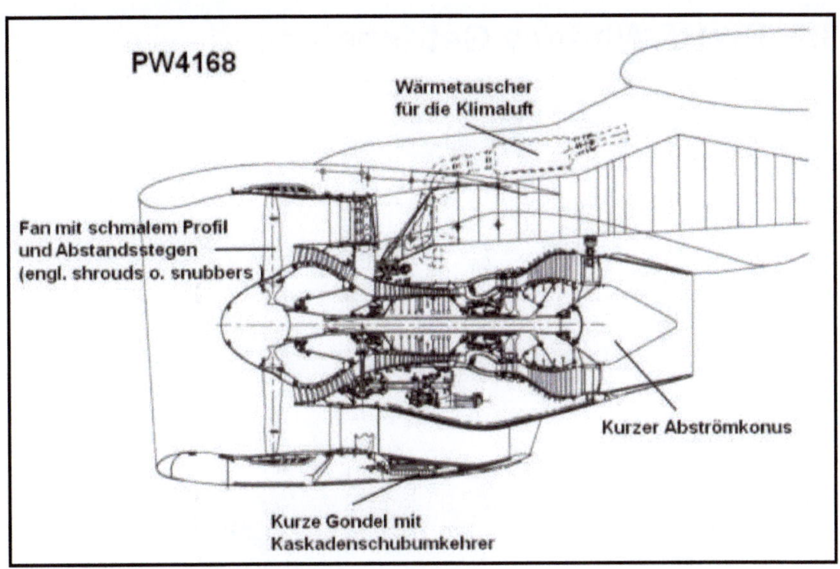

Querschnitt durch ein PW 4168 mit 100 in Fan unter dem Flügel einer A330

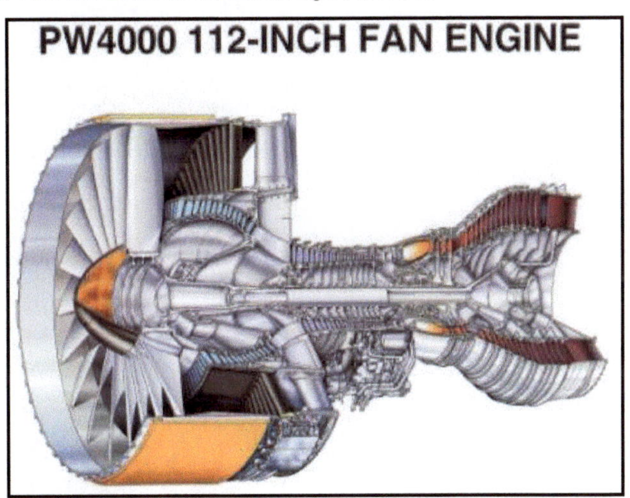

Das PW4000 mit dem großen Fan von 112 inch (2,84m) für die Boeing 777.
Die stärkste Version erreicht 99000 lb (440 kN). Man beachte die gewaltige Niederdruckturbine, die ohne Getriebe den Fan antreibt und dabei nicht schneller drehen darf als der Fan verträgt.

Das Foto zeigt den Fan des PW4074, der im Vergleich mit seinen Konkurrenten noch recht konventionell aussieht.Die Vorderkanten sind nur leicht geschwungen und die Schaufeln bestehen noch aus Titan und sind innen hohl. Die Konkurrenten Rolls-Royce und General Electric arbeiten längst mit Kohlefaserverbundwerkstoffen bei ihren neuesten Fanentwicklungen.

4.3.2 Pratt&Whitney Getriebefans

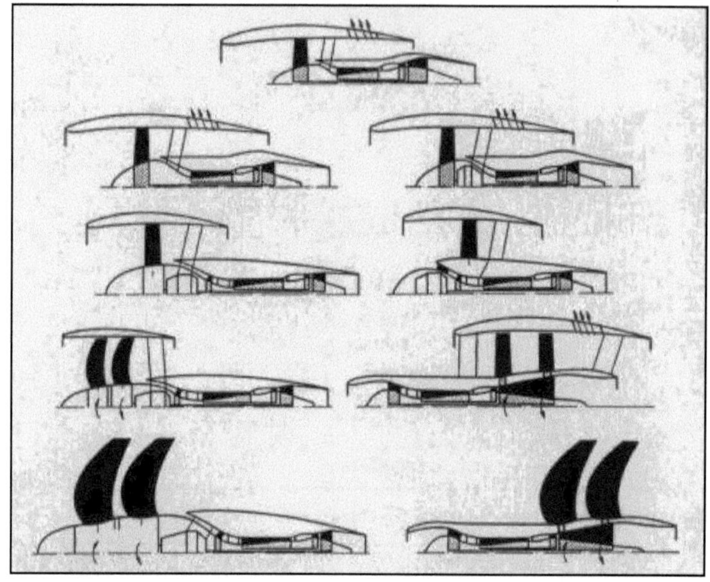

Seit 1987 läuft ein Technologieprogramm, das von der MTU in Deutschland zusammen mit Pratt&Whitney in den USA und Fiat in Italien alle möglichen Triebwerksvarianten mit hohem Bypassverhältnis untersucht. Es gibt offene Propfans und dann ummantelte Turbofans mit und ohne Getriebe. Während die MTU den gegenläufigen ummantelten Turbofan unter dem Namen CRISP weiter verfolgt, konzentriert sich PW auf einen ummantelten Turbofan mit Getriebe.

Die Serienausführung
des ADP von Pratt&Whitney.

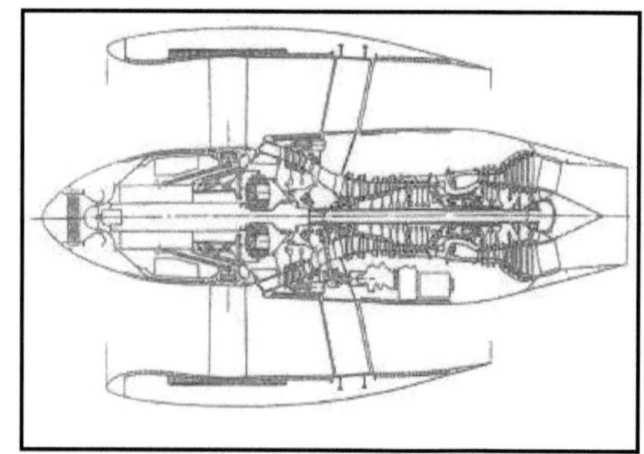

Das PW Triebwerk erhält den Namen ADP (Advanced Ducted Propulsor) und zielt in seiner Größe auf die Klasse der Triebwerke für die A300/A310. Die Abbildung oben zeigt eine Serienversion mit flugtauglicher Gondel.

Doch der Weg dahin ist weit und man baut zuerst ein Testtriebwerk (einen Demonstrator) für die reine Bodenerprobung, das als Gasgenerator den Kern des PW 2037 benutzt. Der Niederdruckverdichter und die Niederdruckturbine stammen von MTU und Fiat übernimmt das schwierige Untersetzungsgetriebe.

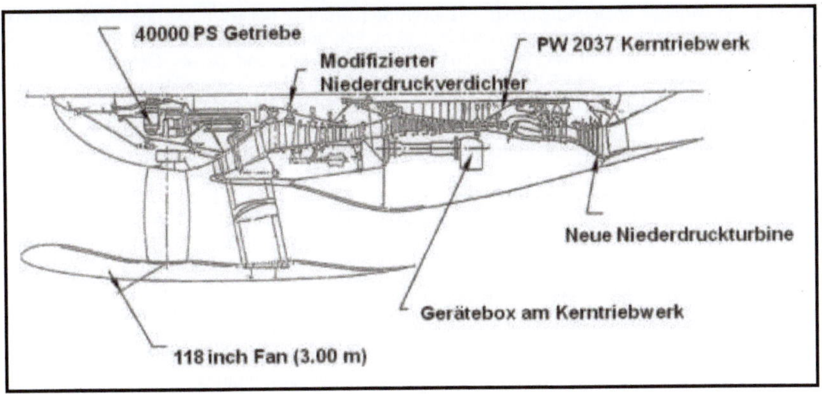

Der ADP Demonstrator im Querschnitt

Der ADP Demonstrator auf dem Prüfstand von Pratt&Whitney in West Palm Beach. Die Versuche laufen bis 1997, dann gibt PW das ADP auf, es ist nicht gelungen, es als Triebwerk auf einem großen Airbus A300/A310/A340 zu etablieren.

Pratt&Whitney ADP Demonstrator
Getriebefan mit 3 Wellen, Erstlauf 14.9.1992
Startschub 53000 lb (235.8 kN)
Bypassverhältnis 15
Verdichtergesamtdruckverhältnis 26
Fandurchmesser 118 inch (3.00 m)
Ein Testtriebwerk mit dem Kern des PW 2037

Die Idee des Getriebfans aber geht bei Pratt&Whitney nicht verloren. Im Februar 1998 kündigt PW die Entwicklung eines PW8000 an, das auf dem PW6000 aufbaut. Dabei wird das PW6000 erst im September 1998 offiziell für die A319 ausgewählt und die hat erst am 26.4.1999 Programmstart. Acht Triebwerke des PW8000 werden geplant, aber dann wird das Projekt nach ein Paar Jahren eingestellt.

Irgenwann um 2000 übergibt Pratt&Whitney die Arbeiten am Getriebefan an die Tochterfirma Pratt&Whitney Canada. Dort sind die Triebwerke deutlich kleiner und die Entwicklungsarbeiten dementsprechend weniger kostenaufwendig. Die erprobten Partner bei PW6000 und PW8000 MTU und Fiat machen weiter mit und die Mutterfirma PW sicherlich auch. Im Juli 2000 gibt PWC bekannt, dass sie ein neues Triebwerk entwickeln wollen, es heißt PW800 und ist ein Getriebefan in der Schubklasse 10000-19000 lb (44.5-84.5 kN). Zur Erprobung der Getriebetechnologie soll ein Demonstrator gebaut werden mit der Bezeichnung ATFI (Advanced Technology Fan Integrator). Für dieses Testtriebwerk wird ein Kerntriebwerk des PW 308 genommen und mit einer Niederdruckturbine von MTU, einem Fan von Pratt&Whitney und einem Getriebe von Fiat kombiniert.

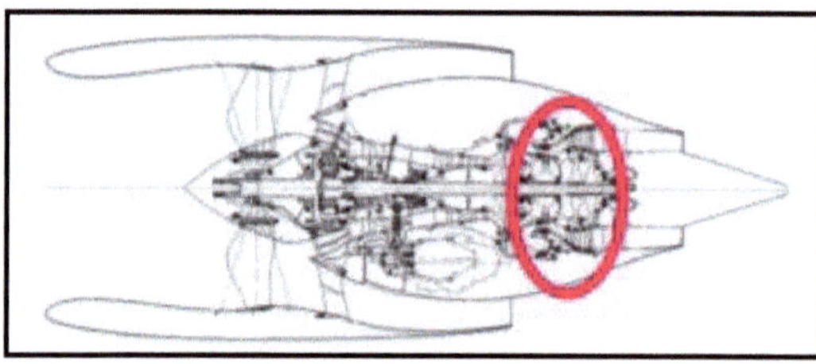

Links das ATFI, so wie es als fertiges Triebwerk ausgesehen hätte, Stand etwa 2001. Man erkennt den Kern des PW 308 an der Radialstufe am Ende des Hochdruckverdichters. Rot umrandet: die Niederdruckturbine der MTU. Für das PW800 sind in einem neuen Kerntriebwerk nur axiale Verdichterstufen vorgesehen. Der Erstlauf des ATFI ist am 17.März 2001. Das Foto unten zeigt das Triebwerk im Prüfstand ohne Gondel und ohne den üblichen Testeinlauf. Auffällig sind die Fanschaufeln mit ihrer völlig neuartigen dreidimensionalen Geometrie. Die Zeiten der graden Vorderkante für einen Fan sind lange vorbei.

Pratt&Whitney Canada ATFI
Getriebefan mit 3 Wellen, Erstlauf 17.3.2001
Startschub 12500 lb (55.6 kN)
Bypassverhältnis 7.8
Ein Testtriebwerk (Demonstrator) für das geplante PW800

Nach dem Erstlauf des ATFI 2001 wird von den Arbeiten und Erfolgen auf dem Sektor der Getriebefans bei Pratt&Whitney (bei der Tochterfirma in Kanada und auch bei der Mutterfirma in den USA) nichts berichtet. Das PW800 als Serienversion des ATFI bleibt ein Papierttriebwerk, ohne Progammstart (Launch), ohne Anwendung. Erst 8 Jahre später im Dezember 2009 wird bekannt gegeben, dass ein Kerntriebwerk für das PW800 getestet wird. Dabei handelt es sich wohl um die gleiche Hartware, die 2002 als Turboprop für die A400M angeboten wurde. Schon 2008 wählt Cessna das PW810 für seine Cessna Citation Columbus aus, ein Jahr später wird dieses Flugzeugprogramm wieder gestrichen. Seitdem ist das PW800 erneut ein Triebwerk ohne Flugzeug

Die Tests mit dem ATFI müssen aber nach 2001 äusserst vielversprechend gewesen sein, denn 5 Jahre später landet das Thema des Getriebefans wieder bei der Mutterfirma, die jetzt alle Register zieht: am 18.7.2006 verkündet Pratt&Whitney eine strategische Allianz mit MTU aus Deutschland, mit Avio Fiat in Italien und mit Volvo in Schweden an, mit dem Ziel, Getriebefantechnologien zu entwickeln. Die Zielgruppe sind Flugzeuge mit 90-200 Passagiere, das ist die SA (single aisle) Kategorie. Erwartet wird eine Reduktion des spezifischen Kraftstoffverbrauchs von 12% und ein Lärmwert, der 30 dB unter Stage 3 liegt. Ein Testtriebwerk soll Ende 2007 auf den Prüfstand gehen und Flugtests sollen 2008 stattfinden.

Die Arbeitsaufteilung sieht vor, dass PW und MTU gemeinsam ein neues Kerntriebwerk entwickeln, wobei MTU mittlerweile nicht nur Spezialist für Niederdruckturbinen ist, sondern seit der Geschichte mit dem Hochdruckverdichter des PW6000 auch für Hochdruckverdichter einen gleichwertigen Partner darstellt. Avio Fiat soll das Getriebe entwerfen, für den Fan wird 2006 noch keine Aussage gemacht.

Ein Testtriebwerk wird gebaut und macht am 13.11.2007 seinen Erstlauf. Sie nennen es GTF (Geared Turbofan) und das Kerntriebwerk stammt vom PW6000. Noch bevor der GTF läuft, hat das Triebwerk schon eine Anwendung gefunden: die japanische Firma Mitsubishi wählt den GTF für den Regionaljet MRJ (70-96 Passagiere) aus. Einen Monat später entscheidet Bombardier in Kanada, dass die C-Series (110-130 Passagiere) mit dem GTF ausgerüstet wird.

Links der Mitsubishi MRJ für 70-96 Passagiere und rechts die Bombardier C-Series für 110-130 Passagiere.

Pratt&Whitney GTF Demonstrator,
neuer Name seit Juli 2008 : PW1000G
Getriebefan mit 3 Wellen, Erstlauf 13.Nov 2007
Startschub 30000 lb (133.4 kN)
Bypassverhältnis 11
Fandurchmesser 80 inch (2.03 m)
Ein Testtriebwerk (Demonstrator) für die PW1000G Familie mit dem Kern des PW6000

Im Dezember 2007 erreicht das GTF auf dem Prüfstand von Pratt&Whitney in West Palm Beach in Florida seinen geplanten Schub von 30000 lb (133.4 kN).

Das PW1000G fliegt erstmals auf einer Boeing 747SP am 11.7.2008. Es finden 12 Flüge mit 44 Stunden Gesamtzeit statt, der ganze Flugbereich bis 40000 feet Höhe und M=0.85 wird erflogen.

Am 7.8.2008 wird dasselbe Triebwerk an Airbus übergeben und auf einer A340 installiert. Erstflug ist am 14.10.2008. Auf 27 Flügen werden dann 76 Teststunden absolviert.

Ende 2008: eine A340 mit einem PW1000G auf Position 2 beim Start.

Die originalen A340 Triebwerke Rolls-Royce Trent 500 haben einen Fandurchmesser von 97.5 inch (2.48 m), das PW1000G hat 80 inch (2.03 m), der Unterschied ist deutlich zu sehen. Mit 56000/58000 lb (249.1/258 kN) liefert das Trent 500 fast doppelt soviel Schub wie das PW1000G mit 30000 lb (133.4 kN). Für die A340 ist das PW1000G völlig ungeeignet, obwohl : die allerersten A340 hatten vier CFM56-C2 mit je 31200 lb (138.8 kN).

Aber für die A320 ist es das ideale neue Triebwerk, denn die CFM56 Familie und die V2500 Familie kommen langsam in die Jahre. Airbus prüft den Getriebefan gründlich, es vergehen 2 Jahre, bis Toulouse im Dezember 2010 bekannt gibt: wir haben eine neue A320neo (new engine option), wir haben sogar zwei Motoren, einer davon ist der PW1000G mit den Versionen PW1124G /PW1127G /PW1133G, die sich nur im Startschub unterscheiden.

Die A320neo , rechts als Computerbild, mit den neuen Getriebefans aus der PW1000G Familie. Die Winglets werden jetzt „Sharklets" genannt.

Die russische Firma Irkut , ein Zusammenschluss von diversen russischen Flugzeugfirmen unter der Führung von Jakowlev, ist da sogar schneller als Airbus. Am 10.12.2009 gibt sie bekannt, dass sie für ihr neues Passagierflugzeugprojekt MS-21 (für 150-212 Passagiere) den Getriebefan von Pratt&Whitney ausgewählt haben.

Ein Computerbild der Irkut MS-21 (im russischen geschrieben MC-21).

Mit Airbus als vierter Anwendung wird das PW1000G endgültig zur Triebwerksfamilie und neu sortiert und neu benannt. Jetzt erweist sich die Getriebetechnologie als großartige Lösung, weil es die Möglichkeit eröffnet, mit großer Flexibilität die Größe des Fans über ein angepasstes Getriebe mit dem Kerntriebwerk zu vereinen, um die individuellen Schubforderungen eines jeden Flugzeugentwurfes zu erfüllen. Als 5. Anwendung taucht die brasilianische Embraer E175/190 auf.

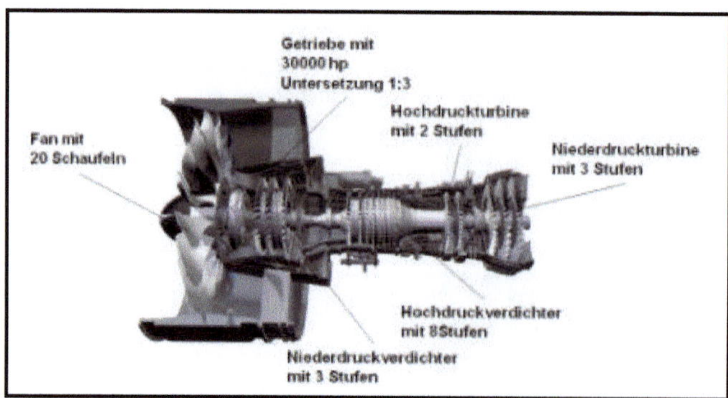

Querschnitt durch ein PW1000G.

Die Triebwerksbezeichnungen in der GTF Familie unterliegen folgenden Regeln:

die erste Ziffer ist die Baureihe, immer eine 1
die zweite Ziffer ist der Kunde :
0 für Boeing,
1 für Airbus,
2 für Mitsubishi,
4 für Irkut,
 5 für Bombardier,
7+9 für Embraer
Die 3.+4. Ziffer ergeben den Schub in 1000 lb
Das G steht für Geared Fan

Erstflug des PW1500G am 20.6.2011 auf einer Boeing 747SP. Diese Version ist für die Bombardier C-Series vorgesehen. Mit einem Fan von 73 in (1,85 m) ergibt sich ein Schub von 19000-25000 lb (84,5-111,2 kN).

Am 21.11.2011 urteilt das TIME Magazine : Das Pure PW1000G ist eine von den 50 besten Erfindungen 2011 und die wichtigste Entwicklung in der Luftfahrt 2011. Pratt&Whitney setzt noch einen drauf und formuliert das Motto: Pure Power PW1500G <u>This Changes Everything</u>. Am 5.12.2011 verkündet Pratt&Whitney, dass sie mittlerweile schon 2000 Triebwerke aus der PW1000G Familie verkauft haben.

2011 :   Nach 62 Jahren ist der Getriebefan ganz groß in der Luftfahrt angekommen.

Am 16.9.2013 startet zum ersten Mal ein Verkehrsflugzeug mit einem Getriebefan aus der Pure Power Familie. Es ist die Bombardier CS100 mit der Kennung FTV1 (Flight Test Vehicle 1). Das Triebwerk ist ein Pratt&Whitney Pure Power PW1521G mit einem Schub von 21000 lb (93,4 kN). Der Flug startet vom Montreal Mirabel International International Airtport und dauert 2:30 Stunden.

Links ein Blick auf das PW1521G direkt von vorn, man beachte die moderne Fanschaufelgeometrie.

Am 25.9.2014 folgt Airbus nach: die A320neo hebt zum ersten Mal.in Toulouse ab.Der Flug beginnt um 12:00 Uhr und dauert 2 ½ Stunden.

Eine Nahaufnahme des PW1127G zeigt, dass da trotz des größeren Durchmessers noch kein Platzproblem zu erkennen ist. Die Fandüse liegt genau da, wo die Flügelvorderkante liegt und ragt nicht unter den Flügel. Das vermeidet unnötige aerodynamische Interferenzen. Die Aufschrift auf der Gondel lautet noch „PW1000G-JM", erst später werden die einzelnen Versionen der Airbus Familie weiter aufgeteilt, die Version der A320neo heißt dann „PW1127G-JM".

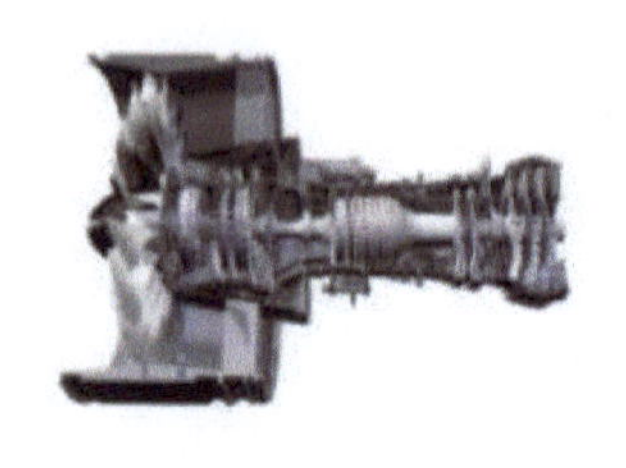

Pratt&Whitney PW1100G
Getriebefan mit 3 Wellen, Erstlauf 13.11.2007
Startschub 24000 lb (106.8 kN) für A319neo
Startschub 27000 lb (120.1 kN) für A320neo
Startschub 33000 lb (146.8 kN) für A321neo
Bypassverhältnis 12.5
Fandurchmesser 81 in (2.057 m)
Endlich der Durchbruch von P&W mit einem Getriebefan, für die A320neo heißt er PW1127G-JM

Doch die neue Technik ist noch nicht fehlerfrei. Am 29.5.2014 kommt es bei einer Bombardier CS100 am Boden zu einem Schaufelbruch in der Niederdruckturbine des PW1521G, die Fragmente beschädigen sogar den Rumpf. Bis 9.7.2014 sind alle Testmaschinen gegroundet. Als Fehler wird eine defekte Ölleitung und daraus resultierender mangelnder Kühlung eines Lagers identifiziert.

Ein großes Problem, schon vor der Indienststellung der A320neo, zeigt sich nach dem Abstellen des Triebwerks PW1100G. Die Triebwerkswelle kühlt ungleich ab und verbiegt dabei minimal (engl. bowed rotor) und läuft beim sofortigen Wiederanlassen unrund und verschleißt dann die Spitzendichtungen der Verdichter. Die Wartezeit von anfangs 7 Minuten bis zum erneuten vollen Lauf kann erst nach umfangreichen Änderungen auf 150 Sekunden verringert werden. Wegen dieses Problems storniert Quatar Airways 50 Bestellungen der A320neo mit dem PW1100G und überlässt der Lufthansa die Ehre des ersten kommerzielen Flug am 25.1.2016.

Nach der Aufnahme kommerzieller Flüge kommt es zu diversen weiteren Problemen. Das Lager No.3 der PW1100G macht Probleme mit Vibrationen und Abnutzung, es kommt zu fast 100 Triebwerksabschaltungen im Fluge. Die Brennkammer des PW1100G verstopft und bekommt Löcher, sie muss neu konstruiert werden. Ein weiteres Sorgenkind ist eine Dichtung am Ende des Hochdruckverdichters (knife edge seal). Es kommt zu Triebwerksabstellungen im Fluge und führt zum Grounden von Flugzeugen, es betrifft zeitweise 100 Triebwerke für Airbus. Sogar der Getriebekasten ist betroffen, er bekommt Risse und muss modifiziert werden.

Gefährlich sind Scheibenzerlegungen, nach dem Vorfall beim PW1521G für die CS100 vom 29.5.2014 (s.oben) kommt es zu 2 weiteren Vorfällen beim PW1524G von SWISS, die Flotte der A220 wird zeitweise gegroundet.

Ab 2018/2019 fliegen kommerziell die ersten Modelle der Embraer E190-E2 und E195-E2 mit dem PW1700G/PW1900G (73 in (1,85 m) Fandurchmesser und einem Schub von 14000-17000 lb (62,2-75,6 kN). Noch gibt es keine Vorfälle.

2021: Fünf Jahre nach dem ersten kommerziellen Flug eines GTF scheint die Serie der Probleme zu Ende zu gehen. Das 1000. Flugzeug fliegt mit einem GTF Turbofan. Bis 2025 wird mit 10.000 GTFs gerechnet. Als größter Vorteil der neuen Getriebetechnik erweist sich die Kraftstoffersparnis, sie liegt bei 16-17%. Die Technik des Getriebes scheint bislang zu funktionieren, hier sind keine Probleme bekannt geworden

Fazit 2022 : Die PW4000 Familie ist höchst erfolgreich auf diversen Boeing und Airbus Modellen etabliert. Ob der eher konservative Fan noch mal überarbeitet wird, kann nur PW entscheiden. Die große Zukunft von PW liegt sicherlich in der Technologie der Pure Power Triebwerke. Drei Modelle fliegen bereits kommerziell, die nächsten werden folgen und hoffentlich die Probleme der letzten 5 Jahre vergessen lassen.

4.4 CFM International

Das erfolgreichste Triebwerksprogramm der letzten 50 Jahre beginnt 1971 mit dem Handschlag zwischen einem französischen General und einem deutschen Ingenieur.

Der Deutsche heißt Gerhard Neumann. Neben Wernher von Braun und Anselm Franz gehört Gerhard Neumann sicherlich zu den Deutschen mit der erfolgreichsten Karriere in der US Luft- und Raumfahrt. Er war in Frankfurt an der Oder geboren, hatte in Mittweida studiert und nach abenteuerlichen Jahren in China im März 1948 bei General Electric angefangen und war am Ende seiner Laufbahn Vizepräsident des Triebwerksgiganten General Electric GE und Chef von 31000 Mitarbeitern. Er hatte die verstellbaren Leitschaufeln im Axialverdichter als sein Patent eintragen lassen, er hatte das J79 (u.a. für F104 , Phantom und B-58) geschaffen und das J93 (für die Mach 3 schnelle XB70) und das GE4 (für den SST der USA), das erste Hochbypasstriebwerk TF39 (für die Lockheed C-5A) und das CF6 (für ganze Heerscharen von zivilen Großraumjets) und das wohl erfolgreichste Triebwerk der Neuzeit, das CFM56, alles begonnen durch einen Handschlag mit dem Snecma Präsidenten und Generaldirektor René Ravaud.

René Ravaud (links)
(1920-1986)

Gerhard Neumann (rechts)
(1917-1997)

Es ist am letzten Tag der Airshow in Paris im Juni 1971. Gerhard Neumann macht sich auf den Weg, um sich dem neuen Chef der französischen Triebwerksfirma Snecma vorzustellen. Ravaud war erst 2 Monate im Amt, er war früher Entwurfsingenieur für Marinetechnik und Ingénieur Géneral der französischen Armee. Die beiden Herren verstehen sich sofort prächtig und kommen nach dem Thema der guten Zusammenarbeit am CF6 auf ein neues Projekt zu sprechen. Am Horizont ist erkennbar, dass die neue Generation von 150-Sitzern auch eine neue Generation von Turbofans benötigt: die 10 to Klasse. So eine Rechnung ist einfach: das Startgewicht dieser A320 Klasse würde bei 70 to liegen, wenn man ein Schub/Gewichtsverhältnis von 0.30 verlangt, braucht man einen Gesamtschub von 21 to und bei 2 Triebwerken je etwa 10 to Startschub, das entspricht etwa 22000 lb. Und da lockt nicht nur der zukünftige Markt der 150-Sitzer, es gibt da auch noch 750 Tanker der US Airforce vom Typ Boeing 707, die mit JT8D Triebwerken ausgerüstet sind und auf Turbofans mit deutlich besserem Kraftstoffverbrauch warten. Das allein ergibt einen Bedarf von 3000 neuen Triebwerken.

Beide Firmen haben schon auf dem Papier an Turbofans dieser Schubklasse gearbeitet.Bei GE heißt der Neuentwurf GE13, bei Snecma hat ein ähnliches Triebwerk die Bezeichnung M56 erhalten. Aber ohne Partner ist das Programm nicht zu stemmen. Pratt&Whitney ist an dieser Schubklasse nicht interessiert, sie verfolgen vorerst das JT8D-200, eine Version des JT8D mit größerem Fan. Rolls Royce hingegen ist noch mit der Überwindung des Bankrotts vom Februar 1971 beschäftigt und für neue Programme und Investitionen nicht aufgelegt.

So bleiben nur GE und Snecma für eine derartige Kooperation übrig und ein moderner Turbofan mit höherem Bypassverhältnis ist für beide Firmen eine willkommene Erweiterung der Produktpalette. Alles passt: der Zeitpunkt, der zukünftige Markt, die Schubklasse und sogar die bereits getätigten Vorarbeiten.

Fußnote: CFM, CFM56 und LEAP und das CFM Logo sind Trade Marks von CFM International, einer 50/50 Joint Company von GE und Safran.

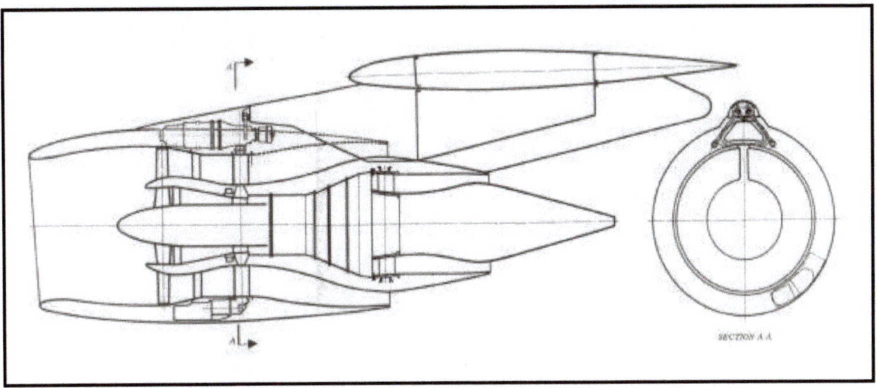

Snecma hat schon am M56 gearbeitet und sogar schon die Installation an einem 150-Sitzer untersucht. Die Abbildung oben zeigt eine schon sehr fortgeschrittene Installationszeichnung eines M56 an einem Pylon unter dem dem Flügel eines potentiellen 150 Sitzers.

Snecma M56-40
Turbofan mit 2 Wellen, Projekt 1971
Startschub 22000 lb (98,1 kN)
Bypassverhältnis 4.8
Fandurchmesser 1,61 m
Verdichtergesamtdruckverhältnis 25
Turbineneintrittstemperatur 1523 °K
Der französische Vater des CFM56

Von der Vorarbeit von GE mit dem GE13 ist nichts mehr bekannt. Aber es ist das GE9 gebaut worden, ein Zweikreiser mit 2 Wellen, einem Bypassverhältnis von 2 und einem Schub ohne NV von 14500 lb (64.5 kN), es ist der Vorgänger des F101. Als Ravaud und Neumann über die Aufteilung der Arbeiten am gemeinsamen Turbofan diskutieren, hat GE dann das passende Kerntriebwerk (engl : core engine) anzubieten: es ist das Hochdruckmodul dieses F101 Turbofans für den strategischen Bomber B-1. Dieser Bomber mit der maximalen Machzahl M=2.2 wird von 1974 bis 1981 in 4 Exemplaren getestet und dann durch die Version B-1B ersetzt, die nur bis M=1.25 schnell ist, aber im Tiefflug bessere Eigenschaften besitzt und in 100 Exemplaren gebaut wird. Das Triebwerk wird dabei unverändert beibehalten, es ist 1971 absolute Spitzentechnologie auf militärischem Gebiet. Die Version ohne Nachbrenner heißt F118 und wird später das Triebwerk des Stealthbombers B-2.

General Electric F101
Turbofan mit 2 Wellen und Nachbrenner
Erstlauf Juli 1972
Startschub 30780 lb (136.9 kN) mit NV
                17000 lb (75.6 kN) ohne NV
Gesamtdurchsatz 159.7 kg/sek
Bypassverhältnis 2.01
Verdichtergesamtdruckverhältnis 26.5
Turbineneintrittstemperatur 1427 °C=1700 °K
Fandurchmesser 55.2 in (1.402 m)
Das Triebwerk des B-1B Bombers

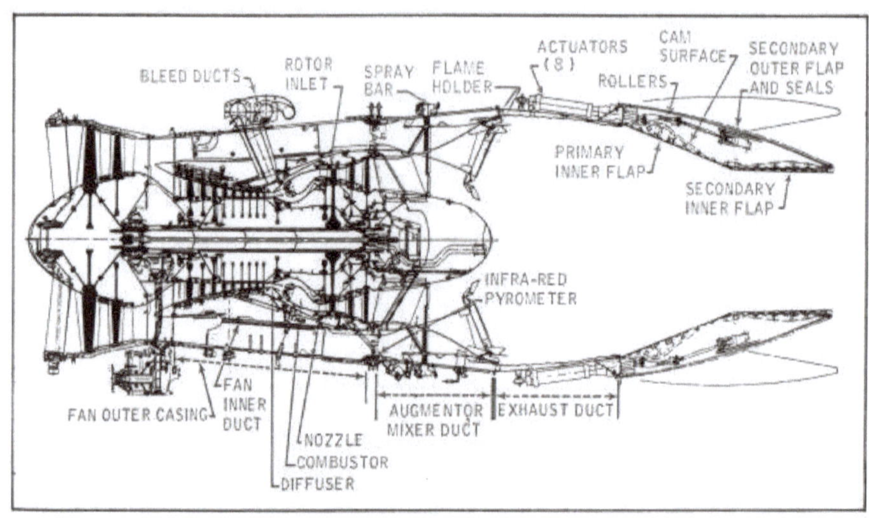

Das General Electric F101

Rockwell International B1B Schwenkflügelbomber

Rückansicht des B1B mit vier GE F101: man beachte, dass die Verstellmimik der Düsen keine äussere Verkleidung aufweist. Offensichtlich spielt der dadurch sicherlich entstehende Zusatzwiderstand keine große Rolle.

Dieses Hochdruckmodul (auch Kerntriebwerk (core engine) oder Gasgenerator genannt) ist allerneueste (und allergeheimste) Technologie. Bekannt sind diese Daten für das F101:
Hochdruckverdichter mit 9 Stufen, davon 3 verstellbare Statorstufen
Druckverhältnis größer 11
Turbineneintrittstemperatur TET 1427 °C = 1700 °K
Durchsatz 53 kg/sek
Gesamtdurchsatz des F101 160 kg/sek
Kalter Durchsatz = 160-53 = 107 kg/sek
Bypassverhältnis BPR = 107/53 = 2.01   (Alle Werte abgerundet)
Schub (ohne Nachverbrennung, am Stand) 17000 lb (75.6 kN)

Daraus wird dann das erste CFM56-2 mit folgenden Daten :
Hochdruchverdichter mit 9 Stufen, davon 4 verstellbare Statorstufen
Durchsatz 51 kg/sek
Gesamtdurchsatz des CFM56-2 : 357 kg/sek
Kalter Durchsatz = 357-51 = 306 kg/sek
Bypassverhältnis BPR = 306/51 = 6.0   (Alle Werte abgerundet)
Schub (am Stand) 24000 lb (106.7 kN)

Wie man sieht, wird der Durchsatz durch diesen Gasgenerator fast beibehalten und der höhere Schub mit dem höheren Bypassverhältnis erzielt. Dass Druckverhältnis und die TET nicht bekannt gegeben werden, hat mit der Angst der Amerikaner um ihre Hochtechnologie und die damit verbundene Geheimhaltung einiger Daten zu tun.

Neumann und Ravaud erkennen schon bei diesem ersten Treffen in Paris das große Potential einer Zusammenarbeit und treffen sich erneut in Cincinatti und machten den Deal perfekt. GE würde den Gasgenerator des F101 beisteuern und Snecma würde für den Fan, die Niedertruckturbine und für den Geräteträger (accessory gear box) verantwortlich sein. Eine neue Firma CFM International soll gegründet werden, der Name des Triebwerks wird aus **CF** (Civil Fan) und **M56** zu **CFM56** zusammengesetzt. Kosten und Verantwortung werden mit 50:50 aufgeteilt. Im November 1971 wird die Partnerschaft offiziell besiegelt, dieses Datum gilt auch als GoAhead des CFM56.

Technisch ist das Programm klar, die Probleme beginnen, als in den USA das Verteidigungsministerium die Ausfuhrlizenz verweigert mit dem Argument, die Weitergabe der sensitiven Technologie des F101 könne die nationale Sicherheit gefährden. Am 19.9.1972 erlaubt der Präsident der USA den Export von Daten des CF6-50A und verweigert gleichzeitig den Export der Daten des F101. Es folgt ein Jahr endloser Diskussionen zwischen diversen Regierungsstellen in den USA und den zwei Triebwerksfirmen. Endlich dann auf dem Flug zu einem Treffen mit dem französischen Präsidenten Pompidou in Island am 30.Mai 1973 setzt Präsident Nixon seine Unterschrift unter eine Vereinbarung, die den Export der F101 Technologie unter bestimmten Rahmenbedingungen erlaubt. Nixon hat keine Ahnung, was er da unterzeichnet, die Abkürzung Snecma musste ihm erst erklärt werden. Aber seine Berater, unter ihnen Henry Kissinger, haben gute Argumente für diese Zusammenarbeit und Nixon setzt seinen Richard an die richtige Stelle. Das CFM56 ist 35000 feet über dem Nordatlantik geboren. Allerdings: erst im September 1973 kommt das endgültige GoAhead und die Arbeiten bei GE und Snecma können wieder aufgenommen werden. Anfang 1974 wird die Firma CFM International offiziell gegründet. Neumann und Ravaud sind die beiden gleichberechtigten obersten Chefs.

CFM CFM56
Turbofan mit 2 Wellen, Erstlauf 20.6.1974
Startschub 24000 lb (106.8 kN)
Gesamtdurchsatz 357 kg/sek
Bypassverhältnis 6.0
Verdichtergesamtdruckverhältnis 31.8 (bei Steigleistung)
Fandurchmesser 68.3 in (1.735 m)
Der Prototyp des CFM-56

Das erste CFM56 wird im GE Hauptwerk in Evendale, einem Vorort von Cincinatti/Ohio zusammengebaut und am 20.6.1974 findet dort der Erstlauf statt. Das Triebwerk läuft so gut, dass schon nach 10 Stunden Testzeit ein Schub von 22000 lb (98 kN) erreicht wird, das ist fast schon der angepeilte Schub von 24000 lb (106.8 kN). Das folgende Bild zeigt eine Querschnittszeichnung des CFM56 mit dem Gasgenerator des GE F101 und dem Fan und der Niederdruckturbine von Snecma. Man kann nachzählen: der Hochdruckverdichter hat 9 Stufen und die Hochdruckturbine hat eine Stufe. Der Fan hat keine Ähnlichkeit mehr mit dem M56, er besitzt ungeteilte Fanschaufeln mit fast graden Vorder- und Hinterkanten. Zum charakteristischen Merkmal für alle zukünftigen CFM56 wird der perfekte Kegel der Einlaufnabe. Der Geräteträger von Snecma ist vorerst direkt unter dem Fangehäuse installiert, muss dann bei späteren Versionen wegen des Bodenabstands zur Seite wandern.

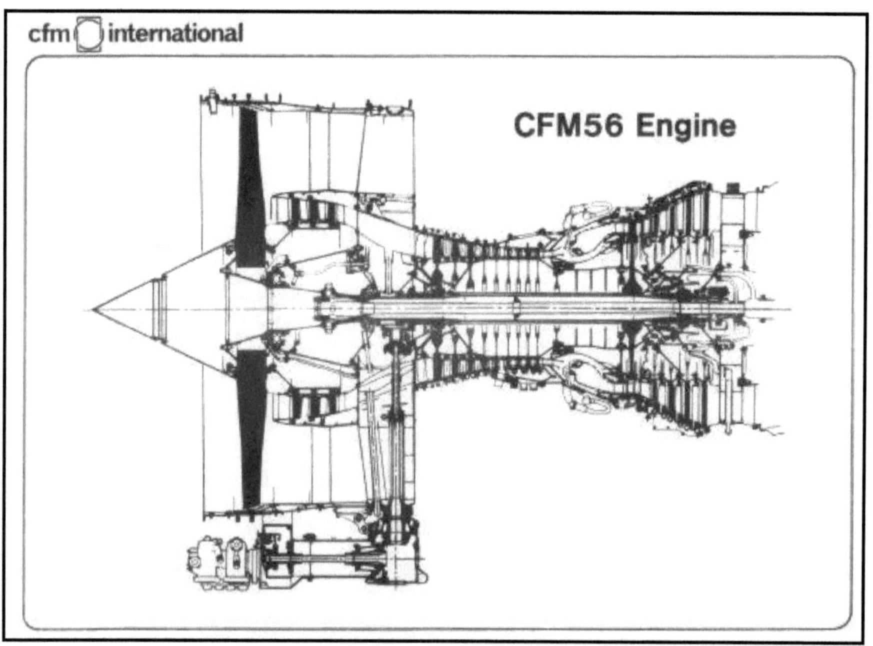

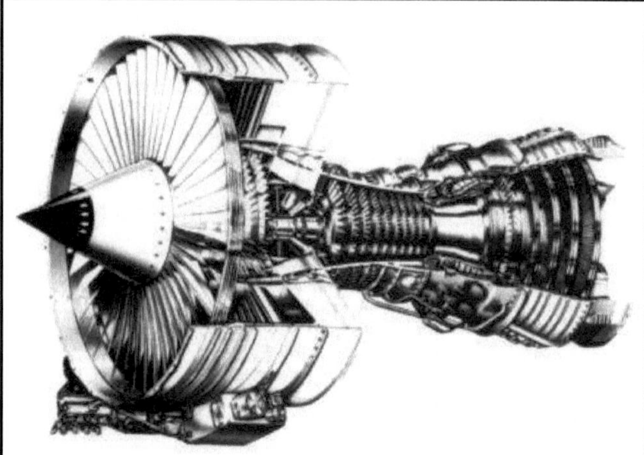

Das erste CFM56

Ein Blick ins Innere des Triebwerks zeigt die kompakte Bauweise und den Fan, der 357 kg/sek ansaugt und und nur 51 kg/sek in den Gasgenerator schickt. Das ergibt das Bypassverhältnis von exakt 6.0.

Ende 1974 wird das zweite CFM56 auf den Prüfstand in Evendale gebracht und danach Anfang 1975 zu Snecma nach Villaroche bei Paris geschickt und dort ausgiebig getestet. So können denn auch die Testergebnisse in USA und in Frankreich verglichen und korreliert werden. Eine kleine Schwierigkeit ist dabei immer präsent: die Zustimmung der US Regierung verlangt über viele Jahre, dass die französischen Kollegen nicht in das Innere, in den Gasgenerator schauen dürfen, nicht bei der Hartware und nicht bei den technischen Daten. Es gibt absurde Prozeduren, da müssen die Franzosen den Besprechungsraum verlassen, wenn über das Kerntriebwerk gesprochen wird. Offensichtlich gilt diese Geheimhaltung auch bei den ausgefüllten Questionnaires (Fragekatalogen), bei denen einige thermodynamische Daten des Hochdruckteils (z.B. die Kühlluftmengen) als „secret" bezeichnet und nicht gezeigt werden.

Das Testen der CFM56 Prototypen wird 1975 intensiv fortgesetzt und schon Ende des Jahres kann ein Flugzeug gefunden werden, mit dem eine Flugerprobung möglich wird: die Firma McDonnell Douglas stellt einen der zwei Prototypen der YC-15 zur Verfügung. Dieser militärische Transporter ist im Rahmen einer Ausschreibung der USAF entstanden und steht in Konkurrenz zur Boeing YC-14. Das ganze Programm nennt sich AMST (Advanced medium short take-off and landing transport) und ist 1974 mit Aufträgen an Boeing und MDC begonnen worden und endet nach der Erprobung von jeweils zwei Prototypen Ende 1977, der neugewählte Präsident Carter fährt viele Militärprogramme runter.

Eine McDonnell Douglas YC-15 (Erstflug 26.8.1975) mit 3 JT8D-17 unter dem Flügel mit je 16000 lb (71.7 kN) und einem CFM56-2 mit 22000lb (97.9 kN), Startgewicht 98 to.

Die Erprobung des CFM56 an der YC-15 ergibt 130 Stunden wertvoller Erkenntnisse über das Flugverhalten dieses neuen Turbofans. Es werden Höhen bis 40000 ft und eine Maximalgeschwindigkeit von M=0.78 erreicht, mehr ist mit der YC-15 nicht machbar.

Genau 4 Wochen nach der YC-15 startet am 17.3.1977 eine französische Caravelle mit einem CFM56-2 auf der rechten Position, während links noch das alte RR Avon installiert ist. Diese Testmaschine erreicht 45000 ft Höhe und M=0.82, die Gesamttestzeit beträgt über 36 Stunden. Dabei werden zwei Gondeltypen des CFM56 geflogen: eine mit der ursprünglichen Konfiguration mit getrennten Düsen und eine mit nur einer gemischten Düse, wie auf der Abbildung unten. Diese gemischte Düse tauchte dann erst wieder 14 Jahre später beim CFM56-5C auf der A340 auf.

Eine Caravelle mit CFM56

Inzwischen ist auch bei Boeing ein erstes Interesse am CFM56 aufgekommen. Genau wie McDonnell Douglas blickt Boeing mit steigender Sorge in die Zukunft, denn es tauchen neue, noch schärfere Lärmvorschriften auf: ab dem 1.1.1985 sollen alle Jets, die unter die Lärm-Kategorie FAR36 Stage 1 fallen, verboten werden. Das ergibt für die Modelle 707, 727, 737, DC-8 und DC-9 eine Gesamtsumme von über 3000 Flugzeugen, die entweder auf dem Schrott landen würden oder sich aber um leisere Triebwerke kümmern müssen. Dabei gibt es die zwei Alternativen: Hushkit oder ein nagelneuer Turbofan.

Boeing geht beide Wege, für die 707 aber kontaktieren sie CFM, denn die haben ein hochinteressantes neues Triebwerk. Am 10.2.1977 wird ein Abkommen unterzeichnet, das vorsieht, eine 707 mit vier CFM56-2 umzurüsten und im Flug zu erproben. Dabei sollen die Zukunftschancen sowohl der zivilen als auch der militärischen 707 mit dem CFM56 ermittelt werden. Man hat ausgerechnet, dass die Reichweite der zivilen 707 mit dem CFM56 um 10 % auf 9640 km steigen würde.

Für die militärischen Versionen, z.B. die Tanker KC135 ergeben sich dramatische Verbesserungen: gegenüber dem Modell mit dem J57 erechnet man für die CFM56 Version:

Eine Schuberhöhung von 10000 lb auf 22500 lb, d.h. um +125%
Eine Erhöhung der Kraftstoffeffizienz um +25%
Eine Erhöhung der ablieferbaren Kraftstoffmenge um 50%
Eine Senkung der operativen Kosten um -25%
Eine Erhöhung der operativen Reichweite um +60%
Eine Senkung des Lärms um 96%

Das sind hoffnungsvolle Zukunftsaussichten und man ist gewillt, diese gewaltige Aufgabe mit vereinten Kräften anzugehen.

Doch am 6.7.1977 kommen schlechte Nachrichten für das CFM56 Programm: Präsident Carter hat das B1-Bomber Programm gestoppt und damit auch das F101 Triebwerk. Es gibt mehrere Gründe: die Abrüstung mit der UdSSR, die Kosten des Programms und die Konkurrenz der Raketentechnik. Wenig später stoppt der Präsident auch noch das AMST Programm und damit die Möglichkeit, eine YC-15 mit vier CFM56 zu entwickeln.

Fast wäre das CFM56 zu diesem Zeitpunkt tot gewesen, aber die Mannschaft hält durch. Es werden weitere Testtriebwerke gebaut und Anfang 1979 stehen vier Exemplare für die 707 zur Verfügung.

Inzwischen haben Anfang 1978 die Verhandlungen mit McDonnell Douglas wegen einer Umrüstung der DC-8 begonnen. Dabei wird diskutiert, die Modelle DC-8-61/62/63 umzurüsten, sie haben noch mehr als die halbe Lebenszeit vor sich. Als Airlines, die diese Modelle fliegen, kommen unter anderem United, Delta und Flying Tigers in Frage. Im März 1979 spitzt sich die Situation zu: GE und Snecma drohen mit dem Einfrieren des CFM56 Programms, wenn nicht Aufträge für 75 Flugzeugumrüstungen vorliegen. Einige Manager hören schon die Pleitegeier um das CFM Gebäude kreisen, doch dann kommt die Rettung: am 29.3.1979 ordert United, 29 DC-8 umzurüsten, Delta folgt mit 13 und Flying Tigers mit 18, das ergab als Summe 60, das ist knapper als knapp, aber es wird akzeptiert, um das CFM56 Programm endgültig zu manifestieren. Weitere Airlines folgen später, insgesamt werden 110 DC-8 bis Ende 1988 mit dem neuen Turbofan ausgerüstet.

Vom Vertrag mit Boeing am 10.2.1977 bis zum Erstflug einer 707-700 mit 4 CFM56-2 am 27.11.1979 vergehen dann aber 2 Jahre und 9 Monate.

Und vom Tag des Auftrags von United am 29.3.1979 bis zum Erstflug einer DC-8-71 am 15.8.1981 vergehen dann auch 2 Jahre und 5 Monate.

Dieses Foto zeigt die Installation der CFM56 an Pylons weit vor dem Flügel. Die Triebwerke haben getrennte Düsen für den Fanstrahl und den heißen Strahl. Auf der Gondel befinden sich in 2 Uhr Position Wirbelerzeuger, deren Wirbel man allerdings nur bei höherer Luftfeuchtigkeit zu sehen bekommt.

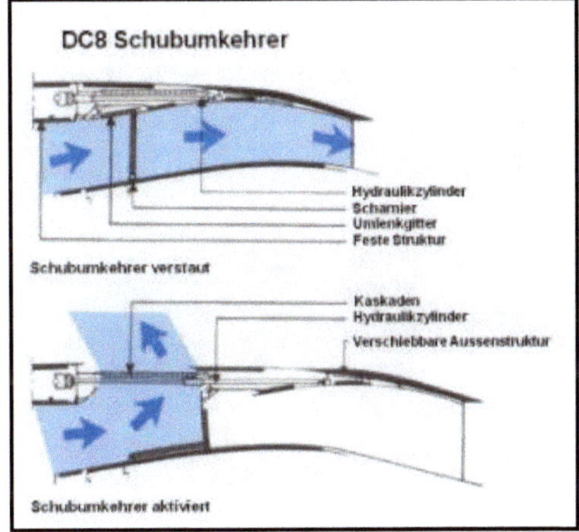

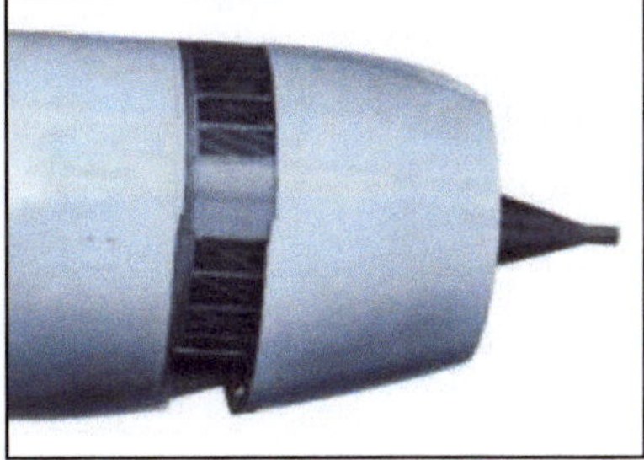

Der DC-8 Schubumkehrer mit Kaskaden, links oben eingefahren und unten und rechts ausgefahren.

CFM CFM56-2C1
Turbofan mit 2 Wellen,Erstlauf 20.6.1974
Startschub 22000 lb (97.9 kN)
Gesamtdurchsatz 357 kg/sek
Bypassverhältnis 6.0
Verdichtergesamtdruckverhältnis 31.3
Fandurchmesser 68.3 in (1.735 m)
Die erste Version des CFM-56 auf der DC-8-70

Obwohl die 707 21 Monate vor der DC-8 zum fliegen kommt, zieht sie im Konkurrenzkampf zwischen Boeing und McDonnell Douglas den kürzeren. Allerdings nur als zivile Version. Die militärische 707 als Tanker KC135 erfüllt dann später den ursprünglichen Traum der Herren Ravaud und Neumann und es werden 500 Exemplare auf das CFM56 umgerüstet.

Die 707-700 bleibt die einzige 707 mit dem CFM56, denn sie ist zu klein. McDonnell hat die DC-8 verlängert zur DC-8-61/62/63, die letztere ist 57,10 m lang und kann in der Economy Klasse 259 Passagiere befördern. Die 707 ist bei 46,61 m stecken geblieben und kann nur 202 Passagiere unterbringen. Da rechnet sich die Umrüstung auf das CFM56 nur für die DC-8, bei der 707 ist die ganze Idee unwirtschaftlich. Und bei Boeing will man den zukünftigen Modellen 757 und 767 keine unnötige hausinterne Konkurrenz machen. Ein richtig großer Erfolg ist das Umrüstprogramm auch bei McDonnell nicht, 110 Exemplare sind ein Achtungserfolg, aber mehr auch nicht.

Doch da ist doch noch die Flotte der Tanker vom Typ KC135, die ja noch vor der zivilen 707 bestellt worden sind. Für die Umrüstung dieser Modelle auf das CFM56 hat man dramatische Leistungsverbesserungen errechnet (wie schon oben erwähnt).

Die Originalversionen der KC135 mit J57 Triebwerken sind ganz schreckliche Dreckschleudern, das war nicht nur für die Flughäfen nachteilig, es war auch militärisch ein Handicap, vom Feind so schnell gesehen zu werden.

Bei der ersten Umrüstung der KC135 werden, wie bei der zivilen 707, die JT3D von Pratt&Whitney installiert, die mit ihrem Bypassverhältnis von 1.36 schon deutliche Verbesserungen im spezifischen Kraftstoffverbrauch und den daraus sich ergebenden Flugleistungen gegenüber dem alten Einkreiser J57 ergeben.

Der größte Sprung in der Tankerleistung ergibt sich durch das CFM56. Das Foto links zeigt die KC135R (Erstflug 4.8.1982) mit den neuen Hochbypasstriebwerken und lässt erkennen, dass mehr Triebwerk gar nicht machbar ist.

Anfang 1980 wird die 707 mit CFM56 der USAF vorgeführt und diese erkennt, dass die Hauptarbeit schon getan ist und die Umrüstung für die KC135 Flotte einen Riesenvorteil bringen wird und erteilte den Auftrag für die erste KC135RE mit RE für „reengining". 1982 folgt das erste Los von Tankern und dann wird über die Jahre hinweg ein Tanker nach dem anderen auf das CFM56 umgebaut. Am 9. Juni 2005 erhält die USAF ihre letzte umgerüstete KC135R, die Gesamtzahl aller militärischen 707-Versionen mit dem CFM56-2 beträgt 469.

Obwohl CFM eigentlich stolz und glücklich sein könnte, zwei 4-motorige Passagierflugzeuge mit CFM56 Turbofans ausgerüstet zu haben, haben sie ihre ursprüngliche Zielgruppe, nämlich die 2-mots, noch nicht erreicht. Und es ist nicht Boeing, die die ersten Ideen eines 150-Sitzers mit zwei CFM56 studieren, es ist Fokker mit der F29. Die haben zuerst mit den Rolls-Royce Triebwerken RB401 und RB432 gearbeitet, denn das CFM56-2 mit seinem Fandurchmesser von 68 inch ist einfach zu dick und ergibt unter dem Flügel der F29 einen nicht akzeptablen Bodenabstand. Da muss CFM in den sauren Apfel beißen und den Fandurchmesser reduzieren. Das Resultat ist ein 55 inch Fan (1.40 m), das ergibt ein kleineres Bypassverhältnis (5.1 statt 6.0), einen Schub von 20000 lb (statt 22000 lb) und ein Gewicht von -170 kg.

Die Fokker F29 mit zwei CFM56 unter dem Flügel in einer Studie von 1980.

CFM schickt die Studie des CFM56 mit 55 inch Fan unaufgefordert an Boeing und dort fällt die Idee auf fruchtbaren Boden, während Fokker mit der F29 nie über das Papierstadium hinauskommt. Allerdings besteht Boeing auf einem 60 inch Fan (mit besserem Bypassverhältnis und folglich besserem Verbrauch) und es müssen viele Kompromisse gemacht werden, um diese Forderung zu erfüllen. So erklärt sich CFM zusätzlich bereit, den Geräteträger von unten an die Seite zu verlegen, so dass die Gondel unten deutlich schlanker wird. Dann wird das Triebwerk an einem flachen Pylon weit nach vorne verlegt und schließlich noch um 5° gekippt, um den Einlauf etwas weiter vom Boden weg zu verlegen. Die Lösung funktioniert und bleibt bis heute rekordverdächtig mit 18 in (46 cm) Abstand zwischen dem untersten Punkt der Gondel und dem Boden.

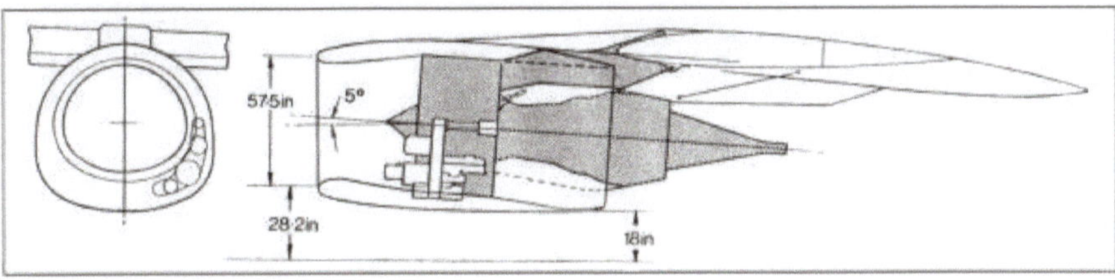

Das CFM56 an der B737

Ein CFM56-3 an der 737 in der Vorderansicht. Deutlich erkennbar die abgeflachte Unterseite, um den Boden-abstand zu verbessern, und der extrem flache Pylon.

Der Prototyp der Boeing 737-300, Erstflug ist am 24.2.1984.

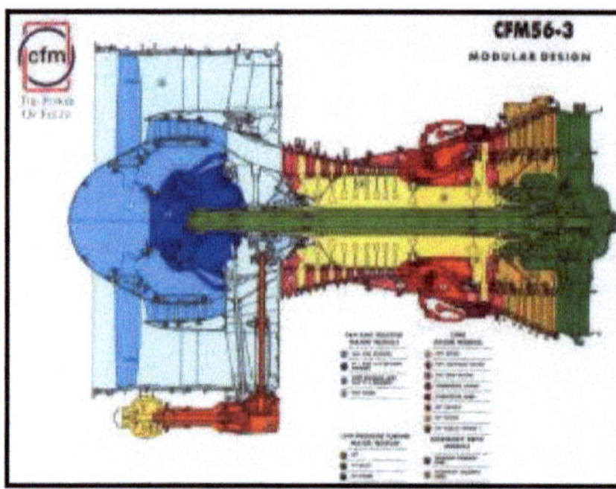

Die Abbildung links zeigt das CFM56-3. Es ist das einzige Modell mit einem runden Einlaufspinner, alle anderen CFM56 hatten den streng geometrischen Konus. Die einzelnen Farben bedeuten: Rot+Gelb für den Gasgenerator des F101 von GE und den Geräteträger von GE und Blau+Grün für den Niederdruckteil von Snecma.

Oben noch einmal die zwei Versionen der 737 im Überflug, links mit dem CFM56 und rechts mit dem JT8D. Deutlich erkennbar auch, dass es für das Fahrwerk keine Abdeckung gibt.

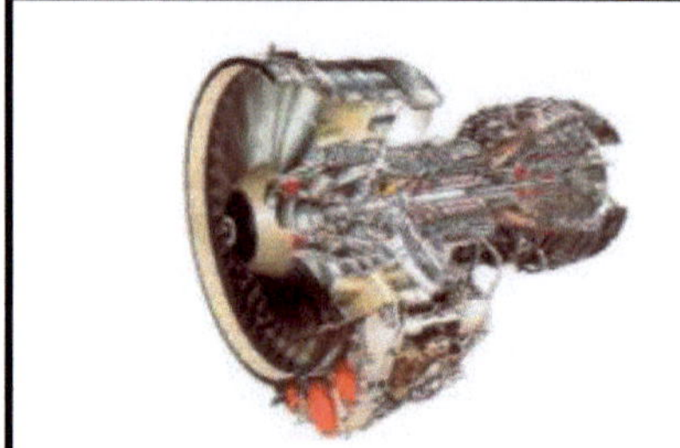

CFM CFM56-3B1
Turbofan mit 2 Wellen, Erstlauf März 1982
Startschub 20000 lb (89 kN)
Gesamtdurchsatz 289 kg/sek
Bypassverhältnis 6.0
Verdichtergesamtdruckverhältnis 27.5
Fandurchmesser 60 in (1.524 m)
Die Version des CFM-56 für die Boeing 737, mit kleinerem Fan und rundem Spinner

Einen Monat nach dem Erstflug der 737-300 bewilligen die Regierungen von England und Deutschland die Entwicklungsgelder für das A320 Programm und Airbus gibt unverzüglich das Go Ahead bekannt. Als Triebwerk ist das CFM56-4 vorgesehen, damit haben auch fast alle A320 Vorgänger geplant. Da die A320 eine deutlich höhere Bodenfreiheit besitzt, kann wiederum der größere Fan von 68 inch vom CFM56-2 genommen werden, es bekommt ein Fadec (eine digitale Triebwerkssteuerung) und eine Installation mit einem großzügigen Pylon ist möglich. Im März 1984 ordert Airbus 80 CFM56-4, obwohl noch keine Airline sich eindeutig für diesen Turbofan entschieden hat.

Denn inzwischen ist ein Konkurrent aufgetaucht: die Firmen Rolls Royce und Pratt &Whitney und MTU haben zusammen mit einem japanischen Konsortium die International Aero Engines (IAE) gegründet und ein Triebwerk mit dem Namen V2500 begonnen. Es besitzt fast den gleichen Schub wie das CFM56, ist aber um etwa 10 Jahre jünger und im Verbrauch angeblich um etwa 14% besser.

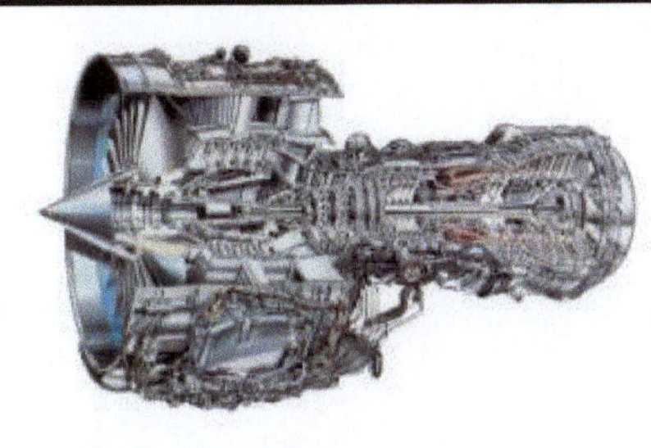

Als im November 1984 Cyprus Airways als erste Airline die A320 mit dem V2500 bestellt und Pan American kurz darauf folgt, ist den Ingenieuren von CFM klar, dass sie etwas tun müssen. Sie kehren zurück an die Zeichenbretter. Das CFM56-4 wird aufgegeben und es entsteht das CFM56-5. Es besitzt einen neuen Fan und andere Verbesserungen, was in der Summe den Verbrauch um 7 % senkt und das CFM56 wieder näher an das V2500 bringt.

Die Extraanstrengung von CFM macht sich bezahlt: das CFM56-5 wird bestellt und 3 Jahre später hat es das V2500 überholt: 4 Monate nach dem Erstflug der A320 am 22.2.1987 sieht die Orderliste so aus : 90 A320 mit dem V2500 und 190 A320 mit dem CFM56-5 sind bestellt worden.Das ist zunächst mal eine deutliche Mehrheit von 68 % für das CFM56. In den Jahren und Jahrzehnten danach geht diese Kurve rauf und runter, die Konkurrenz ist hart. Im Jahr 2011 hat CFM einen Marktanteil von 57 % an allen A320 Varianten.

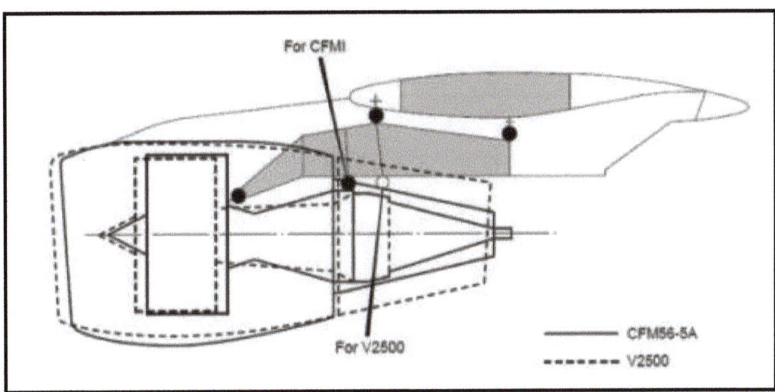

Eigentlich logisch und technisch zwingend ist es, den Pylon der A320 so auszulegen, dass beide Triebwerke daran installiert werden können. Der äußerliche Unterschied besteht vor allem darin, dass das V2500 einen langen Duct und das CFM56 einen kurzen Duct besitzt. Der Einfluss auf die Aerodynamik der Flügelunterseite ist nicht unerheblich.

CFM CFM56-5A1
Turbofan mit 2 Wellen, Erstlauf Anfang 1986
Startschub 25000 lb (111.2 kN)
Gesamtdurchsatz 386 kg/sek
Bypassverhältnis 6.0
Verdichtergesamtdruckverhältnis 31.3
Fandurchmesser 68.3 in (1.735 m)
Die endgültige Version des CFM-56 für die A320 und A319

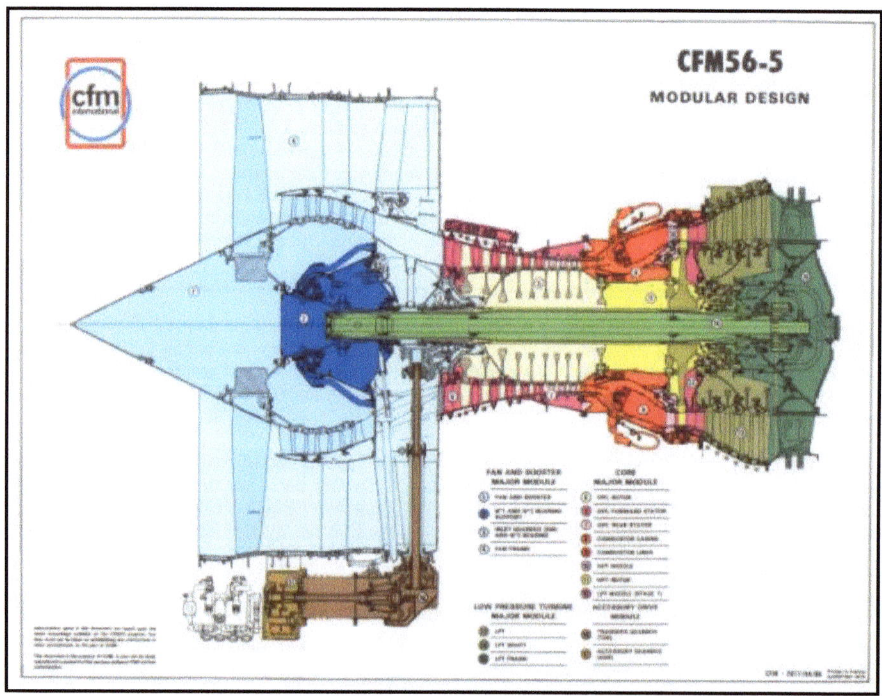

In dieser Querschnittszeichnung des CFM56-5 kann man die Stufen zählen (es werden immer die rotierenden Stufen gezählt) :

Fan : 1
Booster (Niederdruckverdichter) : 3
Hochdruckverdichter : 9
Hochdruckturbine : 1
Niederdruckturbine : 4

Die Installation der ersten CFM56-5A1 auf dem Prototypen der A320 erfolgt Ende 1986. Es ist selbst nach heutigen Maßstäben eine gelungene Wahl von Vorlage und Flügelabstand, die Fandüse liegt noch vor der Flügelvorderkante und der Fanstrahl liegt in respektvollem Abstand zur höchst empfindlichen Unterseite des Flügels. Das ergibt kleinstmögliche aerodynamische Interferenzen und damit geringe Zusatzwiderstände.

170

Der Erstflug der A320 ist am 22.2.1987. Vier Flugzeuge nehmen an den Flugversuchen teil, nach insgesamt 1200 Stunden erfolgt am 26.2.1988 die europäische Zulassung. Das Triebwerk muss 5000 Stunden Tests durchstehen und der kritischste Test ist der Vogelschlagversuch mit 7 Vögeln von je 1.5 lb Gewicht. Das CFM56-5A1 besteht mit Bravour, statt der geforderten 75% läuft es mit 98% Leistung weiter. Die Zulassung ist am 27.8.1987, also 6 Monate vor dem Flugzeug, das nämlich noch etliche Versuche mit dem zugelassenen Triebwerk machen muss.

Am 28.3.1988 wird die erste A320 an die Air France ausgeliefert und der Chef von CFM lässt dabei die lange Geschichte Revue passieren vom Erstlauf 1974 bis zur Auslieferung 1988, es hat 14 Jahre gedauert und durch schreckliche Tiefen geführt bis zum glücklichen Abschluss. Und die Bilanz sieht stolz aus: zum Zeitpunkt der Zeremonie liegen Bestellungen über 3900 Triebwerke von 100 Airlines vor.

Eine A320-100 von Air France, noch ohne Winglets !

Schon 1986 ist für CFM die nächste Anwendung sichtbar: die 4-strahlige A340 (vorher TA11 genannt) entwickelt sich auf den Zeichenbrettern von Airbus. Ihr Schubbedarf liegt bei etwa 29000 lb (129 kN), ein Schub, den CFM glaubt, mit dem CFM56-5A1 erreichen zu können. Das daraus abgeleitete CFM56-5S2 liegt bei 28600 lb (127.2 kN), das Konkurrenzmodell von IAE liegt sogar noch darunter bei 27500 lb (122.3 kN). Da erfindet IAE einen Superfan, eine absolute Novität. Auf dem Core (Gasgenerator) des V2500 sitzt ein riesiger Fan, der über ein Getriebe von einer Niederdruck-turbine angetrieben wird und über 30000 lb (133.4 kN) liefert. Das Bypassverhältnis liegt bei unglaublichen 17.5 und die Kraftstoffersparnis gegenüber dem Original V2500 liegt bei 15%. Die Lufthansa ist begeistert und bestellt am 15. Januar 1987 30 Exemplare der A340 mit dem IAE Superfan. Am 30. März folgt Northwest mit einer Kauferklärung über ebenfalls 30 A340 mit diesem Superfan. Anfang April 1987 fliegt Airbus Präsident Jean Pierson mit Entourage zu Pratt&Whitney, um den Verkauf des Superfans perfekt zu machen. Die Airbus Mannschaft erlebt einen Schock: P&W teilt ihnen mit, dass der Superfan tot sei und IAE zu voreilig dieses Triebwerk angeboten hätte. Hintergrund ist dabei, dass IAE ihre ganzen Bemühungen auf das Basistriebwerk V2500 konzentrieren muss, denn das hatte ein Riesenproblem mit dem Hochdruckverdichter.

Nun steht Airbus da ohne Triebwerk für den Langstreckenflieger A340. P&W bietet noch das viel zu große PW2000 an, das liegt bei 37000 lb (164.6 kN), das sind 23% zuviel. Es ist nicht bekannt, was Airbus zu diesem Vorschlag geantwortet hat.

CFM aber hat inzwischen weitergemacht und den CFM56-5S2 zu größerem Schub hin entwickelt. Dabei vergrößern sie den Fan von 68.3 inch (1.735 m) auf 72.3 inch (1.836 m), was den Schub auf über 31000 lb (137.9 kN) bringt mit dem Potential, bis 34000 lb (151.2 kN) zu kommen. Brian Rowe, damaliger Chef von GE und 50%-Teilhaber an CFM ruft Jean Pierson an und bietet ihm dieses Triebwerk an. GE macht dabei einen Deal mit Airbus: CFM würde das CFM56-5C bauen und damit die A340 retten, wenn GE das Exklusivitätsrecht bekäme, die ersten A330 mit dem CF6-80C2 auszurüsten. Pierson nimmt das Angebot an und das CFM56-5C wird in drei Versionen entwickelt.

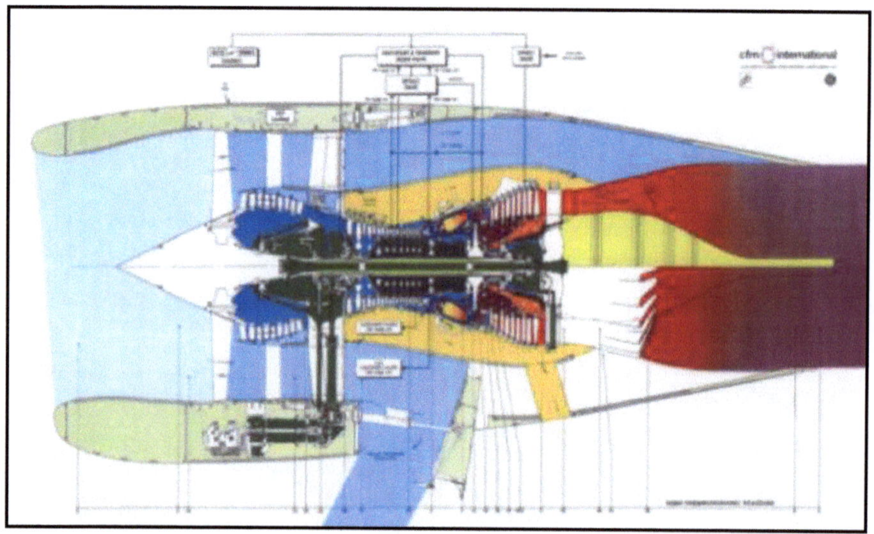

Hier oben die Querschnittszeichnung des CFM56-5C, wieder kann man die Stufen zählen:
Fan : 1,
Booster (Niederdruckverdichter) : 4,
Hochdruckverdichter : 9,
Hochdruckturbine : 1,
Niederdruckturbine : 4.

Das Triebwerk mischt den kalten Kreis des Fan mit dem heißen Kreis des Kerns mittels eines Blütenmischers (wegen des blumenähnlichen Aussehens von hinten). Das ergibt eine lange Gondel mit erhöhter Außenfläche. Die Mischung ergibt thermodynamisch einen Schub, der 2-4 % höher liegt, von dem dann aber der äussere Zusatzwiderstand wieder abgezogen werden muss, um den Nettoeffekt zu bekommen. Auf jeden Fall ist die gemischte Bauweise leiser. Die zusätzliche Stufe im Booster wird dringend gebraucht, um das Verdichtergesamtdruckverhältnis zu erhöhen, schließlich braucht der größere Fan mit dem erhöhten Durchsatz auch mehr Power.

CFM CFM56-5C2
Turbofan mit 2 Wellen,Erstlauf 27.12.1989
Startschub 31200 lb (138.8 kN)
Gesamtdurchsatz 466 kg/sek
Bypassverhältnis 6.6
Verdichtergesamtdruckverhältnis 37.4
Fandurchmesser 72.3 in (1.836 m)
Die erste Version des CFM-56 für die A340, wurde weiter entwickelt bis 34000 lb

Das obige Bild zeigt das CFM56-5C an der A340, hier auf Position 4, rechts außen. Die lange Gondel liegt weit vor der Flügelvorderkante mit einem Abstand zur Flügelunterseite, der wenig Interferenz ergibt.

Zur Erzeugung des Umkehrschubes klappt das CFM56-5C vier Klappen oder Türen (engl. doors) seitlich aus, die den Fandurchsatz (vor der Mischung) schräg nach vorne lenken, sodass eine Kraft nach hinten entsteht. Der heiße Strahl wird dabei nicht mit dem kalten gemischt und verliert seinen Impuls fast völlig, da er sich in der riesigen Düse so alleine fast verirrt.

Auf der Innenseite der Außentriebwerke wird ein „Plastron" angebracht, um dort das beobachtete Buffeting (aeroelastische Schwingungen, die den Flügel anregen) zu beseitigen. Mit dieser Beule wird die Druckverteilung verändert und die Vibrationen hören auf.

Als Ende 1989 die A321 konzipiert wird, ergibt es sich, dass der Schubbedarf genau zwischen dem CFM56-5A und dem -5C liegt. Da kommt CFM auf die Idee, den Core des -5C mit dem Fan des -5A zu kombinieren. Das ergibt dann Schübe von 30000 lb (133.4 kN) und mehr und die A321 kann gebaut werden. Diese Version bekam die Bezeichnung CFM56-5B.

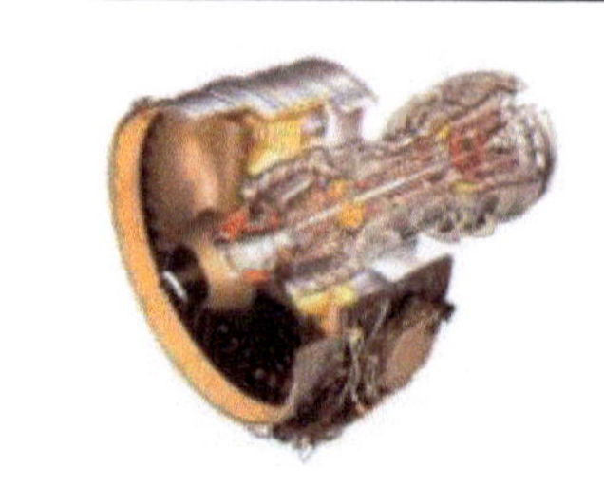

CFM CFM56-5B1
Turbofan mit 2 Wellen, Erstlauf 25.10.1991
Startschub 30000 lb (133.4 kN)
Gesamtdurchsatz 428 kg/sek
Bypassverhältnis 5.5
Verdichtergesamtdruckverhältnis 35.4
Fandurchmesser 68.3 in (1.735 m)
Die erste schubstärkere Version des CFM-56 für die A321, alle weiteren Versionen mit passendem Schub für A321, A319 und A318

Als Boeing 1993 ein Triebwerk für die neue Generation der 737 Familie sucht, bewerben sich IAE mit dem V2500 und CFM mit einer neuen Version des CFM56-3. Es basiert auf dem Core des -5B und kombinierte ihn mit einem Fan der um 1 inch (2.5 cm) größer ist als das alte -3, also 61 inch (1.549m) Durchmesser besitzt : das CFM56-7B ist geboren.

CFM CFM56-7B18
Turbofan mit 2 Wellen, Erstlauf 19.9.1994
Startschub 19500 lb (86.7 kN)
Gesamtdurchsatz 357 kg/sek
Bypassverhältnis 5.5
Verdichtergesamtdruckverhältnis 32.8
Fandurchmesser 61 in (1.549 m)
Eine angepasste Version des CFM-56 für die Boeing 737

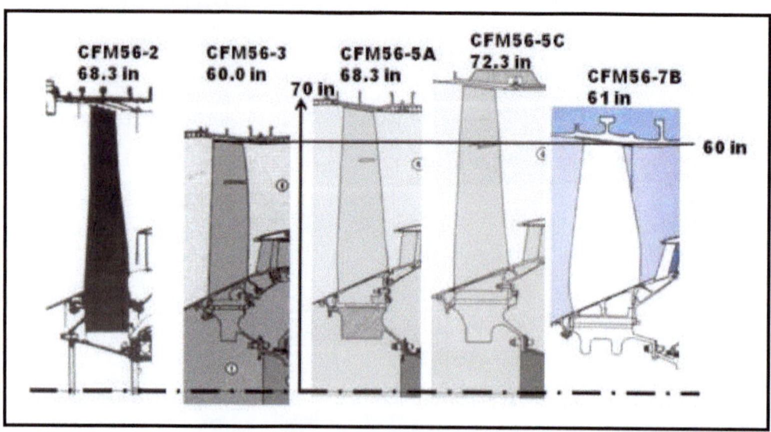

Hier noch einmal alle Fans auf gleiche Größe gebracht. Diese Gegenüberstellung dokumentiert die Flexibilität von CFM, auf wechselnde Anforderungen optimal zu reagieren, das Bild kann auch als Geschichte der Fanentwicklung gesehen werden, die so auch bei anderen Firmen stattfand.

Die letzten Modelle aus der CFM56 Familie sind 2009 das CFM56-7BE für die Boeing 737 und das CFM-5B/3PIP für die A320. Da es immer schwieriger wird, durch Verbesserungen der Hartware noch erkennbare Verbesserungen in den Leistungen zu erzielen, kommt CFM zu der sicherlich nicht leichten Erkenntnis, dass das CFM56 das Ende der Fahnenstange erreicht hat. Die Konsequenz, die CFM zieht, lautet: wir brauchen ein neues Triebwerk !

Schon 2005 startet CFM daher ein Forschungsprogramm mit dem Namen LEAP56 (Leading Edge Aviation Propulsion), es soll die Komponenten bereitstellen, um wieder an die Spitze (eigentlich heißt edge = Kante) der Luftfahrtantriebe zu führen. Der offizielle Beginn der Konstruktion (engl. launch) ist am 13. Juli 2008 und das Triebwerk heißt LEAP-X. Später wird das –X weggelassen und es wird weiter spezifiziert: das LEAP-1A für die A320neo Familie, das LEAP-1B für die 737Max Familie und das LEAP-1C für das chinesische COMAC C919.

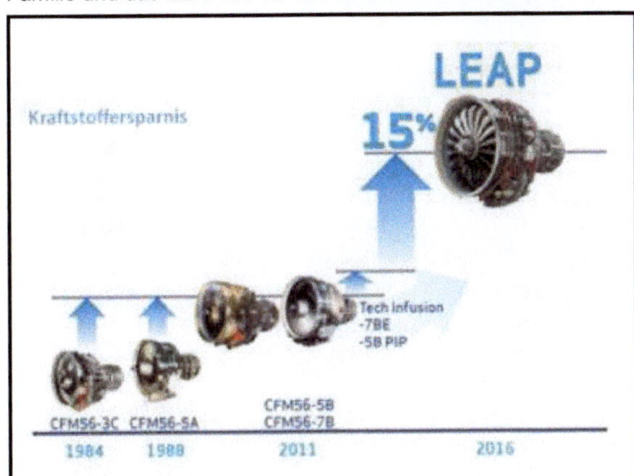

Das neue LEAP im Verglich mit den Vorläufern CFM56

Ziel der Entwicklung beim LEAP-X sind diese Verbesserungen:

15% weniger sfc
50% weniger NOx
75% weniger Lärm

CFM LEAP-1A
Turbofan mit 2 Wellen, Erstlauf 4.9.2013
Startschub 24500 lb (108.9 kN) für A319neo
Startschub 28000 lb (124.6 kN) für A320neo
Startschub 32900 lb (146.3 kN) für A321neo
Bypassverhältnis 11
Verdichtergesamtdruckverhältnis 40
Fandurchmesser 78 in (1.98 m)
Eine völlige Neuentwicklung für die A320neo

Der Erstlauf des LEAP-1A erfolgt am 4.9.2013. Das Triebwerk erreicht bei den ersten Läufen bis zu 35000 lb (155.7 kN) Schub, das ist mehr als für die A321neo gefordert wird.

Der erste Flug eines LEAP erfolgt mit dem LEAP-1C auf einer 747 am 6.10.2014.

Der Erstflug der A320neo mit dem LEAP-1A erfolgt am 19.5.2015. Der Flug dauert 4:25 Stunden und geht bis auf 39000 ft Flughöhe. Im 4.Quartal 2015 läuft die Flugerprobung. Der erste kommerzielle Flug findet im August 2016 statt.

Das Fazit der CFM56 Geschichte lautet : Mitte 2018 hat CFM über **32645** Triebwerke aus der CFM56 Familie ausgeliefert, ein gigantischer Erfolg, der begonnen hatte 1971, vor genau 47 Jahren, mit dem Handschlag zwischen einem französischen General und einem deutschen Ingenieur.

Der Übergang vom CF56 zum LEAP Engine

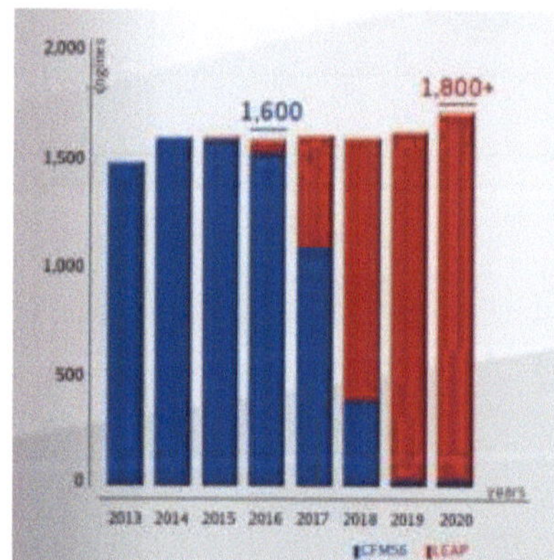

Fazit 2022 : Die Geschichte des CFM56 neigt sich dem Ende zu wie das obige Diagramm zeigt. Ab 2019 werden nur noch Ersatztriebwerke produziert, dafür wird die Produktion des LEAP Triebwerks hochgefahren und erreicht ab 2019 ähnliche Stückzahlen wie das CFM56 bisher hatte.

Fußnote: CFM, CFM56 und LEAP und das CFM Logo sind Trade Marks von CFM International, einer 50/50 Joint Company von GE und Safran

4.5 International Aero Engines

Keine Triebwerksentwicklung gleicht der anderen. Selten wird für ein neues Projekt jede Komponente neu erfunden. In den meisten Fällen gibt es Prototypen, an denen die eine oder andere Komponente schon mal erprobt und optimiert wird, manchmal wird auch ein guter, älterer Entwurf skaliert und zuweilen ergibt es sich, dass durch eine Zusammenarbeit mit einer anderen Firma man aus zwei ähnlichen Entwürfen einen Kompromiss erarbeitet.

Für das zweite Triebwerk auf der A320 Familie, für das IAE V2500 treffen alle diese Entwicklungswege zu. Die Geschichte beginnt 1973 im Hause Rolls-Royce mit der Zulassung des RB211 im Februar durch die CAA und im April duch die FAA. Die Firma kann nach dem Bankrott am 4.2.1971 und der anschließenden Verstaatlichung endlich wieder durchatmen und auch wieder an andere Projekte denken. Die zum Teil bitter erworbenen Erfahrungen mit einem großen Hochbypasstriebwerk könnten ja auch auf kleinere Schubklassen übertragen werden. Rolls-Royce beginnt Anfang 1974 mit Arbeiten an einem Turbofan für Geschäftsreiseflugzeuge in der Schubklasse um 5100 lb (22.7 kN) mit einem Bypassverhältnis von 4.5. Das Triebwerk erhält die Bezeichnung RB.401 und taucht im September 1974 anlässlich der Luftfahrtshow in Farnborough zuerst in der Presse auf. 1975 wird mit Pratt&Whitney diskutiert, ob aus deren JT25 und dem RB.401 ein gemeinsames Triebwerk entwickelt werden könnte, aber diese Zusammenarbeit kommt aus kartellrechtlichen Gründen nicht zustande.

Am 21.12.1975 ist der erste Lauf des RB.401. Der erreichte Schub wird nicht gemeldet, wohl aber, dass das endgültige Triebwerk eher bei 6000 lb (26.7 kN) Schub liegen wird. Zwei Triebwerke werden getestet, dann folgt eine stärkere Version. Die erste Version mit 5100 lb erhält die Bezeichnung RB.401-06 und im Dezember 1977 erreicht dann das stärkere RB.401-07 einen Schub von 5540 lb (24.6 kN) und bei diesem Level bleibt es dann. Es werden insgesamt 4 Triebwerke vom RB.401 gebaut und in 700 Stunden getestet, aber eine Anwendung findet sich nicht, dann wird das RB.401 1982 auf Eis gelegt und taucht danach nie wieder auf.

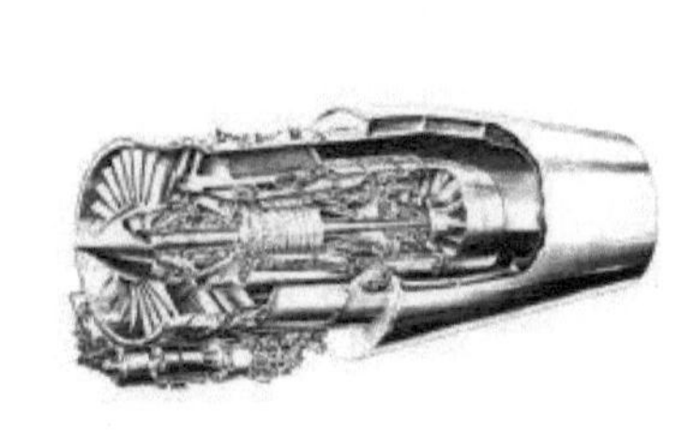

Rolls-Royce RB.401-06
Turbofan mit 2 Wellen, Erstlauf 21.12.1975
Startschub 5100 lb (22.7 kN)
Gesamtdurchsatz 77.1 kg/sek
Bypassverhältnis 4.5
Verdichtergesamtdruckverhältnis 14.6
Fandurchmesser 31 inch = 0.79 m
Projekt eines Bypasstriebwerks für Geschäftsreiseflugzeuge, fand aber keine Anwendung

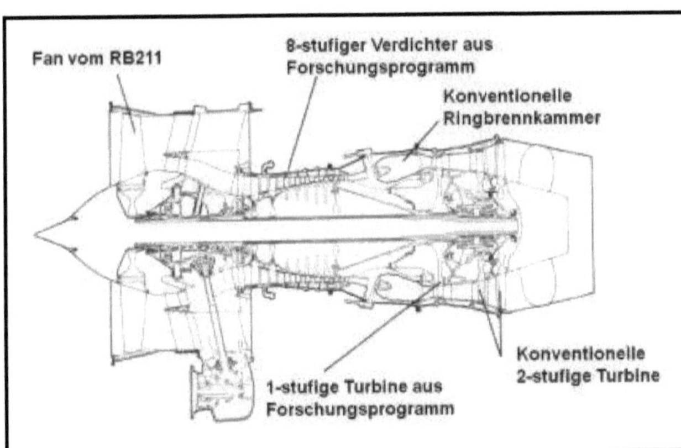

Das RB.401 besitzt konventionelle und fortschrittliche Komponenten.

Aber die Arbeiten am RB.401 sind nicht vergeblich gemacht worden. Rolls-Royce beendet 1977 die Kooperation mit Pratt&Whitney zur Entwicklung des JT10D, weil das Projekt sich zu einem Schub von 29000 lb (129 kN) hin entwickelt hat und damit eine zu enge Konkurrenz zum eigenen Projekt RB.211-535 darstellt. RR denkt eher an einen Nachfolger zum Spey, der bei einem Schub von maximal 12000 lb (53.4 kN) liegt und sieht am Horizont schon die A320, die etwa 2 x 22000 lb (97.9 kN) benötigt, die das CFM56 seit seinem Erstlauf im Juni 1974 ja auch liefert. Da will Rolls-Royce noch nicht ganz hin, sie peilen erst mal 19000 lb (84.5 kN) an und skalieren das RB.401 mit dem Faktor 1.8 und nennen den großen Bruder RB.432.

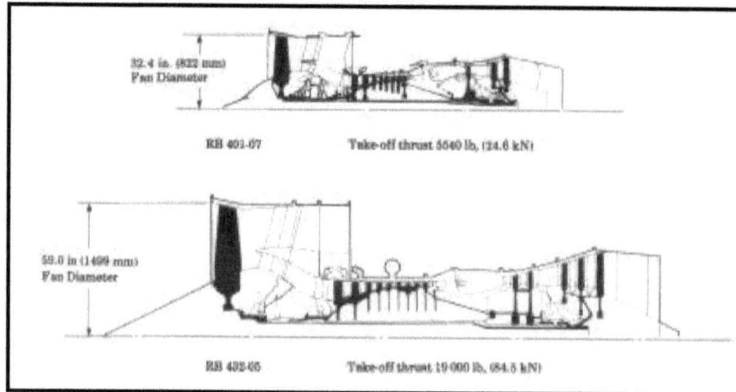

Der exakte Skalierungsfaktor vom RB.401 zum RB.432 beträgt mit den Durchmessern der Fans 1499/822 = 1.8236. Das ergibt ein Flächenverhältnis von 3.326, das ergibt entsprechend mehr Durchsatz und Schub.

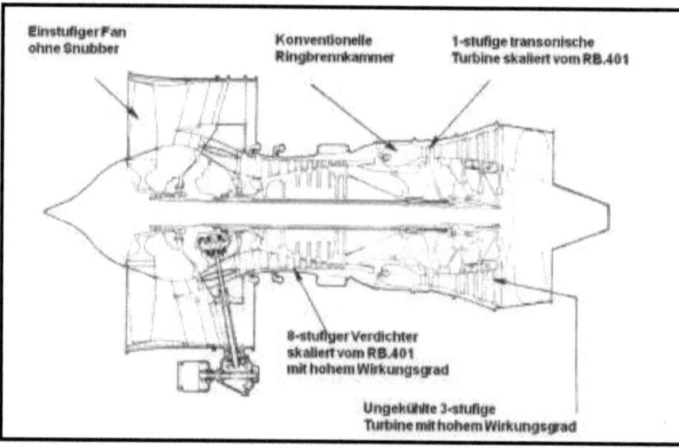

Das RB.432 übernimmt fast alle Komponenten um den Faktor 1.8236 skaliert vom RB.401, muss aber eine Turbinenstufe hinzufügen, da reicht die Leistung von zwei Stufen nicht.

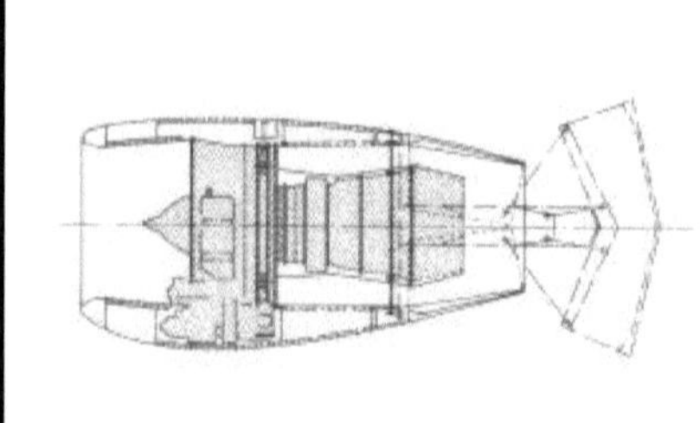

Rolls-Royce RB.432
Turbofan mit 2 Wellen, Projekt 1977-80
Startschub 19000 lb (84.5 kN)
Bypassverhältnis 4.85
Verdichtergesamtdruckverhältnis 18.7
Fandurchmesser 59 inch = 1.50 m
Der erste Versuch von RR in Richtung A320

Die Arbeiten am RB.432 ziehen sich bis 1980 hin, im April wird eine Attrappe gezeigt und verkündet, dass das RB.432 einen neuen Namen bekommt: RJ.500. Damit verschwindet das RB.432 aus der Geschichte, bevor es Programm wird, bevor es eine Anwendung findet. Und der neue Name enthüllt, dass neben dem R für Rolls-Royce das J für Japan steht.

Denn inzwischen ist Japan im Kreis der Triebwerksnationen aufgetaucht. Japan hat seit 1945 fast ausschließlich Triebwerke in Lizenz gebaut, aber nur ein sehr bescheidenes Hubtriebwerk selbst entwickelt. 1971 soll der Anschluss an die internationale Triebwerkswelt begonnen werden. Mit Hilfe des Ministry of International Trade & Industry (MITI) beginnen die Firmen Kawasaki und Mitsubishi mit der Entwicklung eines Turbofans der höheren Bypassklasse. Es erhält den Namen FJR710 und hat im Mai 1973 schon seinen Erstlauf. In den folgenden Jahren werden einige Testtriebwerke gebaut (etwa drei pro Version) und getestet, das FJR710/700 hat mit 14300 lb (63.6 kN) den höchsten Schub aller Varianten.

NAL FJR 710/10
Turbofan mit 2 Wellen, Erstlauf Mai 1973
Startschub 11000 lb (48.9 kN)
Bypassverhältnis 6.5
Verdichtergesamtdruckverhältnis 20
Fandurchmesser 47 inch = 1.19 m
Der erste größere Turbofan aus Japan

Erst 1985 kommt es zur Flugerprobung, zuerst auf einer Kawasaki C1 und dann im Oktober auf einer Kawasaki Asuka (zuweilen nur Aska geschrieben). Diese ähnelt stark der QSRA der NASA und hat die Triebwerke ebenfalls über dem Flügel installiert und erforscht den Effekt des „Upper Surface Blowing", des Blasens über den Flügel. Die 4 Triebwerke sind FJR710/600S, schubreduziert auf 10582 lb (47.1 kN).

Die Kawasaki Asuka auf einem Testflug. Die gemischten Strahlen der vier FJR710/600S blasen über den Flügel und erzeugen so hohen Auftrieb. Bis 1989 werden etwa 100 Flüge absolviert.

Die Arbeiten am Turbofan FJR710 sind Japans Eintrittskarte in die Liga der großen Triebwerkshersteller der Welt. Schon 1979 sucht Rolls-Royce für das RB.401 einen Partner, aber Pratt&Whitney, die ein ähnliches JT25 verfolgen, fällt aus, weil die US Behörden es aus kartellrechtlichen Gründen nicht genehmigen. Für das RB.432 aber kommt es Ende 1979 zu einem Abkommen mit Japan. Rolls-Royce und das japanische Ministry of International Trade & Industry (MITI) wollen sich die Entwicklungskosten des RB.432 mit 50-50 teilen. Auf japanischer Seite machen die drei Triebwerksfirmen Ishikawajima-Harima Heavy Industries (IHI), Kawasaki und Mitsubishi mit. Im April 1980 wird das Triebwerk umbenannt in RJ500, das Abkommen gilt weiter.

Die erste Vorstellung des RJ500 im April 1980 auf einer Ausstellung in China.

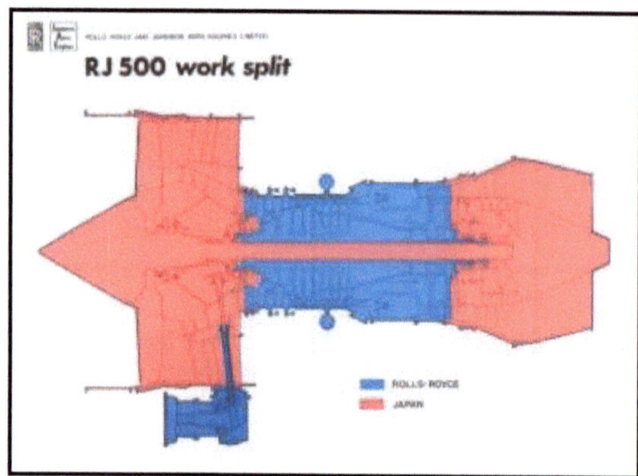

Die Arbeitsaufteilung zwischen Rolls-Royce und dem japanischen Konsortium Japan Aero Engines (JAE) sieht vor, dass RR den Hochdruckteil und den Geräteträger entwickelt und dass JAE für den Fan und die Niederdruckturbine zuständig ist.

Rolls-Royce/JAEC RJ500-01
Turbofan mit 2 Wellen, Erstlauf 20.2.1982
Startschub 20000 lb (89 kN)
Gesamtdurchsatz 396 kg/sek
Bypassverhältnis 4.94
Verdichtergesamtdruckverhältnis 20.2
Fandurchmesser 59 inch = 1.50 m
Der zweite Versuch von RR zusammen mit Japan in Richtung A320

Die Arbeiten des Konsortiums machen nach dem April 1980 schnelle Fortschritte. Ein Prototyp wird gebaut, mit der Bezeichnung RJ500-01, und hat seinen Erstlauf am 20.2.1982. Ein zweites Testtriebwerk folgt in der Mitte 1982.

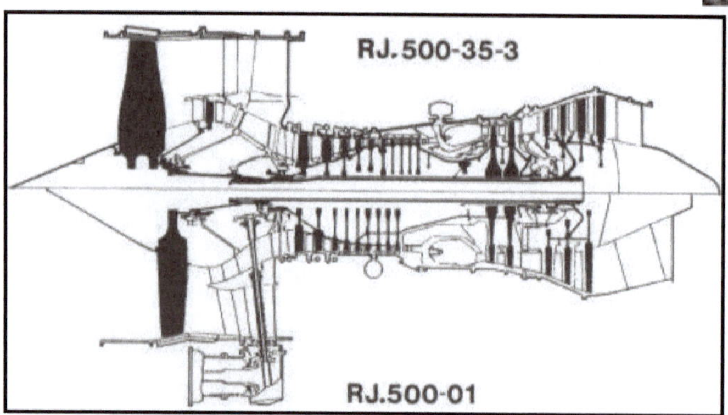

Das Original RJ500-01 und der größere Bruder RJ500-35-3.

Letzte Abbildung oben : Die Serienversion des RJ.500-35-3 soll mit einem etwas größeren Fan (statt 59 inch=1,50 m nunmehr 64 inch=1.63 m) einen Schub von 24000 lb (106.8 kN) liefern. Das ist genau der Schub, den die A320 benötigt. Am 26.2.1982 wird das RJ.500 in Bristol einer vielköpfigen Delegation von Airbus unter Leitung des A320 Chiefengineers André Bord präsentiert. Denn schon 1981 zählt das RJ.500-35D3 zu den 3 Kandidaten für die A320 (neben dem CFM56-2K1 und dem Pratt&Whitney STF 633).

Doch dazu kommt es nicht mehr. Im November 1982 wird bekannt, dass RR und JAE die Firmengruppe des PW2037, also Pratt&Whitney und seine europäischen Partner, gefragt haben, ob sie beim RJ.500 mitmachen wollen. Die Verhandlungen allerdings seien „komplex" , es würde ja zu einem Konsortium von 7 Firmen aus 5 Ländern führen. Es dauert tatsächlich bis zum 11.3.1983, bis sich alle geeinigt haben und einen Vertrag unterschreiben.

Die 5 Gründungsfirmen sind: Pratt&Whitney (30%), Rolls-Royce (30%), JAEC (23%), MTU (11%) und Fiat (6%). Ziel sei die Entwicklung eines Turbofans für zukünftige Kurz- und Mittelstrecken-flugzeuge (vorrangig zuerst einmal für die A320) in der Schubklasse um 25000 lb (111.2 kN). Lange Zeit gilt die Abgrenzung, dass IAE die Schübe 18000 -30000 lb (80 -133.4 kN) abdeckt, während PW und RR höher gehen dürfen. Wie man später sieht, wird diese Regel dann irgendwann doch verlassen, das V2533-A5 von heute hat einen Schub von 33000 lb (146.8 kN). Eine Management-firma wird gegründet mit dem Namen IAE (International Aero Engines) und das Triebwerk erhält den Namen V2500, wobei das V für die lateinische Zahl 5 steht, der Anzahl der Firmen, und die Zahl 2500 den Schub von 25000 lb abkürzt

IAE wird am 15.12.1983 in der Schweiz registriert und erhält seinen Firmensitz in East Hartford in den USA. In den 1990er Jahren steigt Fiat aus, deren Anteile werden an PW (jetzt 32.5%), RR (jetzt 32.5%) und MTU (jetzt 12%) verteilt, JAEC bleibt bei 23%. Programmstart des V2500 ist dann der 1.1.1984. Bei der Entwicklung ist jede Firma für ein oder zwei Komponenten zuständig. JAEC baut den Fan (der allerdings auf dem Fan des Rolls-Royce RB211-535E4 basiert) und den Niederdruckverdichter, Rolls-Royce ist für den Hochdruckverdichter zuständig, Pratt&Whitney steuert die Brennkammer und die Hochdruckturbine bei und MTU die Niederdruckturbine. Fiat baut auch nach dem finanziellen Ausstieg den Geräteträger.

Die ersten Leistungsdaten des V2500 vom Ende 1983 lauten: Schub 23100 lb (102.8 kN), Bypassverhältnis 5.70, Fandurchmesser 62 inch (1.57 m) , Verdichtergesamtdruckverhältnis 36.2 und Hochdruckverdichterdruckverhältnis 22.

Erst 1987 wird bekannt, dass es einen Riesenstreit gab zwischen Pratt&Whitney und Rolls-Royce, als es um die Auslegung der Verdichter ging. RR verfolgt die ehrgeizigste Lösung, die da lautet: der Hochdruckverdichter macht mit 10 Stufen alles und der Booster (der Niederdruckverdichter) macht mit einer Stufe fast nichts an Druckverhältnis. Die Abb.482 unten zeigt die RR-Lösung vor der Einigung mit PW.

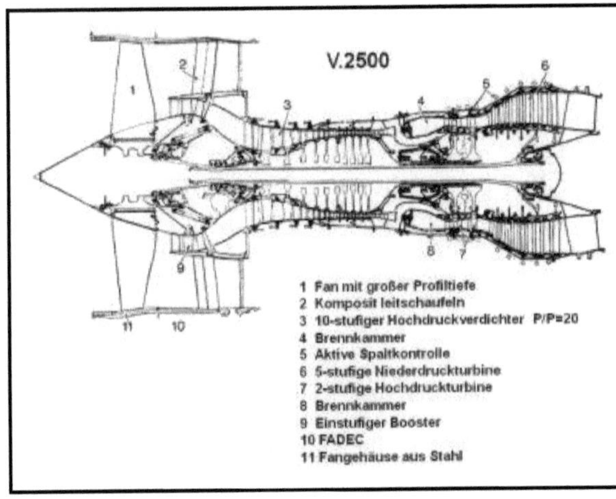

Das V.2500 mit einstufigem Booster und den einzelnen Komponenten.

PW ist gemäßigter und vorsichtiger, sie wollen einen 3-stufigen Booster und einen nicht so hoch belasteten Hochdruckverdichter. Der Streit mit RR geht ein Jahr lang, dann werden die zwei Mannschaften in einem Raum eingeschlossen und erst wieder rausgelassen, wenn sie einen Kompromiss haben. Am Ende des Tages lautet die „Habemus V2500" – Lösung : ein 2-stufiger Booster und ein 10-stufiger Hochdruckverdichter mit Druckverhältnis 22.

Hier der Kompromiss zwischen RR und PW : ein 2-stufiger Booster.

Mit diesen Vorgaben beginnt der Bau des ersten Triebwerks. Es geht zügig voran und schon 2 Jahre später ist der erste Prototyp fertig und hat am 14.12.1985 seinen Erstlauf.

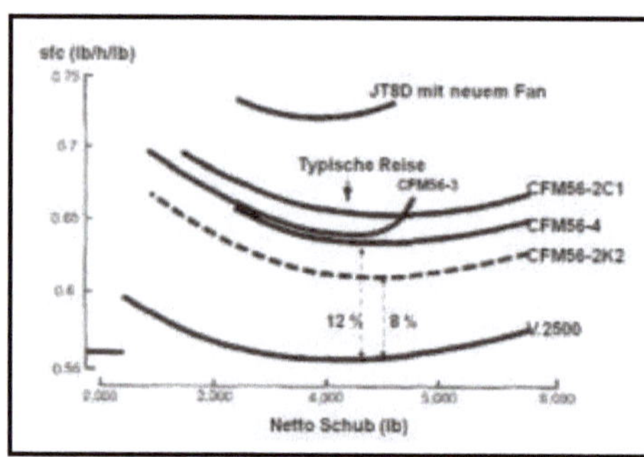

Die Konkurrenz zum CFM56 zwingt IAE, ehrgeizige Ziele zu verfolgen. So verkündet IAE, dass ihr Triebwerk V2500 im spezifischen Kraftstoffverbrauch sfc um 14 % besser sei als die Konkurrenz. Das ist zum Zeitpunkt dieser Behauptung das CFM56-4. Eine Graphik von IAE aus der Zeit allerdings lässt nur 12 % ablesen. Und zeigt auch, dass die Version CFM56-2K2 schon besser ist und den Unterschied auf etwa 8% vermindert

Der sfc-Unterschied entwickelt sich dann zur Wortschlacht, besser Zahlenschlacht zwischen CFM und IAE. Die Werte differieren je nach Quelle. Dabei darf angenommen werden, dass keine Firma die Werte der anderen Firma ganz genau kennt, zumindest nicht auf unter 1% genau. Und zu jeder Zahl muss der Zeitpunkt angegeben werden, weil sich beide Triebwerke CFM56 und V2500 weiter entwickeln und zuweilen von Monat zu Monat einen neuen Stand des spezifischen Kraftstoffverbauchs zeigen.

Als im November 1984 Cyprus Airways als erste Airline die A320 mit dem V2500 bestellt und Pan American kurz darauf folgt, ist den Ingenieuren von CFMI klar, dass sie etwas tun müssen. Das CFM56-4 schneidet zu schlecht ab. Sie kehren zurück an die Zeichenbretter und entwerfen das CFM56-5. Es besitzt einen neuen Fan und andere Verbesserungen, was in der Summe den Verbrauch um 7 % senkt und das CFM56 wieder nahe an das V2500 bringt.

Das Jahr 1986 vergeht und beim Testen des Prototyps vom V2500 ergeben sich Probleme, die erst 1987 bekannt werden. Das Triebwerk läuft einwandfrei, wenn es nicht beschleunigt oder verzögert. Dann aber pumpt es. Der ehrgeizige Hochdruckkompressor von RR kann nicht beides, Höchstleistung erbringen und beschleunigen/verzögern ohne Pumpen.

Die Not ist groß, denn Mitte 1986 hat IAE den Superfan erfunden, der als Turbofan mit Getriebe und einem Bypassverhältnis von 17.5 der neuen A340 den erforderlichen Schub von 30000 lb (133.4 kN) liefern soll. Ein Team von 16 Mann beschäftigt sich ausschliießlich mit diesem Projekt. Und nun schwächelt das Basistriebwerk V2500 und muss vordringlich repariert werden.

Aus reiner Verzweiflung heraus bemüht RR sogar pensionierte Spezialisten zurück in die Firma, um den Kompressor auf Vordermann zu bringen. Ein Foto zeigt den 80-jährigen Sir Frank Whittle am V2500 Kompressor. Ob er helfen kann, ist ungewiss, denn solch einen Verdichter hat er nie erfunden.

Am 7.April 1987 muss IAE aber erst mal in die saure Zitrone beissen und dem Vorstand von Airbus erklären, dass es keinen Superfan geben wird. IAE muss alle Kraft und alle Ingenieurarbeit auf das V2500 konzentrieren und kann nicht so nebenbei auch noch das hochehrgeizige Projekt des Superfans durchziehen. Es ist ein schwarzer Tag auch für die Lufthansa. Sie hat 15 Exemplare des A340 mit Superfan fest bestellt und Optionen für 15 weitere Flugzeuge unterschrieben und sitzt nun da mit einem Flugzeug ohne Triebwerke. Allerdings : CFMI füllt danach die Lücke mit dem CFM56-5C, das ist das CFM56-5 der A320 mit einem größeren Fan, dessen letzte Version maximal 34000 lb (151.2 kN) Schub errreicht.

Zeitgleich sitzen RR und PW zusammen und erarbeiten die Lösung des Problems: der Booster des V2500 erhält eine 3.Stufe, so wie es PW immer wollte, und der Hochdruckverdichter muss nur noch das Druckverhältnis 18 erbringen. Diverse kleinere Verbesserungen werden eingeführt, der sfc-Unterschied zum CFM56-4 sinkt auf 7-8%. Die Abbildung unten zeigt einige der Änderungen. Organisatorisch ergibt sich die Konsequenz, dass am 1.8.1987 die technische Führungsrolle von Rolls-Royce auf Pratt&Whitney übergeht.

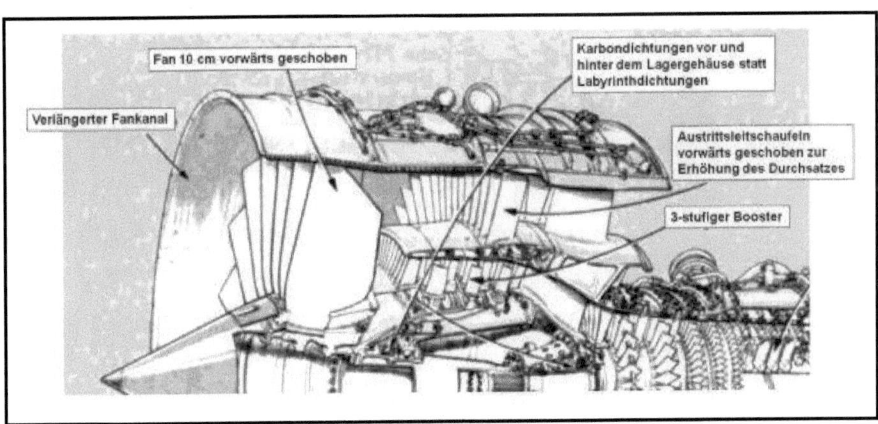

Das V2500 mit dem 3-stufigen Booster

Am 19.12.1987 läuft das erste V.2500 mit dem 3-stufigen Booster und erreicht 26000 lb (115.6 kN). Was aber nicht verhindern kann, dass die Lufthansa 2 Monate später am 13.2.1988 ihre Bestellung von 40 A320 (15 Festbestellungen und 25 Optionen) bezüglich der Triebwerke ändert, sie schwenken um vom V2500 weg zum CFM56. Sie haben nach dem Schock mit dem Superfan kein rechtes Vertrauen mehr in die Firma IAE und ihr Triebwerk.

IAE ist tief enttäuscht, grade ist der sfc-Unterschied zum CFM56-5A1 wieder gestiegen, denn das liegt 2.4 % über den Garantien. Aber das wird sich noch oft ändern.

Am 7.5.1988 findet der Erstflug des V2500 auf einer Boeing 720B auf Position 3 statt. In den nächsten 2 Monaten werden in 35 Stunden M=0.82 und 42000 feet Höhe erflogen.

Am 24.6.1988 wird das V2500 von der amerikanischen FAA und der britischen CAA gemeinsam zertifiziert.

Am 28.7.1988 folgt die A320. Die erste Testmaschine mit der Kennung F-WWBA fliegt mit dem V2500. Bis zum Februar 1989 absolviert sie ein reibungsloses Programm. Es wird kein Verdichterpumpen mehr beobachtet, die Maschine kann sogar mit vollem Umkehrschub auf der Landebahn rückwärts rollen. Nach 8 Monaten hat die Maschine auf 319 Flügen 627 Stunden geflogen.

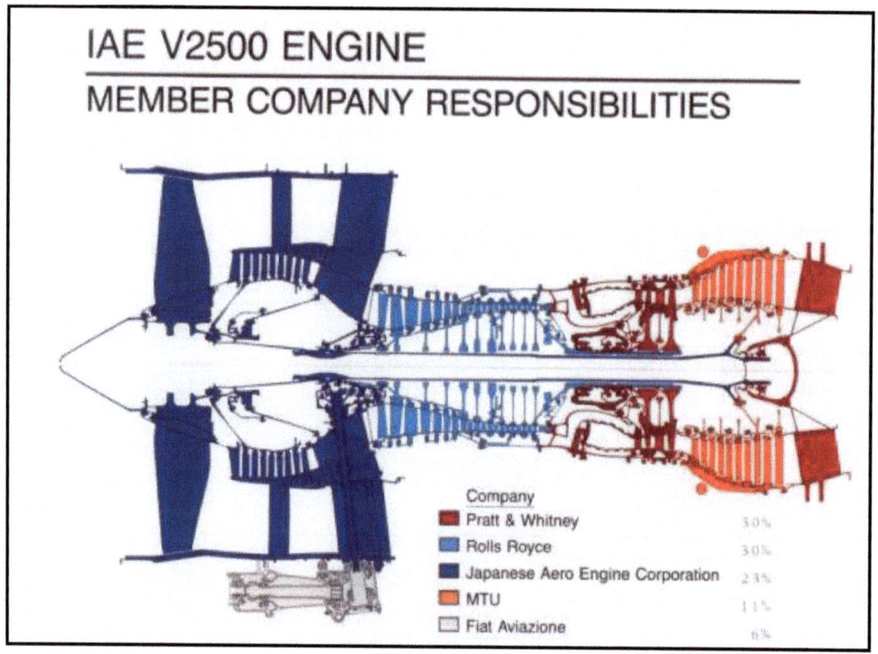

Die obige Abbildung mit den Prozenten der beteiligten Firmen ist ein Unikum. Sie zeigt die ältesten Zahlen (bevor die Anteile von Fiat an die anderen Firmen verteilt wurden), während das Triebwerksbild die neueste Version mit 4 Boosterstufen zeigt.

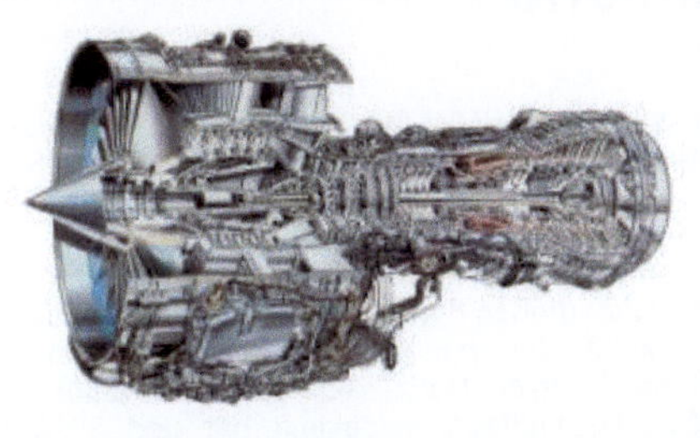

Am 18.5.1989 fliegt die Adria Airways den ersten kommerziellen Flug einer A320 mit dem IAE V2500. Cyprus Airlines folgt kurz darauf.Das V2500 ist in der Welt der Airlines angekommen.

Ohne das Problem mit dem Hochdruckverdichter, das 23 Monate Verzögerung erbrachte, wäre das V2500 mit dem CFM56-5 gleich gezogen.Zwischen den Erstläufen liegen 24 Monate, zwischen den Erstflügen einer A320 mit den jeweiligen Triebwerk liegen 10 Monate und zwischen den Zulassungen liegen 17 Monate. Als Konkurrenzmodell zum CFM56 aber ist das V2500 ein großer Erfolg und hat zuweilen die Hälfte aller A320 erobert.

Am 12. Oktober 2011 gibt Rolls-Royce bekannt, seine Anteile an IAE für 1,5 Milliarden Dollar an Pratt & Whitney zu verkaufen. Rolls-Royce behält aber weiterhin die Verantwortung für seine entsprechenden Komponenten am Triebwerk.

Fazit 2022 : IAE hat mehr als 7600 V2500 gebaut (Stand 2018) . Als Konkurrenzmodell zum CFM56 ist das V2500 ein großer Erfolg und hat zuweilen die Hälfte aller A320 erobert. Ob IAE allerdings weiterhin auf der A320 Familie installiert wird, ist fraglich, denn es sind das CFM LEAP und die Pure Power Triebwerksfamilie von Pratt&Whitney als verbesserte Antriebe auf dem Markt erschienen.

4.6 Rolls-Royce Deutschland

Am 1. Juli 1990 entsteht eine neue Triebwerksfirma. Die BMW AG, München und die Rolls-Royce plc., London gründen ein eigenständiges Unternehmen, die BMW Rolls-Royce GmbH mit Sitz in Oberursel bei Frankfurt am Main.

BMWs Eintritt in die Welt der Triebwerke hat mit dem Zauberwort der 80er Jahre zu tun, das Diversifikation heißt. Dahinter steht das Bemühen mancher großen Firma, sich zusätzliche Standbeine zu verschaffen, um sich für die Anforderungen der Zukunft zu wappnen, falls das Hauptgeschäft mal schwächeln sollte. Vorgemacht hat es die Firma Daimler Benz AG, die sich unter dem Vorstandsvorsitzenden Edzard Reuter in die deutsche Luftfahrt eingekauft hat und 1995 die Triebwerksfirma MTU und 1989 die Firma Dornier übernommen hat.

1990 fällt Rolls-Royce die Entscheidung, die Triebwerksfamilie Tay mit dem Tay 650 nach oben hin zu beenden und alle schubstärkeren Varianten als eine neue Triebwerksfamilie in einer neuen Firma zu entwickeln. Die Versionen Tay 670, Tay 680 und Tay 700 mit Schüben von 18000-20000 lb (80-89 kN) werden ad acta gelegt und bei Rolls-Royce nicht weiter verfolgt. Als einziges Erbe findet die Zahl 700 ihren Weg zur neuen Triebwerksfamilie BR700, die BMW mit Rolls-Royce nun entwickeln will.

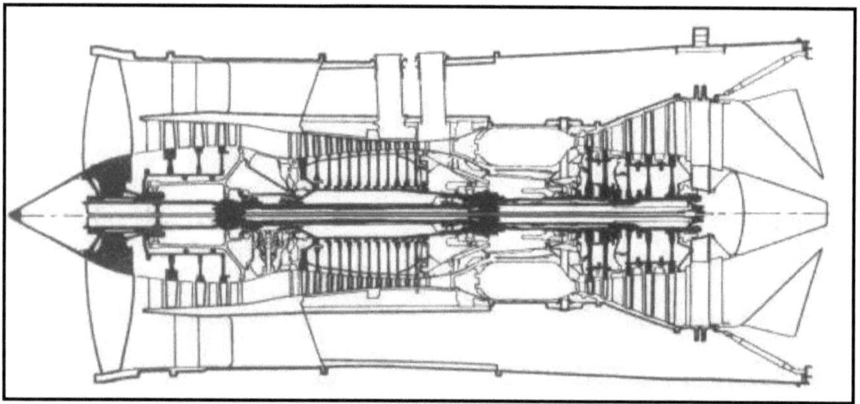

Das Tay 650,s.oben, das 1986 zuerst läuft, baut auf dem Rolls-Royce Spey auf. Der Kern stammt somit von 1960 und ist für Bypassverhältnisse über 3 nicht mehr gut geeignet.

BMW hat 1990 keine Gasturbinen im Portfolio. Die Firma hatte ab 1939 das Strahltriebwerk BMW 003 entwickelt mit einem Schub von 800 kp (1764 lb, 78.5 kN), von dem bis 1945 etwa 700 Stück produziert wurden und das nur vom Jumo 004 mit 910 kp (2006 lb, 892 kN) und einer Stückzahl von 6000 übertroffen wurde. Nach 1954 nimmt BMW die Arbeit an Gasturbinen wieder auf und entwickelt kleine Wellenturbinen. Die letzte ist für den neuen Hubschrauber Bölkow Bo 105 vorgesehen, wird aber durch das Modell Rolls-Royce/Allison 250-C18 verdängt. Ab 1979 gibt es bei BMW keine entsprechende Entwicklung mehr.

Das soll sich nun 1990 wieder ändern. Am 4.Mai 1990 in einer Pressekonferenz verkündet der BMW Vorstandsvorsitzende Eberhard von Kuenheim, man wolle mit Rolls-Royce gemeinsam Flugzeugtriebwerke bis 20000 lb Schub entwickeln. Das liegt knapp unter dem Wert, mit dem CFM und IAE mal angefangen haben.Die Fachwelt ist vom Ehrgeiz der neuen Firma beeindruckt.

1990 Die Klöckner-Humboldt-Deutz AG verkauft die KHD Luftfahrttechnik GmbH Oberursel an die BMW AG. Später erfolgt daraus die Gründung der BMW Rolls-Royce GmbH (BMW AG 50,5%; Rolls-Royce plc 49,5%) mit Sitz in Oberursel. Die neue Firma will eine moderne Triebwerksfamilie für den Weltmarkt entwickeln, produzieren und vermarkten.

Prof. Günter Kappler
(geb 1939)

Entwicklungschef und Mitglied der Geschäftsführung wird Prof. Günter Kappler. Er kommt von der TU München und hat ein Konzept für eine Triebwerksfamilie entwickelt. Das Kennzeichen dieser Triebwerksfamilie ist ein gemeinsames Kerntriebwerk, in dem die anspruchsvolle Hochdruck/ Hochtemperatur-Technologie vorliegt, dazu verschiedene Niederdrucksysteme. So kann ein weiter Schubbereich bei geringem Entwicklungs- und Wartungsaufwand realisiert werden. Kappler bleibt bis 1999 bei BMW Rolls-Royce und geht dann zu Dornier.

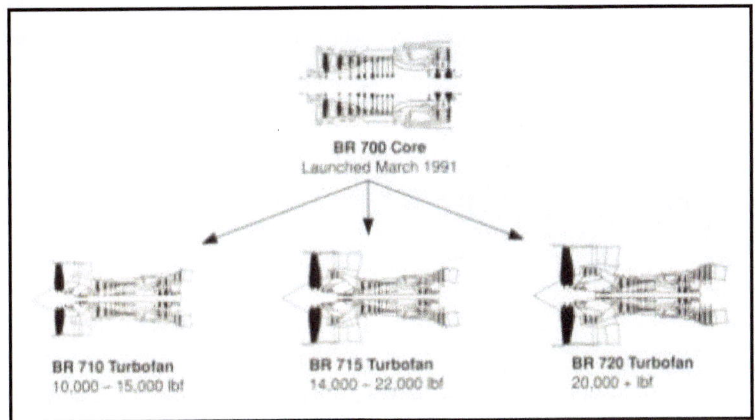

So soll die Triebwerksfamilie aussehen: Mit einem Kerntriebwerk (Core) können Turbofans mit einem Startschub von 10000lb (44.5 kN) bis 20000 lb (90 kN) gebaut werden. Die drei Varianten unterscheiden sich im Durchmesser des Fans, in der Anzahl der Boosterstufen und der Anzahl der Niederdruckturbinenstufen.

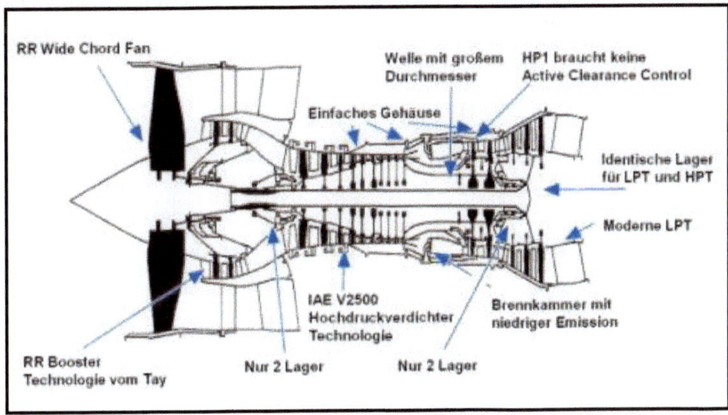

Die BR700 Familie baut auf den Technologien von Rolls/Royce und IAE auf, wie man oben sehen kann.

1991 Der Entwicklungsstart des BR700 Kerntriebwerks erfolgt zu Beginn des Jahres. Zur Vorbereitung der BR700 Komponenten- und Teilefertigung erfolgt die Umstrukturierung und Modernisierung des Werkes Oberursel.

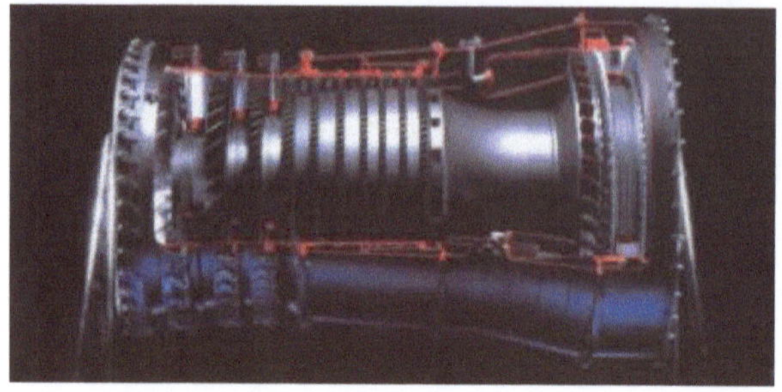

Links das Kerntriebwerk der BR700 Familie mit 10 Stufen im Hochdruckverdichter und 2 Stufen in der Hochdruckturbine.

1992 Am 1991 erworbenen Standort Dahlewitz in Brandenburg beginnen die Erdarbeiten für das neue Entwicklungs- und Montagezentrum. Der erste Liefervertrag wird mit Gulfstream Aerospace Corp., Savannah/USA, über 200 BR710 Triebwerke geschlossen. Am Standort Oberursel begeht man feierlich das 100-jährige Jubiläum der Motorenfabrik Oberursel. Damit ist dann entschieden, dass erst das BR710 entwickelt wird und das BR715 später folgt.

Erstlauf des Kerntriebwerks 1993

1993 Bombardier Inc., Montréal/Kanada beschließt die Geschäftsreisejets Bombardier Global Express® mit BR710 Triebwerken auszurüsten. Im selben Jahr erfolgen der Erstlauf des BR700 Kerntriebwerks am Rolls-Royce Standort in Bristol und die Eröffnung des Entwicklungs- und Montagezentrums Dahlewitz.

1994 Ein Abkommen mit McDonnell Douglas Corp., St. Louis/USA, über die Ausrüstung des neuen Kurz- und Mittelstreckenjets MD-95 mit BR715 Triebwerken wird geschlossen. 1995 bestellt McDonnell Douglas für zunächst 50 Flugzeuge 110 BR715 Triebwerke. MDD hat lange auf einen Auftrag für diese neue MD-95 warten müssen, bis die US Fluglinie Valuejet Ende Oktober 50 Flugzeuge bestellt.

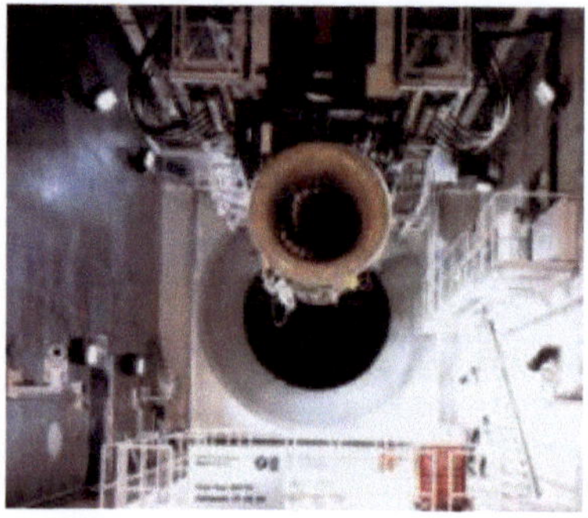

In Dahlewitz werden die beiden Triebwerkprüfstände "Adam" und "Eva" in Betrieb genommen, man beachte die hohen Türme der Abgasschornsteine, und es erfolgt der Erstlauf des BR710 Triebwerks am 1.9.1994 (rechts).

Rolls-Royce BR710
Turbofan mit 2 Wellen, Erstlauf 1.9.1994
Startschub 14750 lb (65.6 kN)
Gesamtdurchsatz 197 kg/sek
Bypassverhältnis 4.1
Verdichtergesamtdruckverhältnis 30
Fandurchmesser 48 in (1.22 m)
**Die erste Version aus der BR700
Familie, für die Gulfstream V**

Links ein Bild der MD-95. Die Zelle stammt von der uralten DC-9, die Triebwerke aber sind nagelneue BR715.

Am 28.11.1995 erfolgt der Erstflug einer Gulfstream V (Kennung N501GV) mit BR710 Triebwerken. Zum ersten Mal fliegt ein Turbofan aus der BR700 Familie.

1996 BMW Rolls-Royce erhält den Auftrag für 84 BR710 Triebwerke zur Modernisierung einer Flotte von britischen Marineaufklärern Nimrod. Mitte des Jahres erhält das BR710 Triebwerk als erstes deutsches ziviles Strahltriebwerk die Musterzulassung der JAA sowie die FAA-Zulassung in den USA. Im selben Jahr erfolgt auch der Erstflug des Bombardier Global Express mit BR710 Triebwerken.

1997 In England fällt die Entscheidung, eine völlig neue Version der Nimrod zu beschaffen. British Aerospace erhält den Auftrag zum Bau der neuen Nimrod MRA4. Obwohl hierzu die existierenden MR2 als Basis dienen, entsteht de facto ein komplett neues Flugzeug. Der Großteil des Rumpfes wird neu konstruiert und die Maschinen erhalten größere Tragflächen. Neue BR710 Turbofan-Triebwerke von Rolls-Royce Deutschland sollen die Reichweite vergrößern und die Betriebskosten senken. Auch das Cockpit sowie sämtliche elektronischen Systeme werden komplett neu entwickelt.

Der Erstflug der ersten von drei MRA4 Entwicklungsmaschinen findet am 26. August 2004 statt. Ursprünglich sollen zwölf Nimrod MRA4 gebaut werden, später wird die Anzahl auf neun reduziert. Am 19.Oktober 2010 wird das Programm wegen der außergewöhnlichen Kosten- und Terminüberschreitungen eingestellt. Es hat über 4 Milliarden £ gekostet und am Ende nur eine einzige einsatzbereite Serienmaschine produziert, die außerdem noch technische Mängel aufweist.

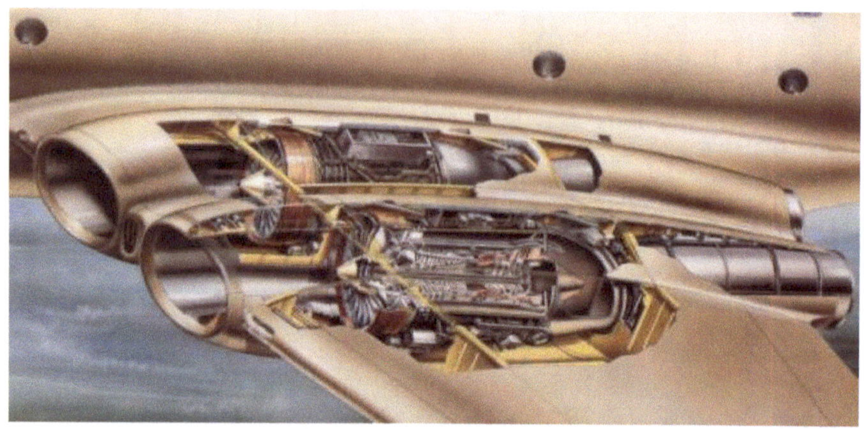

Oben eine Darstellung des Einbaus der BR710 in den Flügel der Nimrod. Die gesamte Struktur um die Triebwerke herum ist neu und da der Flügel auch noch in der Fläche vergrößert wird, ist es fast eine Neukonstruktion.

Das Foto links zeigt den großen Durchmesser der neuen Gondeln für das BR710, die Flügelstruktur muss da drumherum gebaut werden !

Eine Nimrod MR4 mit BR710 Turbofans (Durchsatz beim Start 196 kg/s). Die Einläufe sind erheblich größer als bei den Vorgängermodellen mit Rolls-Royce Spey Triebwerken (Durchsatz beim Start 92 kg/s).

1997   Zu Beginn des Jahres gelingt der erste Rekordflug einer Gulfstream V® mit BR710 Triebwerken über 12860 km. Die Serienmaschine kann normalerweise 8 Passagiere über 10700 km transportieren (mit IFR Reserven).

Ebenfalls Anfang des Jahres 1997 fusionieren die zwei Firmen Boeing und McDonnell Douglas. Die Firmenchefs Phil Condit (Boeing) und Harry Stonecipher (MDC) haben es am 10.12.1996 vereinbart, Boeing zahlt 13.3 Milliarden $ für die Aktien von MDC und es ensteht eine gigantische Luft-und Raumfahrtfirma, die sogar von der EU gebilligt wird, allerdings unter Auflagen. Als Folge der Fusion werden alle Zivilflugzeuge von MDC eingestellt, eine Ausnahme bildet die MD-95, die umbenannt wird und als Boeing 717 erst mal weiter macht.

Links das BR715 mit der Gondel für die Boeing 717 auf dem Prüfstand.

Rolls-Royce BR715
Turbofan mit 2 Wellen, Erstlauf 28.4.1997
Startschub 21430 lb (95.3kN)
Bypassverhältnis 4.7
Fandurchmesser 58 in (1.47 m)
Verdichtergesamtdruckverhältnis 30.4
Das ist das BR715 für die Boeing 717

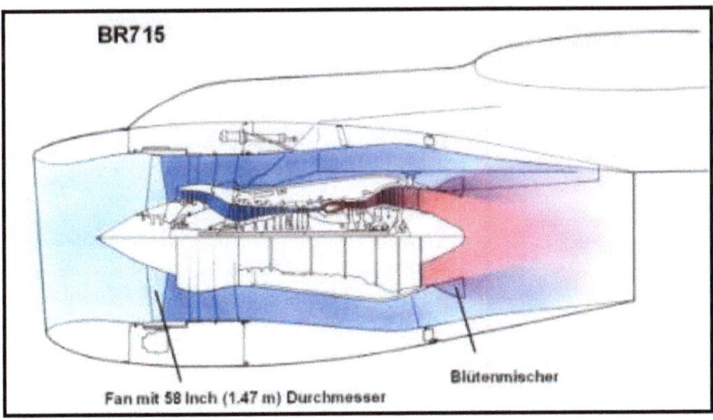

Das BR715 besteht am 28.April 1997 erfolgreich seinen Erstlauf. Es folgt die Auslieferung des ersten BR715 Trieb- werks an Boeing.

1998 Boeing entscheidet sich für das BR715 Triebwerk als exklusiven Antrieb auf der Boeing 717-200 (ehemals MD-95). Es folgen die JAA und FAA Zulassung des BR715 Triebwerks sowie der Erstflug der Boeing 717-200 mit BR715 Triebwerken am 2.9.1998. Der Flug, der in Long Beach startet, dauert 4 h 7 min.

1999 Das Entwicklungsteam von BMW Rolls-Royce wird mit der „Ehrennadel der deutschen Luftfahrt" der DGLR ausgezeichnet. BMW Rolls-Royce baut den Standort Dahlewitz aus. Es folgt die

Erstauslieferung der Boeing 717-200 mit BMW Rolls-Royce Triebwerken an AirTran Airways sowie die Aufnahme des Linienverkehrs am 12. Oktober 1999.

Die Boeing 717 auf einem Testflug

2000   Seit 1. Januar 2000 ist das Unternehmen eine hundert-prozentige Tochter der weltweit agierenden   Rolls-Royce   plc.   und   firmiert   nun   als   **Rolls-Royce Deutschland GmbH**. Olympic Aviation nimmt als erste europäische Fluggesellschaft den Linienflug mit der Boeing 717-200 mit BR715 Triebwerken auf.

2006   Im Mai 2006 stellt Boeing die Herstellung der 717 aufgrund fehlender Neubestellungen ein. Seit 1998 sind 156 Boeing 717 gebaut worden. Von 155 ausgelieferten Exemplaren der Boeing 717 sind mit Stand Juli 2018 noch 148 im Dienst.

2008   Rolls-Royce   stellt   das   BR725   als   Triebwerk   des   neuen   Geschäftsreiseflugzeugs Gulfstream 650 vor. Am 28.4.2008 absolviert das Rolls-Royce BR725 Triebwerk erfolgreich seinen Erstlauf. Im Vergleich zum BR710 steigt der Schub um 14.6 % auf 16900 lb, der spezifische Verbrauch sinkt um 4% und die Stickoxide sinken um 21%. Es erhält ein Jahr später die EASA und FAA-Musterzulassung. Angetrieben von den BR725 Triebwerken absolviert die Gulfstream G650 am 25.11.2009 ihren Erstflug in Savannah/USA.

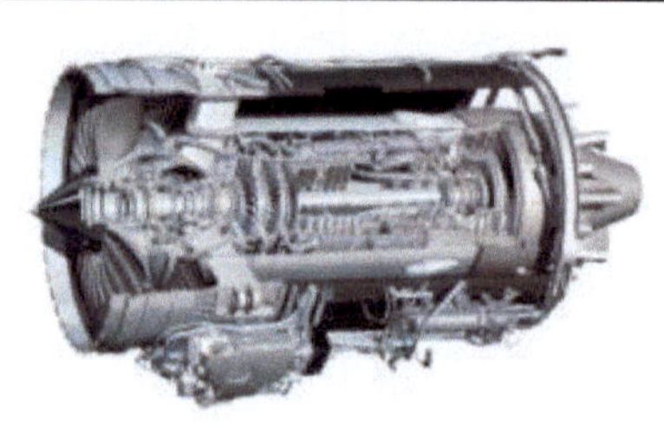

Rolls-Royce BR725
Turbofan mit 2 Wellen, Erstlauf 28.4.2008
Startschub 16900 lb (75.2 kN)
Bypassverhältnis 4.2
Verdichtergesamtdruckverhältnis 37.6
Fandurchmesser 50 in (1.27 m)
Ein BR710 mit 2 inch größerem Fan und besseren Leistungen

Ab **2008** läuft ein gigantisches Technologie Programm Clean Sky der EU, mit 5.6 Milliarden € wird die Zukunft der Luftfahrt gefördert. Unter der Überschrift SAGE (Sustainable and Green Engines) entwickelt die Mutterfirma Rolls-Royce den UltraFan. Sie gehen in mehreren Schritten vor. Zuerst wird ein neuer Fan entwickelt, er heißt CTI (Composite Titan) und wird auf einem Trent1000 installiert und im Oktober 2014 im Flug getestet. Parallel wird ein neuer Core Advance3 (3 für 3-Weller) entwickelt, der eine völlig neue Anordnung der einzelnen Verdichter und Turbinen aufweist.

Diesen Advance3 Core übernimmt Rolls-Royce Deutschland als Advance2 (2 für 2-Weller) Core für die BR700 Familie. Das erste Modell erhält den Namen Pearl 15 und liefert mit leicht verkleinertem Fan 15125lb Schub. Das Bypassverhältnis steigt auf 4.8, das Gesamtdruckverhältnis steigt auf 43 und das sfc sinkt um 7%. Der Erstlauf ist am Anfang 2015 und der erste Flug auf einer Bombardier 6500 am 31.1.2018. Der Fan ist zwar neu in der Form, besteht aber immer noch aus einer Scheibe und einzeln eingesetzten Fanschaufeln.

Der Pearl15 Fan

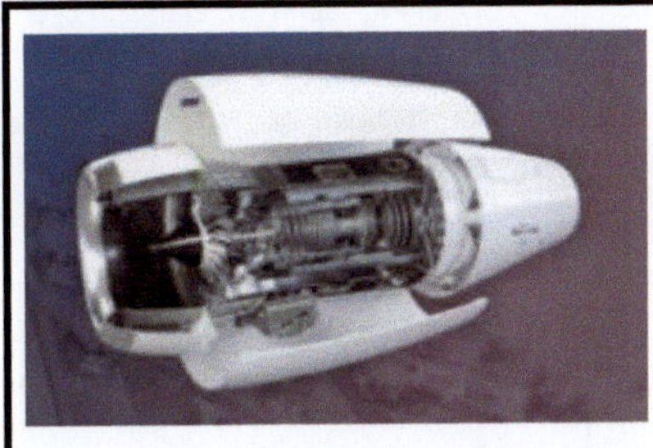

Rolls-Royce Pearl 15
Turbofan mit 2 Wellen, Erstlauf 2015
Startschub 15125 lb (67.3 kN)
Bypassverhältnis 4.8
Verdichtergesamtdruckverhältnis 43
Fandurchmesser 48.5 in (1.23 m)
Die Version aus der BR700 Familie mit neuem Advance2 Core

Auf den größeren Bombardier Businessjets 7500 und 8000 wird der neu entwickelte Turbofan General Electric GE Passport installiert mit einem Schub von 18000 lb. Diesen Schub will Rolls-Royce Deutschland auch erreichen oder sogar etwas übertreffen. Dazu muss der Pearl 15 Fan wieder größer werden, sie gehen auf 51.8 in (1.32m) und bauen ihn als Blisk Fan, dabei werden die 24 Fanschaufeln mittels Reibschweißen mit der Scheibe verbunden. Das macht die Fanstufe leichter, birgt aber den Nachteil, dass im Fall von Beschädigungen eine Reparatur nicht mehr so einfach ist. Der Core vom Pearl 15 wird übernommen und das fertige Pearl 700 erreicht 18250 lb und der Verbrauch sinkt um 5%. Installiert wird das Pearl 700 auf der Gulfstream G700, die mit bis zu 19 Passagieren fast 14000 km weit fliegt.

Der Pearl 700 Fan, hier werden die Schaufeln mittels Reibschweißen mit der Scheibe verbunden.

Rolls-Royce Pearl 700
Turbofan mit 2 Wellen, Erstlauf 2020 ?
Startschub 18250lb (81.2 kN)
Bypassverhältnis 6.5
Verdichtergesamtdruckverhältnis 50
Fandurchmesser 51.8 in (1.32 m)
**Die größere Version des Pearl 15
für die Gulfstream G700**

Am **6.5.2021** stellt Dassault Aviation seine Falcon 10X vor, einen neuen Ultralangstrecken-Geschäftsreisejet mit "der größten Kabine der Branche". Die Lieferungen sollen Ende 2025 beginnen. Das Triebwerk ist ein Rolls-Royce Pearl 10X mit mehr als 18000 lb (80,1 kN) Schub, es ist eine Variante des Pearl 700 mit veränderter Brennkammer (3D-gedruckte Kacheln). Mit einer Reichweite von 14000 km ist die Falcon 10X jetzt die direkte Konkurrenz zur Bombardier 8000 und der Gulfstream G700. Auf 2 der 3 großen Geschäftsreisejets sind jetzt Pearl Triebwerke installiert !

Am **24.9.2021** teilt das Pentagon mit, dass Rolls-Royce North America ausgewählt wurde, alle 76 noch aktiven Boeing B-52H Bomber im Rahmen des CERP (Commercial Engine Replacement Program) auf den BR725 (mil. C130) Turbofan umzurüsten. Ersetzt werden dann Turbofans vom Typ Pratt&Whitney JT3D (mil. TF33), die den Erstlauf 1958 hatten und ab Mai 1961 auf der B-52H installiert wurden (Schub 1700 lb,7562 daN). Die neuen Turbofans haben fast den gleichen Schub (16900 lb, 7518 daN) und passen in die alten Gondeln. Ein großer Unterschied dürfte der spezifische Kraftstoffverbrauch sein, der von etwa 0.80 auf 0,66 lb/h/lb sinkt, eine Verbesserung um 18%. Das ergibt eine

Erhöhung der Reichweite und eine Verringerung der Luftbetankungen. Die Rauchentwicklung vor allem beim Start dürfte gegen Null gehen. Der Umfang der Umrüstung beträgt 8x76=608 Triebwerke plus 42 Reservetriebwerke, also 650 insgesamt.

Fazit 2022 : Der deutsche Ableger von Rolls-Royce ist ein großer Erfolg mit mehr als 4400 gebauten BR700 Triebwerken (Stand 2021). Dahlewitz hat von RR Derby mittlerweile auch die Verantwortung für das Spey, das Tay und das Dart übernommen. Mit den Pearl Turbofans wird allerneueste Technologie für die Business Triebwerke angewendet.

4.7 Engine Alliance

Im Mai 1996 wird eine neue Firma von General Electric und Pratt&Whitney gegründet (mit 50:50 Beteiligung) mit dem Ziel, ein Triebwerk für die Boeing 747-500X/600X zu entwickeln. Die Firma erhält den Namen Engine Alliance und das Triebwerk heißt vorerst GP7000.

Die Schubklasse des neuen Turbofans soll bei 72000-84000 lb (320-374 kN) liegen, im Jahr 2000 soll es in den Liniendienst gehen. Der Entscheidung von GE und PW geht voraus, dass Boeing für die 747-500X/600X keine existenten Triebwerke der Boeing 777 (also das GE90) und keine Triebwerke der 747-400 übernehmen will. Die Leistungsanforderungen an die Flugzeuge bezüglich Kosten und Lärm verlangen bessere Triebwerke als die vorhandenen. In der Verlautbarung vom Mai 1996 ist von der A3XX, der späteren A380, als Anwender des GP7000 noch keine Rede, erst im September wird sie überhaupt erwähnt.

Erster Anwender soll aber die 747-500X/600X sein, das passende Triebwerksmodell ist das GP7176 mit 76000 lb (338 kN). Der Fan soll einen Durchmesser von 110 in = 2.80 m erhalten. GE will den heißen Hochdruckteil bauen und PW den Niederdruckteil mit dem Fan. Diese Fangröße und die dazugehörigen Leistungsdaten bleiben bis zum Jahr 2000 erhalten, werden dann aber wegen der Lärmfrage noch einmal revidiert (wie das Trent 900).

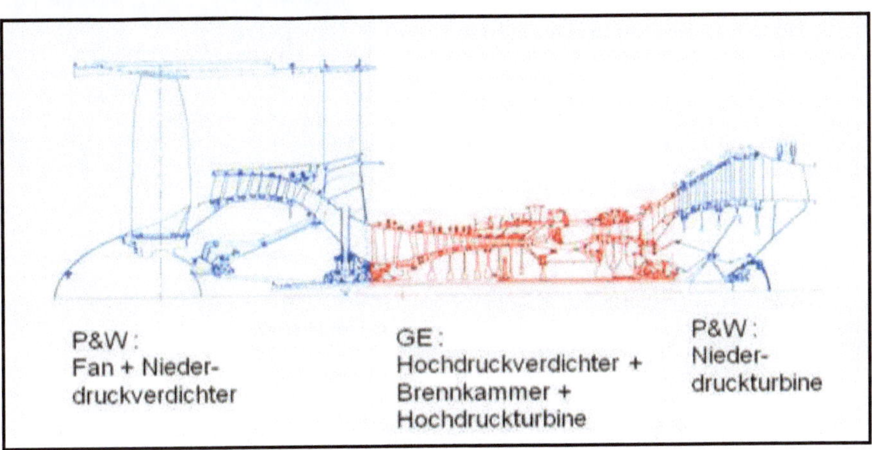

Die Arbeitsaufteilung beim GP7200 : Pratt&Whitney in blau und General Electric in rot. Die PW Anteile stammen vom PW4084 und die GE Anteile stammen vom GE90.Das obige Bild zeigt die Version mit dem (alten) Fan mit 110 inch (2.79 m) Durchmesser.

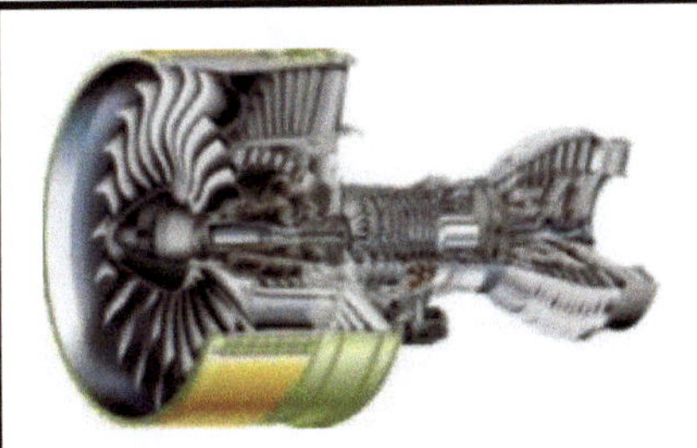

Engine Alliance GP7200
Turbofan mit 2 Wellen, Erstlauf 6.4.2004
Startschub 76500 lb (340.3 kN)
Gesamtdurchsatz 1200 kg/s
Bypassverhältnis 9.0
Fandurchmesser 116 in = 2.96 m
Verdichtergesamtdruckverhältnis 43.9
Das US Triebwerk für die A380 in der endgültigen Konfiguration mit dem größeren Fan

Im Januar des Jahres 1997 ergibt sich für die A3XX ein Glücksfall, von dem niemand gewagt hat zu träumen: die ärgste Konkurrenz gibt auf, Boeing macht mit der 747-500X und der ganz großen 747-600X nicht weiter. Für Airbus ergibt sich dabei ein entscheidender Vorteil: die beiden Triebwerke, die zuerst mehr auf die 747-600X zugeschnitten waren, können sich nunmehr ganz auf die A3XX konzentrieren.

Im Jahr 2000 kommt es dann zu einer kritischen Situation für die A3XX: die Fluggesellschaft Singapore Airlines, die als Erstkunde (Launching Customer) vorgesehen ist, stellt neue Forderungen an das Flugzeug. Sie wollen in London Heathrow den Lärmstatus QC2 für den Start und QC0.5 für die Landung bekommen, damit können sie ihre A3XX auch während der Nacht starten und landen.

Diese Forderung aber ist mit der Konfiguration der A3XX mit den beiden Triebwerken Trent 900 und GP7200 (beide mit einem Fan von 110 inch = 2.79 m Durchmesser) nicht zu erfüllen. Vorläufige und verlässliche Berechnungen zeigen für die A3XX-100 und dann gar für die schwerere A3XX-200, dass für Start und für Landung nur die lauteren Klassen QC4 und QC1 zu erreichen sind.

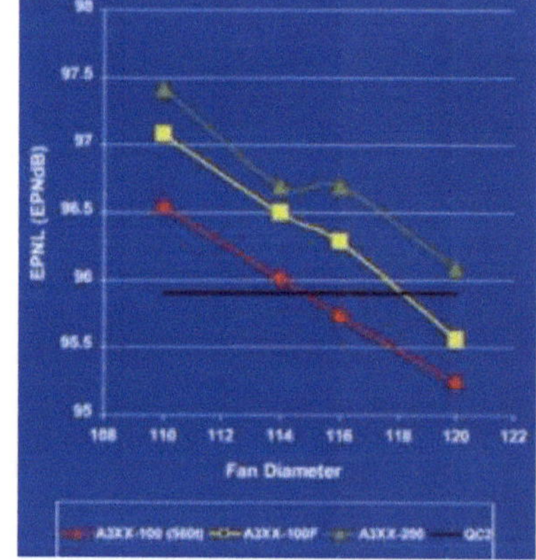

Die Lösung des Problems sieht auf dem Papier recht einfach aus: man nehme einen größeren Fan, dann steigt das Bypassverhältnis, die Strahlgeschwindigkeiten nehmen dann ab und damit sinkt auch der Lärm. Mit einem Fan von 116 inch (2.95m) kann die A3XX-100 dann QC2 für den Start erreichen.

Beide Triebwerkshersteller müssen in den sauren Apfel beißen und die Triebwerke überarbeiten. Natürlich werden die Triebwerke größer und auch schwerer. Dieser Umbau der zwei Turbofans auf einen größeren Fan ist ein Meisterstück, das in drei Monaten geschafft wird und am Ende der A3XX, die ab Januar 2001 A380 heißt, die gewünschte Lärmklassifizierung erbringt.

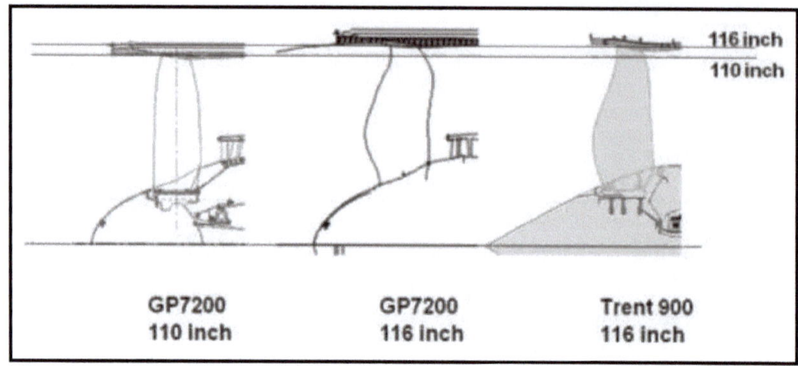

Die Überarbeitung des Engine Alliance GP7200 verläuft wie beim Trent 900. Die zuerst konventionelle Form geht über in eine komplexe Kurve (oben links und Mitte) und ähnelt verblüffend dem Trent 900 (oben rechts).

196

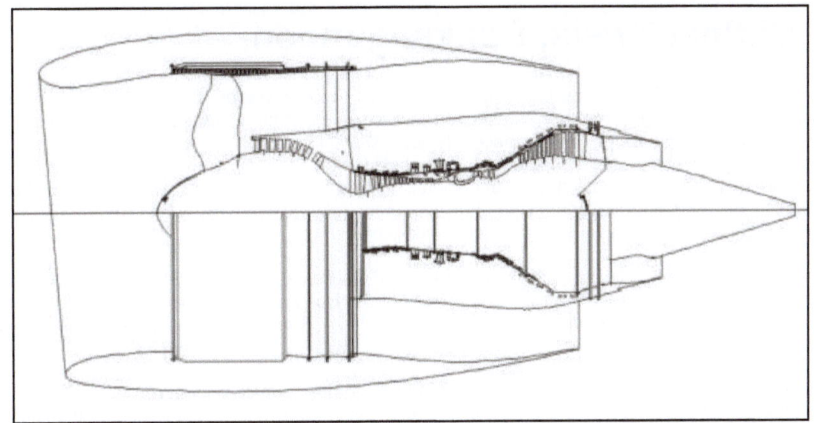

Oben das GP7200 in der endgültigen Konfiguration mit 116 in (2,96 m) Fan. Seine geschwungene Vorder- und Hinterkante sind das Ergebnis von 3 Monaten intensiver Entwicklungsarbeit.

Das Engine Alliance GP7200 an der A380 am Boden. Die Ebene der kalten Düse liegt noch vor der Flügelvorderkante.

Das GP7200 im Flug unter dem Flügel einer A380. Die Installation hat einen komfortablen Abstand zur Flügelunterseite, größere Interferenzwiderstände sind nicht zu erwarten.

Fazit 2022 : Die Produktion der A380 endet bei 272 Flugzeugen. Wenn das GP7200 und das Trent 900 je die Hälfte aller Flieger ausgerüstet haben, dann müsste die Produktion des GP7200 bei unter 600 Exemplaren enden. GE und PW haben viel investiert, aber wenig gewonnen.

5 Bildnachweis, Danksagungen

Der größte Teil aller Unterlagen, Diagramme und Fotos in diesem Buch stammt aus meinem persönlichen Archiv. Das habe ich angefangen, als ich noch Student war in den 60er Jahren. Als Jungingenieur fand ich dann 1969 in meiner Triebwerksabteilung bei VFW ein umfangreiches Archiv vor, das vor allem aus den Unterlagen der Triebwerksfirmen bestand, und das ich dann über viele Jahre hinweg weiter ausgebaut habe. Jahrzehntelang sind wir von den Triebwerksfirmen großzügig mit Broschüren und Informationen über ihre neuesten Entwicklungen versorgt worden. Für diese Unterlagen möchte ich mich bei diesen Firmen bedanken:

Allison, Avco Lycoming, BMW Rolls-Royce (heute Rolls-Royce Deutschland), CFM International, Dowty Rotol, Engine Alliance, Garrett AiResearch (heute Honeywell Aerospace), General Electric, Hamilton Standard, International Aero Engines IAE, NASA, Pratt&Whitney, Rolls-Royce, Snecma (heute Safran),Turbomeca

Bei den Abbildungen der einzelnen Kapitel kann ich meist nur generell angeben: „Archiv Brix". Dazu gehören auch die Fotos, die ich selbst gemacht habe. Bei speziellen Freigaben und Genehmigungen werde ich darauf hinweisen.

Kapitel 2 Die Erfinder
Alle Abbildungen stammen aus meinem „Archiv Brix".
Alle Abbildungen und Fotos zum Unterkapitel „Frank Whittle" wurden freigegeben von seinem Sohn Ian Whittle.
Alle Abbildungen und Fotos zu den Unterkapiteln „Herbert Wagner und Max Adolf Müller", „Hans Joachim Pabst von Ohain" und „Heinkel He S 011" hat mir Dr. Volker Koos gestattet, sie stammen aus seinem „Archiv und Sammlung Koos"..
Kapitel 3 Die zivilen Turbostrahlflugzeuge
Alle Abbildungen stammen alle aus meinem „Archiv Brix".Die Abbildung S.87 unten hat mir Wolfgang Bredow gestattet, seine Homepage lautet: „www.bredow-web.de"
Kapitel 4.1 Rolls-Royce
Alle Abbildungen stammen aus meinem „Archiv Brix" und wurden allesamt von Rolls-Royce freigegeben (Copyright Rolls-Royce plc).
Kapitel 4.2 General Electric
Alle Abbildungen wurden von General Electric freigegeben, die älteren stammen aus meinem „Archiv Brix".
Kapitel 4.3 Pratt&Whitney
Alle Abbildungen stammen teils aus meinem „Archiv Brix" und teils aus einem Link „newsroom.pw.utc.com/multimedia", den mir PW zur Verfügung gestellt hat.
Kapitel 4.4 CFM International
Alle Abbildungen wurden von General Electric freigegeben, die älteren stammen aus meinem „Archiv Brix".
Kapitel 4.5   International Aero Engines
Alle Abbildungen stammen aus meinem „Archiv Brix" und teils aus einem Link „newsroom.pw.utc.com/multimedia", den mir PW zur Verfügung gestellt hat.
Kapitel 4.6 Rolls-Royce Deutschland
Alle Abbildungen stammen aus meinem „Archiv Brix" und wurden von Rolls-Royce Deutschland freigeben. Das Foto von Prof.Kappler hat dieser persönlich freigegeben.
Kapitel 4.7   Engine Alliance GP7200
Alle Abbildungen stammen aus meinem „Archiv Brix".Die Abbildung S.197 unten hat mir Manfred Birnfeld zur Verfügung gestellt.
Airbus
Die in diversen Kapiteln auftauchenden Fotos von Airbus Modellen stammen aus meinem „Archiv Brix", die Abbildungen S.128 Mitte, S.154 oben und S.176 Mitte wurden von Airbus Bremen freigegeben.

Mein besonderer Dank gilt:

Ian Whittle, den ich 2008 kennen lernen durfte und den ich inzwischen einen guten Freund nennen darf. Wir haben in zahllosen emails unser Wissen über die Zeit vor 1945 ausgetauscht und als

Höhepunkt am 15.12.2015 einen gemeinsamen Vortrag in Toulouse gehalten mit dem Thema „The fathers of the turbo jet engine".

Dr.Volker Koos, ohne den ich ab 2007 nicht in das Thema der Erfinder eingedrungen wäre. Volker hat mir die Verbindung zu Erik Prisell, dem Schwiegersohn von Hans von Ohain hergestellt, der dann meinen Namen weitergereicht hat an Dr.Sigismund Harder, dem besten Freund von Hans von Ohain. Und letzerem verdanke ich das Angebot, am 27.8.2009 den Vortrag in Rostock „70 Jahre Turbostrahlflug Hans von Ohain" halten zu dürfen.

Erik Prisell, Ehemann von Stefanie von Ohain, der Tochter des Hans von Ohain, den ich am 27.8.2009 persönlich kennen gelernt habe und mit dem ich auch viele Informationen und Dokumente ausgetauscht habe.

Prof.Dr.Dietrich Eckardt, mit dem ich seit 2018 viele Informationen über viele Themen ausgetauscht habe. Besonders erfolgreich waren wir bei der Vita von Maxime Guillaume und Helmut Schelp.

Manfred Birnfeld, meinem alten Kollegen aus den 70er Jahren, der dann in Toulouse Flighttest-engineer wurde und mich mit wertvollen Informationen und Fotos versorgt hat.

Meinen ehemaligen Kollegen, die mich in all den Jahren mit der Frage „Was macht dein Buch ?" wach gehalten haben: Claus Sommer, Klaus Prange, Reiner John, Martin Staedler, Eva Mendez Montilla, Cornelia Pflug, Klaus Hünecke, Günter Kollakowski, Jochen Bahrs, Erhard Sebrantke, Ralf Bethmann, Wolf-Dieter Neumann, Jonny Ziemann.

Und last,not least:
Meiner Frau, die in all den Jahren mit großer Geduld meiner Arbeit an diesem Buch zugeschaut hat. Sie wollte nicht genannt werden, aber es muss sein, denn ich habe es ihr zu verdanken, dass ich nicht aufgegeben habe. Jetzt werde ich wieder mehr Zeit für uns haben.

Wolfgang Brix

Juni 2022